はじめてのCinema 4D
改訂第 2 版

共著　　田村　誠
　　　　コンノヒロム
　　　　宮田　敏英

Chapter 00 Cinema 4Dと3DCGの基本

はじめに

田村 誠

　本書を手にとっていただき、ありがとうございます。本書は Cinema 4D をはじめて使う人に向けて書かれています。Cinema 4D の操作をしながら学ぶ内容になっていますが、Cinema 4D には膨大な機能があるため、本書で紹介している機能はごく一部になります。また、Cinema 4D は本書で紹介している方法以外でも同じものが作れますので、内容はその数ある方法の中の一例としてお考え下さい。前述のとおり、本書で扱う機能は膨大な機能のごく一部分ですから、本書を読む＝ Cinema 4D を使いこなせるわけではありませんので、本書を読んだあとも、Cinema 4D のヘルプや、ネット上のチュートリアル、SNS などを活用して常に学び続けることが大切です。本書を手にいただいた方のお力になれれば幸いです。

コンノ ヒロム

　キャラクター制作の章を執筆させていただきました。案外と地味で基礎的な内容が多いですが、独学ではつまづきやすいところやヘルプだけでは理解しにくいところを重点的に補うよう心掛けました。これからキャラクター制作に挑戦してみようという方のお役に立てば幸いです。キャラクターデザインをお願いしたヤクモレオさんにはあれこれ面倒な注文に応じていただき大変助かりました。あらためてお礼申し上げます。MAXON JAPAN の皆様にも何かとお世話いただき、ありがとうございました。そして C4D ユーザーの皆さん、益々のご活躍をお祈りしております！

宮田 敏英

　手描きの背景画像を動かすの章を執筆しました。今回はアニメの背景のように仕上げていますが、この手法は実写素材を使って映画の背景やモーショングラフィックスでもよく使われる手法です。簡単な解説ですが、Projection Man の使い方も説明していますので、ぜひ、挑戦してみてください。

ヤクモレオ

　コンノ様の章でキャラクターデザインを、宮田様の章で背景素材の制作を担当させて頂きました。普段は、漫画・イラスト・映像・TVCM 用コンテなどを制作しております。（yakumoreo.com）私はイラストでの参加ですが、打ち合わせの中でも改めて勉強になりました。Cinema4D はお仕事に趣味に毎日お世話になっているソフトなので、お声をかけて頂いて本当に嬉しかったです。
　この本が皆様の大切な一冊となる事を心より願っています！

Cinema 4D について

　Cinema 4D はドイツにある MAXON Computer 社が開発している統合 3D アプリケーションで 20 年以上の歴史があります。映像業界や建築業界、プロダクト、モーショングラフィックス、プロジェクションマッピングなど、幅広い業種で使用されています。Cinema 4D には Prime、Broadcast、Visualize、Studio のグレードがあり、グレードごとに搭載されている機能が異なります。最上位グレードの Studio にはすべての機能が入っています。それ以外のパッケージには一部入っていない機能もあります。BodyPant 3D は、Prime の機能にスカルプト機能が搭載されたパッケージもあります。デモ版を使用すればすべての機能が使えます。

Prime R20　　Broadcast R20　　Visualize R20　　Studio R20　　BodyPaint 3D Release 20

　それぞれのパッケージの機能の詳細は MAXON の公式サイトで確認できます。
　https://www.maxon.net/

無償の教育ライセンスについて

　学生および教員であれば、使用期限付きではありますが、Studio の教育ライセンスが提供されています。利用するには下記 URL より申請を行ってください。なお、無償の教育ライセンスの利用には利用条件があります。なお、提供されるのはあくまで個人の学生・教員になります。授業での利用にはクラスルームライセンスが必要になります。
　https://reg.maxon-campus.net/

　教育ライセンス版の利用条件については下記 URL も合わせて参考にしてください。
　https://www.cinema4d-student.jp/

本書の使い方、サンプルデータについて

本書のチャプターの流れは以下のようになっています。独立した章立てになっていますが、始めてCinema 4Dを使う方は順に読み進めていくことをオススメします。チャプターの間にチュートリアルの流れとは関係はないけれども、知っておいた方が良いことをコラムとして挟んでいます。

Chapter 01

　Cinema 4Dのレイアウトや基本的な操作について学びます。

Chapter 02

　椅子をモデリングして、質感設定、ライトの作成、カメラ設定、レンダリング設定までの基本的な流れに沿って3DCGの静止画を仕上げます。

Chapter 03

　ハイポリゴンで作成されているベネチアンマスクのリトポロジをポリゴンペンで行い、ノードベースマテリアルによるマテリアル設定を行います。

Chapter 04

　Cinema 4Dによるアニメーションの基本的な操作の紹介とUFOを動かすアニメーションを作ります。

Chapter 05

　モデリングが完了したサンプルシーンに対して、Cinema 4Dのタグという機能を主に使ってアニメーションを作ります。

Chapter 06

　XPressoというノードベースのエクスプレッション機能について学びます。XPressoは作業効率の向上や自動化、機能拡張に使われるものですが、実際これが必要になるのはCinema 4Dをある程度使えるようになってからでしょう。ただし、Cinema 4Dでは非常に重要な機能の一つです。

Chapter 07

　MoGraphという機能について学びます。このチャプターではMoGraphを使うので、Broadcast、Studioユーザー用のチュートリアルになります。

Chapter 08

　静止画からモデルを作成してカメラマッピングを使ってカメラアングルが変わるアニメーションを作成します。カメラキャリブレータを使うので、Visualize、Studioユーザー用のチュートリアルになります。

Chapter 09

　キャラクタモデリングとキャラクタオブジェクトでリグの設定を行い、キャラクタにポーズを付けてレンダリングまで行います。Studioユーザー用のチュートリアルになります。

ショートカットの表記について

　Cinema 4D の多くの操作はショートカットキーで行うこともできます。よく使う機能についてはショートカットキーも併記しています。また、Mac と Windows で表記は分けず、次のように統一しています。

本書の表記	Mac	Windows
ctrl	control、command	ctrl
alt	option（alt）	alt
shift	shift	shift

Cinema 4D の操作の表記について

　Cinema 4D の用語に関する表記は 〈 〉 で囲ってあります。パラメータの数値や設定、オブジェクトの名前は「」で囲ってあります。

　Cinema 4D には同じことを行うのにいくつかの方法が存在している機能があります。例えば、〈立方体〉を作成するには、〈作成〉メニュー /〈オブジェクト〉/〈立方体〉の順に選択していく方法と、〈立方体〉アイコンをクリックする方法があります。アイコンをクリックして操作できるものはアイコンによる表記にしてあります。

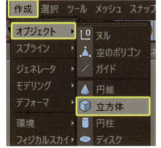

左: メニューから〈立方体〉を作成　　右: アイコンから〈立方体〉を作成

　パラメータのスイッチを切り換える時は、チェックが入っている状態が「オン」、チェックが入ってない状態が「オフ」としています。

スイッチの表記

サンプルファイルのダウンロードについて

チャプターによってはサンプルファイルやビデオによる説明の記述があります。ファイルをダウンロードして内容に沿ってお使いいただいたり、オンライン上でビデオを確認できます。

専用サイト URL:
https://www.maxonjapan.jp/first_c4dr20/

3DCGとは何か?

　初めて3DCGに触れる方にむけて3DCGについて少し説明をします。3DCGというのは、コンピューターの中に仮想3次元空間を作り、そこに作成した立体物を2次元平面(ディスプレイ)に映すというものです。最終的に仕上がるものは一枚の絵です。3DCGの動画はパラパラ漫画のように出力した何枚もの絵を繋ぎ合わせたものです。

　3DCGは映画やゲームはもちろん、普段目にする広告などにも多く取り入れられています。工業製品などでは、実際に物を作る過程で3DCGを作成し、その形状を確認したり、医療では3DCGで手術のシミュレーションをしたり、3Dプリンタを活用したプロダクトなど、多くの分野に渡り活用されています。仮想現実空間(VR)を使った手法も実用段階に入り、今後の需要、発展も期待されています。

　コンピュータの急速な性能向上と3DCG市場の拡大により、3DCGがどんどん身近になってきています。その分、3DCGの技術も細分化や分業化がすすみ、ますます複雑化してきました。また、日々新しい技術や手法が研究開発されています。

　初めて3DCGに触れる方に3DCGを作成する基本的な流れも紹介しておきます。これらはCinema 4Dに限らずどのソフトウェアでもほぼ共通で、3DCGの基本的な知識になります。

3次元空間について

3次元空間というのは、簡単に言うと私たちのいる現実の世界と同じく、左右の空間、上下の空間、前後の空間、3つの方向がある空間の事です。この空間をコンピュータに仮想空間として再現しています。コンピュータの空間ではきちんと定義する必要があり、それぞれの方向をX軸、Y軸、Z軸と呼びます。3DCGソフト間によってはこれらの方向が異なる場合があります。Cinema 4DではY軸が上下を表す、Yアップとなっています。Cinema 4Dではこの軸の方向で3次元空間が定義されています。

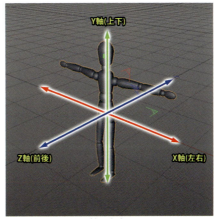

Cinema 4Dにおける軸の方向

3DCGを作る過程

モデリング

3DCGの3次元空間には私たちの世界と違って、最初は何もないただの空間でしかありません。その空間に立体物を作る作業がモデリングです。最初は立方体などの簡単な形状からモデリングしていきます。作業に慣れるに従い、徐々に複雑な形状の物を作れるようになります。

  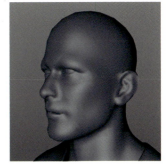

左: 簡単な形状を並べたもの
中、右: より複雑な形状を作ることも可能

マテリアル

　作成した立体物に対して色や模様といったマテリアル設定 (材質設定) をします。現実味のあるリアルなマテリアルの作成はもちろん、非現実的なマテリアルも作成できます。それらをモデリングした形状に設定していきます。

材質をつくる

ライティング（照明）

　ライトを配置してより臨場感あるシーンを作成します。ライティングを行うことにより、陰影が生まれ、より立体感ある現実的な絵が生まれます。質感によっては陰影だけではなく、映り込みも考慮してライティングをします。

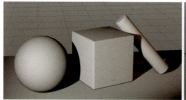  

ライトを配置する

アニメーション

　動画を作る場合、モデルに動きをつけます。立体物だけでなく、ライトやカメラ、マテリアルをアニメーションさせることもできます。

動きをつける

レンダリング

　3次元空間内でも現実に即したカメラを設定することができます。好きなアングルから3次元空間を見ることができる他、リアルな被写界深度やモーションブラーを表現できます。レンダリングしてカメラから見た範囲を一枚の絵として出力します。アニメーションの場合は動画ファイルとして書き出すか、連番ファイルを出力し、後でコンポジットしたりします。

レンダリングして絵として出力する

　業種によってはそれぞれの工程のスペシャリストもいます。モデラーであったり、マテリアルのシェーダー書きであったり、アニメーターであったりと、その方々が必要とされるほど各工程の専門性も高まってきています。

Cinema 4D R20 をお持ちでない方へ

　本書を使って実際にCineam 4Dを操作する場合、R20の使用を前提しています。お持ちでない方はR20のデモ版をお使いください。デモ版はCinema 4Dのすべてのバージョンの機能を含んでおり、希望のパッケージで起動することができるので、購入を検討しているパッケージで何ができるかを検討するのにも適しています。使用期限はありませんが、下記の制限があります。

- **保存ができない（後述のアクティベーションを行うと 42 日間は保存が可能）**
- **レンダリング画像に透かし（ウォーターマーク）が入る**
- **ProRender のビューポートレンダリングのくり返し回数が 25 に固定**
- **Team Render は使えない**
- **商用利用不可**

　デモ版を起動すると、アクティベーションのウィンドウが表示されます。ここでアクティベーションコードを申請して、登録メールアドレスに送られてくるアクティベーションコードを入力すれば42日間は次のことが行えるようになります。アクティベーションをしなくても体験版としては使うことができるので、操作になれるまでは、アクティベーションせずにお試しいただくことをオススメします。

デモ版のアクティベーション

・プロジェクトの保存が可能。
・3D ペイントモードで、テクスチャの作成と保存
・レンダリング画像とアニメーションの保存
・合成用ファイルの保存（マルチパスレンダリングを含む）

　アクティベーションは体験版を使用するコンピュータで認証してください。アクティベーションコードは認証したコンピュータに対してのみ発行されるので、ほかのコンピュータで同じアクティベーションコードを使うことはできません。

目次

Chapter 00: Cinema 4D と 3DCG の基本 ・・・・・・・・・・・・・・・・・・・・ 2
  はじめに ・・・・・・・・・・・・・・・・・・・・・・・・・・・・・・・・・・・・・ 2
  Cinema 4D について ・・・・・・・・・・・・・・・・・・・・・・・・・・・・・・・ 3
  本書の使い方、サンプルデータについて ・・・・・・・・・・・・・・・・・・・・・ 4
  3DCG とは何か? ・・・・・・・・・・・・・・・・・・・・・・・・・・・・・・・・・ 6
  3 次元空間について ・・・・・・・・・・・・・・・・・・・・・・・・・・・・・・・ 7
  3DCG を作る過程 ・・・・・・・・・・・・・・・・・・・・・・・・・・・・・・・・ 7
  Cinema 4D R20 をお持ちでない方へ ・・・・・・・・・・・・・・・・・・・・・・・ 9

Chapter 01: Cinema 4D のインターフェイス ・・・・・・・・・・・・・・・・・・ 16
  1 初期レイアウト ・・・・・・・・・・・・・・・・・・・・・・・・・・・・・・・ 16
  2 アイコン ・・・・・・・・・・・・・・・・・・・・・・・・・・・・・・・・・・ 17
  3 各マネージャの役割について ・・・・・・・・・・・・・・・・・・・・・・・・ 18
  4 メニュー ・・・・・・・・・・・・・・・・・・・・・・・・・・・・・・・・・・ 20
  5 ビューポート ・・・・・・・・・・・・・・・・・・・・・・・・・・・・・・・・ 20
  6 ビュー操作：カーソルモード ・・・・・・・・・・・・・・・・・・・・・・・・ 22
  7 レイアウトのカスタマイズ ・・・・・・・・・・・・・・・・・・・・・・・・・ 26

コラム：デフォーマを使って変形させる ・・・・・・・・・・・・・・・・・・・・ 29

Chapter 02: デザイナーズチェアを作ろう ・・・・・・・・・・・・・・・・・・・ 32
  1 モデリングの下準備 ・・・・・・・・・・・・・・・・・・・・・・・・・・・・ 32
      1-1 下絵の準備 ・・・・・・・・・・・・・・・・・・・・・・・・・・・・・・ 32
      1-2 Cinema 4D の単位表示とスケール設定 ・・・・・・・・・・・・・・・・ 33
      1-3 テンプレート用オブジェクトの作成 ・・・・・・・・・・・・・・・・・ 35
      1-4 下絵をビューに読み込む ・・・・・・・・・・・・・・・・・・・・・・ 36
      1-5 〈表示〉タグを使って表示形式を変更する ・・・・・・・・・・・・・・ 38
  2 フレームのモデリング ・・・・・・・・・・・・・・・・・・・・・・・・・・・ 41
      2-1 スプラインについて ・・・・・・・・・・・・・・・・・・・・・・・・・ 41
      2-2 スイープ用のパススプラインをペンツールで描く ・・・・・・・・・・ 45
      2-3 断面スプラインを作る ・・・・・・・・・・・・・・・・・・・・・・・ 50
      2-4 スイープジェネレータでフレームの作成 ・・・・・・・・・・・・・・ 50
      2-5 フレーム下部の接合部のモデリング ・・・・・・・・・・・・・・・・ 54
      2-6 ベベルデフォーマによる面取り ・・・・・・・・・・・・・・・・・・ 62
      2-7 対称オブジェクトにする ・・・・・・・・・・・・・・・・・・・・・・ 65
      2-8 サブディビジョンサーフェイスの適用 ・・・・・・・・・・・・・・・ 66
  3 クッションのモデリング ・・・・・・・・・・・・・・・・・・・・・・・・・・ 68
      3-1 クッションのベース形状を作成 ・・・・・・・・・・・・・・・・・・・ 69
      3-2 サブディビジョンを適用して微調整 ・・・・・・・・・・・・・・・・ 74
      3-3 くぼみのモデリング ・・・・・・・・・・・・・・・・・・・・・・・・・ 76
  4 マテリアル設定 ・・・・・・・・・・・・・・・・・・・・・・・・・・・・・・ 82
      4-1 フレームのマテリアル ・・・・・・・・・・・・・・・・・・・・・・・ 82
      4-2 クッションのマテリアルを作る ・・・・・・・・・・・・・・・・・・ 86
      4-3 レザーマテリアルを適用する ・・・・・・・・・・・・・・・・・・・ 88
  5 背景作成 ・・・・・・・・・・・・・・・・・・・・・・・・・・・・・・・・・・ 89
      5-1 シーン背景を作成する ・・・・・・・・・・・・・・・・・・・・・・・ 90
      5-2 背景用マテリアルの作成 ・・・・・・・・・・・・・・・・・・・・・・ 92
  6 ライティング ・・・・・・・・・・・・・・・・・・・・・・・・・・・・・・・・ 95
      6-1 メインライトの作成 ・・・・・・・・・・・・・・・・・・・・・・・・ 98

		6-2 補助ライトの作成 ・・・・・・・・・・・・・・・・・・・・・・・ 101
		6-3 バックライトの作成 ・・・・・・・・・・・・・・・・・・・・・・・ 104
	7	カメラ設定とレンダリング ・・・・・・・・・・・・・・・・・・・・・・・・・ 105
		7-1 カメラのレンズを変える ・・・・・・・・・・・・・・・・・・・・・・ 105
		7-2 レンダリング設定を変える ・・・・・・・・・・・・・・・・・・・・・ 108
		7-3 アンチエイリアスを変えてレンダリングしてみる ・・・・・・・・・・・ 109
		7-4 エリアシャドウを綺麗にする ・・・・・・・・・・・・・・・・・・・・ 112
		7-5 最終レンダリングを行う ・・・・・・・・・・・・・・・・・・・・・・ 114
コラム：プロジェクトスケールと単位 ・・・・・・・・・・・・・・・・・・・・・・・ 116
Chapter 03: ベネチアンマスクを作ろう ・・・・・・・・・・・・・・・・・・・・・・ 118
	1	ポリゴンペンについて ・・・・・・・・・・・・・・・・・・・・・・・・・・・・ 119
		1-1 ポリゴンペンとは ・・・・・・・・・・・・・・・・・・・・・・・・・ 119
	2	ベースメッシュを元にリトポロジを行う ・・・・・・・・・・・・・・・・・・・・ 123
		2-1 下準備 ・・・・・・・・・・・・・・・・・・・・・・・・・・・・・・ 123
		2-2 ポリゴンペンでリトポロジを行う ・・・・・・・・・・・・・・・・・・ 125
		2-3 厚みと裏側の作成 ・・・・・・・・・・・・・・・・・・・・・・・・ 136
	3	マスクのマテリアル ・・・・・・・・・・・・・・・・・・・・・・・・・・・・ 142
		3-1 ノードベースマテリアル ・・・・・・・・・・・・・・・・・・・・・・ 142
		3-2 装飾部のマテリアルを作る ・・・・・・・・・・・・・・・・・・・・・ 145
		3-3 反射用の空オブジェクトの作成 ・・・・・・・・・・・・・・・・・・・ 153
		3-4 ベース部分のマテリアル作成 ・・・・・・・・・・・・・・・・・・・・ 156
	4	装飾を追加する ・・・・・・・・・・・・・・・・・・・・・・・・・・・・・・ 161
		4-1 宝石の配置 ・・・・・・・・・・・・・・・・・・・・・・・・・・・・ 161
		4-2 細かな装飾を追加する ・・・・・・・・・・・・・・・・・・・・・・・ 167
		4-3 額の宝石をはめる ・・・・・・・・・・・・・・・・・・・・・・・・ 169
	5	背景、レンダリング設定、ライティング、カメラ設定 ・・・・・・・・・・・・・・ 171
		5-1 背景を作成する ・・・・・・・・・・・・・・・・・・・・・・・・・ 171
		5-2 レンダリング設定 ・・・・・・・・・・・・・・・・・・・・・・・・・ 172
		5-3 キーライトの作成 ・・・・・・・・・・・・・・・・・・・・・・・・・ 174
		5-4 補助ライト ・・・・・・・・・・・・・・・・・・・・・・・・・・・・ 176
		5-5 額の宝石用ライト ・・・・・・・・・・・・・・・・・・・・・・・・ 177
		5-6 カメラ作成〜レンダリング ・・・・・・・・・・・・・・・・・・・・・ 179
コラム：スペキュラと鏡面反射の違い ・・・・・・・・・・・・・・・・・・・・・・ 180
Chapter 04: UFOを動かすアニメーション ・・・・・・・・・・・・・・・・・・・ 182
	1	アニメーションって何？ ・・・・・・・・・・・・・・・・・・・・・・・・・・ 182
	2	プロジェクト時間を長くする ・・・・・・・・・・・・・・・・・・・・・・・・ 183
	3	アニメーションパレットとタイムラインについて ・・・・・・・・・・・・・・・ 185
		3-1 アニメーションパレットの役割 ・・・・・・・・・・・・・・・・・・・ 185
		3-2 タイムラインの役割 ・・・・・・・・・・・・・・・・・・・・・・・ 187
	4	キーフレームボタンの使い方 ・・・・・・・・・・・・・・・・・・・・・・・・ 190
		4-1 キーフレームボタンについて ・・・・・・・・・・・・・・・・・・・・ 190
	5	キーを記録してUFOを動かしていく ・・・・・・・・・・・・・・・・・・・・ 191
		5-1 キーフレームの記録 ・・・・・・・・・・・・・・・・・・・・・・・ 191
		5-2 タイムラインの階層構造 ・・・・・・・・・・・・・・・・・・・・・・ 192
		5-3 時間の移動 ・・・・・・・・・・・・・・・・・・・・・・・・・・・・ 193
		5-4 アニメーションパス ・・・・・・・・・・・・・・・・・・・・・・・・ 196
		5-5 アニメーションを再生してチェックする ・・・・・・・・・・・・・・・ 196
	6	テンポよくバウンドさせる ・・・・・・・・・・・・・・・・・・・・・・・・・ 197
	7	モーションを調整する ・・・・・・・・・・・・・・・・・・・・・・・・・・・ 199
		7-1 スムーズな補間が適さないケース ・・・・・・・・・・・・・・・・・・ 199
		7-2 デフォルトの〈キー補間〉設定について ・・・・・・・・・・・・・・・ 199
		7-3 Fカーブを折る ・・・・・・・・・・・・・・・・・・・・・・・・・・ 200

   7-4 自動接線をオフにする ・・・・・・・・・・・・・・・・・ 201
  8 バウンドの角度を変えてみる ・・・・・・・・・・・・・・・・・ 203

コラム：誘電体と導体について ・・・・・・・・・・・・・・・・・・・ 204

Chapter 05: 列車をレールに沿って動かす ・・・・・・・・・・・ 206
  1 スプラインに沿って列車を動かす ・・・・・・・・・・・・・・・・ 206
   1-1 スプラインに沿うタグ ・・・・・・・・・・・・・・・・・・ 206
   1-2 スプラインに沿って動かす ・・・・・・・・・・・・・・・・ 209
   1-3 スピードを一定にする ・・・・・・・・・・・・・・・・・・ 210
  2 列車のスピードを変えるには ・・・・・・・・・・・・・・・・・・ 211
  3 列車のオンボードカメラを作る ・・・・・・・・・・・・・・・・ 212
  4 ターゲットカメラを作る ・・・・・・・・・・・・・・・・・・・ 215
  5 列車の蒸気をパーティクルで作る ・・・・・・・・・・・・・・・ 217
  6 列車を差し替える ・・・・・・・・・・・・・・・・・・・・・・ 224
  7 〈プレビュ作成〉によるプレビューレンダリング ・・・・・・・・・ 228
  8 通常のレンダリングでもチェックしてみる ・・・・・・・・・・・ 231
  9 本番レンダリング用の設定をする ・・・・・・・・・・・・・・・ 234

Chapter 06: XPresso を使ったアニメーション ・・・・・・・・・ 240
  1 XPresso について ・・・・・・・・・・・・・・・・・・・・・ 240
   1-1 XPresso を使うメリット ・・・・・・・・・・・・・・・・ 240
   1-2 XPresso の作り方 ・・・・・・・・・・・・・・・・・・・ 240
  2 ユーザデータの意味と使い方 ・・・・・・・・・・・・・・・・・ 244
   2-1 ユーザデータを追加する ・・・・・・・・・・・・・・・・ 244
   2-2 自動ドアの XPresso を作成する ・・・・・・・・・・・・ 246
  3 XPresso のサンプルファイルについて ・・・・・・・・・・・・ 251

コラム：ビューのアニメーション再生速度を軽く ・・・・・・・・・・ 254

Chapter 07: MoGraph アニメーション ・・・・・・・・・・・・ 256
  1 キーフレームで作るフライングロゴ ・・・・・・・・・・・・・・ 256
  2 MoGraph の基本的な使い方 ・・・・・・・・・・・・・・・・・ 257
   2-1 クローナーで複製する ・・・・・・・・・・・・・・・・・ 257
   2-2 エフェクタとフィールド ・・・・・・・・・・・・・・・・ 258
   2-3 ランダムエフェクタを追加してフィールドを共有させる ・・ 261
  3 フライングロゴアニメーションを作る ・・・・・・・・・・・・・ 263
   3-1 テキストロゴとカメラのアニメーション ・・・・・・・・・ 263
   3-2 エフェクタとフィールドでテキストにディテールを加える ・ 268
   3-3 背景プレートを作成する ・・・・・・・・・・・・・・・・ 273
   3-4 背景プレートのアニメーションを作る ・・・・・・・・・・ 278
  4 MoGraph カラーシェーダについて ・・・・・・・・・・・・・・ 283
  5 MoGraph マルチシェーダについて ・・・・・・・・・・・・・・ 288
  6 Illustrator データを MoGraph でアニメーションさせる ・・・ 297
   6-1 Illustrator データの読み込みと整理 ・・・・・・・・・・ 297
   6-2 ボロノイを使ったアニメーション ・・・・・・・・・・・・ 298
   6-3 テキストロゴのアニメーション ・・・・・・・・・・・・・ 302
   6-4 マテリアル ・・・・・・・・・・・・・・・・・・・・・・ 305
   6-5 ライティング ・・・・・・・・・・・・・・・・・・・・・ 307
   6-6 レンダリング ・・・・・・・・・・・・・・・・・・・・・ 309

コラム：ライトの種類について ・・・・・・・・・・・・・・・・・・ 310

Chapter 08: 背景画像からウォークスルーアニメーションを作成 ・・ 312
  1 静止画を 3D として動かすカメラマッピング ・・・・・・・・・・ 312
  2 マッピングする背景の準備 ・・・・・・・・・・・・・・・・・・ 312
  3 カメラキャリブレータを使う ・・・・・・・・・・・・・・・・・ 314
  4 マッピング用モデルの制作 ・・・・・・・・・・・・・・・・・・ 317

	4-1 教会のモデリング	・・・	317
	4-2 教会の側面部を作る	・・・	322
	4-3 塔を作る	・・・	325
	4-4 塔の下を伸ばす	・・・	330
	4-5 教会の玄関を作成	・・・	331
	4-6 教会のモデルを整理する	・・・	333
5	教会のマッピングを行う	・・・	334
	5-1 教会メインのマテリアル	・・・	334
	5-2 入口のマテリアル	・・・	336
	5-3 左塔後ろのマテリアル	・・・	336
	5-4 左塔のマテリアル	・・・	337
	5-5 右塔のマテリアル	・・・	337
6	地面の作成	・・・	338
	6-1 地面のモデリング	・・・	338
	6-2 地面のマッピング	・・・	340
7	背後の林と建物の作成	・・・	341
	7-1 投影用のモデルの作成	・・・	341
	7-2 背後のマッピング	・・・	342
8	樹木の作成	・・・	343
	8-1 投影モデルの作成	・・・	343
	8-2 樹木のマッピング	・・・	344
9	空の作成	・・・	344
10	アニメーションの設定	・・・	346
11	アニメーションのレンダリング	・・・	348
12	カメラを大きく動かす場合	・・・	349
13	最後に	・・・	352

コラム：Adobe Illustrator ファイルの読み込み ・・・ 353

Chapter 09: キャラクターモデルを作ろう ・・・ 356

	完成したキャラクターの例	・・・	357
	キャラクターデザイン	・・・	358
	作業の流れ	・・・	360
1	モデリング	・・・	361
	1-1 モデリングのための作業環境	・・・	361
	1-2 テンプレートとカメラ	・・・	365
	1-3 初期オブジェクトの作成	・・・	369
	1-4 おおまかに形を作る	・・・	375
	1-5 詳細なモデリング	・・・	397
	1-6 セットアップの準備	・・・	433
2	セットアップ	・・・	438
	2-1 キャラクタオブジェクトの作成	・・・	438
	2-2 ジョイントウェイトの詳細設定	・・・	457
	2-3 前の工程まで戻る修正	・・・	476
	2-4〈ポーズモーフ〉で表情をつける	・・・	482
3	ポージングとレンダリング	・・・	491
	3-1 ポーズをつける	・・・	491
	3-2 カメラ、ライト、背景	・・・	497
	3-3 レンダリング	・・・	501

コラム：mixamo でキャラクターアニメーション ・・・ 505

　　mixamo での作業 ・・・ 506

Chapter
01

Cinema 4Dのインターフェイス

1 初期レイアウト
2 アイコン
3 各マネージャの役割について
4 メニュー
5 ビューポート
6 ビュー操作：カーソルモード
7 レイアウトのカスタマイズ

Chapter 01 Cinema 4Dのインターフェイス

このチャプターでは、実際に3DCGを制作する前に、Cinema 4Dのインタフェースについて解説します。

1 初期レイアウト

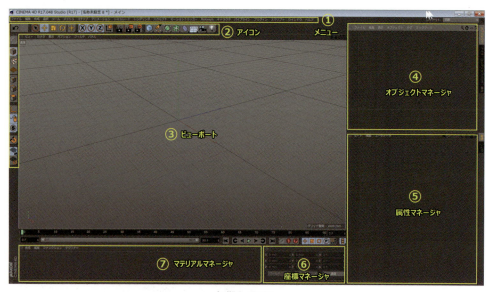

初期レイアウト

　初期のレイアウトから、作業用途に合わせて様々なレイアウトに変更することができます。画面右上の〈レイアウト〉のドロップダウンメニューから選択することで、レイアウトを変更することができます。Cinema 4Dには膨大な機能があり、それらを扱いやすくするために、複数のレイアウトが最初から登録されています。たとえば、「Animate」を選択するとアニメーションを作るのに適した画面に切り替わります。「BP - 3D Paint」とすれば3Dペイントに適したレイアウトになります。また、初期レイアウトの画面各所の名称と役割は次の通りです。

① メニュー
　　ファイルの保存や環境設定などの他、Cinema 4D の様々なコマンドがカテゴリごとに格納されています。

② アイコン
　　並んでいる各アイコンはコマンドを実行したり、機能をオンオフするためのもので、アイコンはパレットと呼ばれるものに格納されています。

③ ビューポート
　　3次元空間を表示する所で、シーン内の状態を視覚的に確認することができます。

④ オブジェクトマネージャ
　　シーン内にあるオブジェクトを管理するためのウインドウです。

⑤ 属性マネージャ
　　シーン内にあるオブジェクトが持っている情報をはじめ、Cinema 4D のコマンドの動作オプションを変更したり、Cinema 4D のほとんどのパラメータを管理、表示します。

⑥ 座標マネージャ
　　シーン内のオブジェクトなどの位置、サイズ、スケール、角度情報をここに表示します。

⑦ マテリアルマネージャ
　　様々なマテリアル（材質）を管理するマネージャで、マテリアルを作成すると、ここに表示されます。

2　アイコン

　画面上部のアイコン郡は、移動、スケール、回転ツールや、レンダリング関連、オブジェクトの作成アイコンが並んでいます。一方、左側に並ぶアイコン郡は、作業を行う時のモードを切り替えたりする役割のアイコンが並んでいます。ポイント、エッジ、ポリゴンモードの切り替え、軸の切り替えやスナップのオンオフなどを行うことができます。

アイコンとパレット

機能がオンになっているアイコンは青色表示になり、条件により実行できない時は、グレーアウトされます。

オンの状態　　オフの状態　　グレーアウトの状態　　サブメニューあり

アイコンの右下に小さい三角マークがあるものは、そのアイコンをマウス左ボタンで長押しすることでサブメニューを展開することができます。例えば、作成メニューの立方体アイコンはシングルクリックでは立方体がシーンに作成されますが、アイコンを左ボタン長押しすると、サブメニューが表示され、他の様々なオブジェクトを作成できます。

アイコンのサブメニュー展開

3　各マネージャの役割について

Cinema 4D でマネージャという言葉は重要です。マネージャは「管理する」、という意味で、文字通り、Cinema 4D の様々な要素を管理する役割があります。

■ オブジェクトマネージャ

オブジェクトマネージャは Cinema 4D でも最も重要なマネージャのひとつで、シーン内のオブジェクトを管理します。シーン内に何かオブジェクトを追加するとここにリスト表示されます。ライトやカメラもここに追加されます。オブジェクトを階層化して、管理しやすくしたり、検索もできます。また、階層の並び順によっては様々な機能をコントロールできます。また、オブジェクトの検索もできます。

■ 属性マネージャ

　こちらも重要なマネージャです。オブジェクトを選択すると属性マネージャにそのオブジェクトの情報の他、カメラやライトなどの情報もここに表示されます。オブジェクト以外の操作やツールに関する情報も表示されます。パラメータを集中管理する役目を果たす、重要なマネージャです。

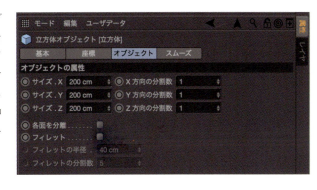

■ 座標マネージャ

　オブジェクトの位置やサイズ、角度を管理します。オブジェクトを動かすと連動してこの数値も動きます。また、ボックスに直接数値を入力をしてオブジェクトを操作することもできます。Cinema 4Dのほとんどの入力欄は四則演算や関数の式も入力できます。精密なモデリングをする際には数値入力でモデリングを行うことがあり、建築やプロダクトのモデリングでは非常によく使います。

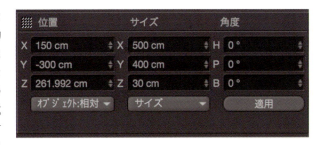

■ マテリアルマネージャ

　マテリアル（質感、材質）を管理するためのマネージャです。作成したマテリアルはここに表示されます。〈マテリアルマネージャ〉の空いている箇所をダブルクリックで新規マテリアルが作成されます。作成されたマテリアルをクリックするとマテリアルの情報が〈属性マネージャ〉に表示され、材質の調整ができますが、〈マテリアルマネージャ〉のマテリアルをダブルクリックすると〈マテリアル編集〉ウィンドウが開きます。こちらでも同じマテリアル編集ができます。

4　メニュー

　画面最上部には各作業を行うためのメニューが表示されています。ファイルの保存や読み込み、〈一般設定〉などの他、様々な作業カテゴリに分かれており、サブメニューがあるものもあります。

　メニューはここだけではなく、オブジェクトマネージャや、属性マネージャやビューポートなどにも用意されています。それぞれ、各マネージャに必要なメニュー内容になっています。

　作業をしていると時々、特定のメニューをよく使うといった場合があります。そういうときは、メニューの上側にあるギザギザのラインを左ボタンでクリックすると、メニューが独立したウィンドウとして表示されるので便利です。

メニューの切り離し

5　ビューポート

■ ビューポートの役割

　ビューポートはCinema 4Dで作業する上で欠かせないもので、3次元空間を視覚的に見やすくしてくれます。どのオブジェクトが表示されていて、どのオブジェクトが選択されているか、などの確認もできます。カメラ操作もビューポートで行えます。ここで表示される情報は細かく設定変更ができるので、ヘルプを参照して、操作方法などを確認しておいたほうが良いでしょう。

■ ビューのナビゲーション

　初期表示ではデフォルトカメラから見た透視図になっており、カメラを操作して様々な視点からシーン内を見ることができます。視野の平行移動、視点の前後移動、視線の回転ができます。この操作は、ビューポート右上にあるナビゲーションアイコンを使って操作する方法と、キーボードとマウスドラッグを使用する方法があります。

ナビゲーションアイコン

平行移動(パン)

ビューのアイコン + 左ドラッグ
alt+中ドラッグ
1 + 左ドラッグ

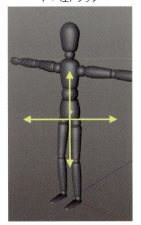

前後移動(ドリー)

ビューのアイコン + 左ドラッグ
alt+右ドラッグ
2 + 左ドラッグ

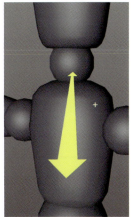

回転(タンブル)

ビューのアイコン + 左ドラッグ
alt+左ドラッグ
3 + 左ドラッグ

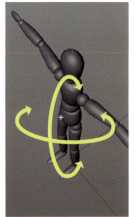

6 ビュー操作：カーソルモード

ビュー操作では、〈カーソル〉を基準に操作する〈カーソル〉モードがデフォルト設定になっています。〈カーソル〉はビュー上でマウスポインタの延長上に存在し、ビューを操作しているときだけ表示されます。エディタビューの〈カメラ〉メニューにある〈ナビゲーション〉から、〈カーソル〉以外のモードに切り換えることもできます。

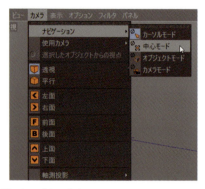

左:ビューのカーソル 右:〈ナビゲーション〉切り換え

〈カーソル〉モードはビュー内にマウスポインタがある場合にのみ機能します。ビュー右上のアイコンで操作している場合は、〈カーソル〉モードになっていても〈中心〉モードで動作します。

■ 視線の回転

ビューで視線を回転させるとき、マウスポインタの下にオブジェクトがある場合は、そのオブジェクトの表面に〈カーソル〉が出現します。オブジェクト表面をマウスでクリックした位置を基準に視線が回転します。

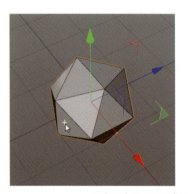
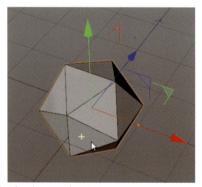

マウスポインタの下（オブジェクトの表面）に〈カーソル〉が出現

■ 一時的にモードを切り換える

　ビューを回転するとき、ctrlキーも押しておくと（alt＋ctrl＋左ドラッグ／3＋ctrl＋左ドラッグ）、一時的にモードが切り換わります。たとえば、〈カーソル〉モードでは通常はカーソルはマウスポインタの下に出現し、そこを基準に回転しますが、ctrlキーも同時に押しておくと、〈カーソル〉は選択オブジェクトの軸に出現し、その軸位置を基準に回転します。

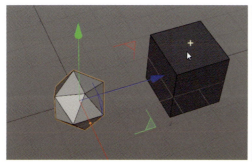 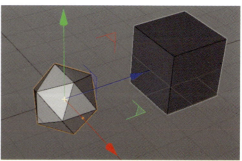

左:〈カーソル〉モードで回転　右:〈カーソル〉モードでctrlを押しながら回転

■ 視野の平行移動

　ビューで視野を平行移動するときは、〈カーソル〉は常にビューの中心に出現します。オブジェクトの選択状態やマウスカーソルの位置に影響はされません。

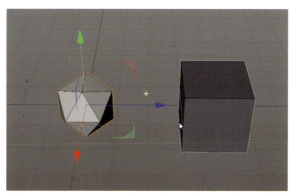

ビューの平行移動では〈カーソル〉は常にビューの中心に出現する

　ただし、マウスドラッグで視点が移動する距離は〈カーソル〉までの距離に影響されます。マウスポインタの下にオブジェクトがある場合は、オブジェクトが遠くに離れているほど、速く移動し、近くにあると遅くなります。

　また、ビューを平行移動するとき、同時にshiftキーを押しておくと（alt＋shift＋左ドラッグ／1＋shift＋左ドラッグ／shift＋アイコンを左ドラッグ）、ビューの移動速度が2倍になります。

■ 視点の前後移動
　ビューで視点を前後移動するときは、視点は〈カーソル〉の位置を基準に動きます。〈カーソル〉の位置に向かって視点が前後に移動します。

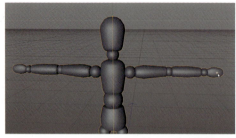 

〈カーソル〉の位置に向かって視点が前後移動する

　また、マウスドラッグで視点が移動する距離は〈カーソル〉までの距離に影響されます。マウスポインタの下にオブジェクトがある場合は、オブジェクトが遠くに離れているほど、速く移動し、近くにあると遅くなります。

■ 視野を変更するショートカット
　目の前に密着するほど近くにオブジェクトがあると、視野の移動が極端に遅くなり、視野がほとんど移動しなくなる場合があります。また、視点がオブジェクトが全く見えない位置に移動してしまい、元の位置へ戻れなくなってしまうこともあります。
　そのように、視点が操作しにくくなってしまった場合は、ショートカットキーで視野を変更して脱出するといいでしょう。これらのショートカットは作業時にビュー操作する目的で使用することも多いので、覚えておく便利です。

```
シーン全体を表示 ‥‥‥H
選択オブジェクトを表示　O
選択エレメントを表示‥S
```

  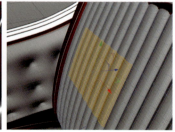

シーン全体を表示　　　　選択オブジェクトを表示　　　選択エレメントを表示

■ ビューの状態を示す補助機能

　現在のビューがどうなっているかを示す補助機能として、選択しているオブジェクトが視野の外にある場合、ビューの外周に青い矢印が出現します。これは、選択しているオブジェクトのある方向を示しています。この青い矢印をクリックすると、選択オブジェクトまで視点が移動します。

画面外の選択オブジェクトを指す「矢印」

■ ビュー操作の設定

　〈一般設定〉の〈ナビゲーション〉設定では、ビューの操作をさらに細かく設定できるので、自分好みの最適な操作感になる設定を探してみるのもいいでしょう。

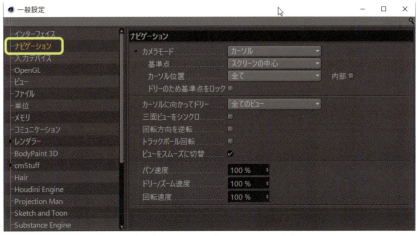

〈一般設定〉の〈ナビゲーション〉でさらに細かな設定もできる

7　レイアウトのカスタマイズ

　　Cinema 4Dには、標準でモデリングやアニメーション、カメラトラッキング、スカルプト、3Dペイントなどいろいろな作業に合わせたレイアウトが用意されています。しかし、自分の作業に合わせてマネージャやよく使うコマンドを配置してより使いやすくカスタマイズすることができます。

■ マネージャのサイズの変更

　　マネージャやドッキングされたウインドウなどの境目にカーソルを持ってくるとカーソルが矢印に変わるので、ウインドウのサイズを変更できます。属性マネージャのパラメータを全体で見たいときなどに便利です。

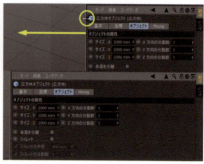

■ ウインドウやメニューのドッキング

　　マネージャやウインドウは、ドッキング解除したり、好きな場所にドッキングできます。タブ化して、表示を切り替えも可能です。ドッキングや解除するには、ウインドウの左上のドットの部分をドラッグして、挿入したところに持っていくと白いラインが表示されるのでそこでマウスボタンを離すとそこにドックされます。

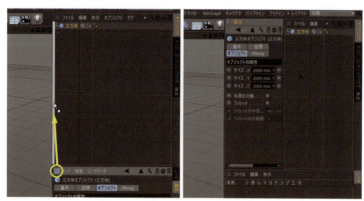

右上をドラッグするとウインドウを移動できる

ウインドウの右上やタブにドラッグすると、ウインドウをタブ化できます。

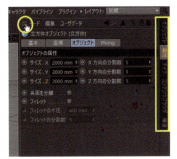

ウインドウをタブ切り替えできる

■ コマンドの追加

よく使うコマンドやアイコンもインターフェイスに追加もできます。ウインドウメニュー / カスタマイズ / コマンドをカスタマイズ ... を開きます。〈コマンドをカスタマイズ ...〉ウインドウが開いたら、名前フィルタで追加したいコマンド名を入力すると、対象のコマンドだけがリストアップされます。リストのアイコンをパレットにドラッグするとコマンドが登録されます。

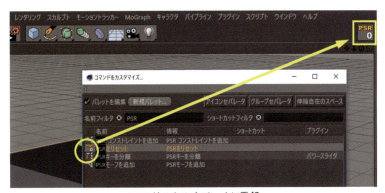

コマンドアイコンをパレットに登録

コマンドアイコンは、アイコンのみ表示やアイコンとテキスト、テキストのみの表示が選べます。表示方法を変えるには、パレットで右クリックをして〈表示〉メニューから表示したい形式を選びます。

コマンドの表示形式の違い

■ カスタマイズしたレイアウトの登録

カスタマイズしたレイアウトは登録していつでも切り替えることができます。カスタマイズしたレイアウトを保存するには、ウインドウメニュー / カスタマイズ / レイアウトを別名で保存を選びます。保存は、保存ダイアログが開いた場所に保存してください。それ以外の場所に保存するとレイアウトメニューに表示されません。

また、〈初期レイアウトとして保存〉を選ぶと次回以降 Cinema 4D が起動したときの初期レイアウトとして登録されます。よく使うレイアウトはこちらに登録しておくと良いでしょう。

自分で作成した初期レイアウトは、〈初期（ユーザ）〉としてレイアウトメニューに登録されます。

自分で登録した初期レイアウト

コラム　デフォーマを使って変形させる

　Cinema 4D でよく使う機能の一つに〈デフォーマ〉があります。〈デフォーマ〉はオブジェクトを変形させるための機能で、変形アニメーションや、モデリングによく使います。〈デフォーマ〉は変形させたいオブジェクトの子オブジェクトにして使いますが、同じ階層にあるオブジェクトも一緒に変形させます。〈デフォーマ〉オブジェクトは紫色のボックスで表示され、パラメータを変更するとボックスの形状が変形し、その影響を受け、オブジェクトも変形します。パラメータにキーフレームを記録するだけで変形アニメーションを作成でき、また複数の〈デフォーマ〉を適用できます。ただし、元のオブジェクトの分割数が低いと、綺麗に変形できません。全部で 29 個の〈デフォーマ〉があります。

左:〈デフォーマ〉の種類　右:〈デフォーマ〉の適用ルール

屈曲

　オブジェクトを曲げることができます。なめらかに変形させるには、元のオブジェクトの分割数は多めにしておきます。すべての〈デフォーマ〉は、元の形状を保ったまま変形させるので、〈デフォーマ〉をオフにすればいつでも元の形状に戻せます。

〈デフォーマ〉をオフにすれば、元の形状にいつでも戻せる

　〈デフォーマ〉のパラメータにキーフレームを記録すれば、複雑なオブジェクトの変形も難なくアニメーションさせることができます。〈モード〉や〈減衰〉を使用すれば、変形させる箇所を調整できます。

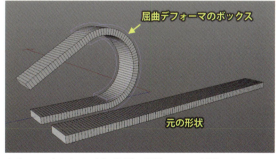

パラメータを変更してオブジェクトを変形させる

サンプルファイル：
　column\deformer_1_ 屈曲 .c4d

風

　風を受けているように変形させます。アニメーションを再生させると自動で動きます。各パラメータを変更し、アニメーションを調整できます。

風デフォーマの変形とパラメータ

サンプルファイル：column\deformer_2_風.c4d

変位

　オブジェクトの表面をシェーダやテクスチャ画像を使って変形させます。地面のようにランダムなデコボコなどを作るのに適しています。サンプルシーンでは、変位を2つ重ねてかけて、大きな隆起と小さな隆起を表現しています。通常のモデリングでは難しい形状も作成できます。

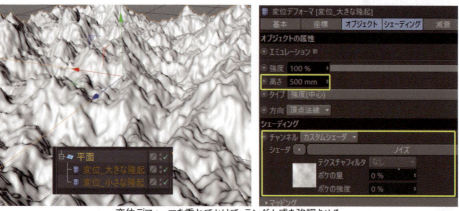

変位デフォーマを重ねてかけて、ランダム感を強調させる

サンプルファイル：column\deformer_3_変位.c4d

Chapter
02

デザイナーズチェアを作ろう

1 モデリングの下準備
2 フレームのモデリング
3 クッションのモデリング
4 マテリアル設定
5 背景作成
6 ライティング
7 カメラ設定とレンダリング

Chapter 02 デザイナーズチェアを作ろう

　このチャプターでは、デザイナーズチェアとして有名な「ブルーノチェア」を作成します。ここでは、モデリングと質感（マテリアル）の設定、ライティング、レンダリングまで行います。モデリングでは、Cinema 4D の豊富なツールを使い分けて、金属部分と柔らかいシートの部分を作成します。

1　モデリングの下準備

1-1 下絵の準備

　モデリングをするための下絵に相当するテンプレートを用意します。何もない状態からやみくもにモデリングを開始すると、後々の修正が面倒なことにもなりかねません。正確な寸法が分かる場合は、分かる範囲で用意しておくと良いでしょう。他にも参考になる資料や写真も事前に集めておくと尚良いでしょう。次のサンプルデータの 2 つの画像を下絵にして、モデリングを進めます。

サンプルデータ：ch-2/tex

tex フォルダ内にある「front.jpg」と「side.jpg」を使います。

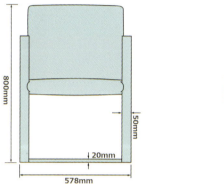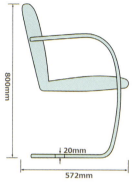

用意したチェアの全面と横面の下絵画像

また、下絵だけではなく、モデリングする物の実寸が分かればこちらもメモしておきます。今回モデリングするブルーノチェアの寸法は、以下の通りです。

■ ブルーノチェアの寸法
　　幅 ・・・・・・・・・・・・・ 578mm
　　高さ ・・・・・・・・・・・・ 800mm
　　奥行き ・・・・・・・・・・ 572mm

1-2 Cinema 4Dの単位表示とスケール設定

この椅子は実寸ベースでモデリングを行うので、Cinema 4D の表示する単位を「mm: ミリメートル」にします。〈編集〉メニュー /〈一般設定〉を開き（ctrl+E）、〈単位〉セクションで変更します。

左: 一般設定を開く　右: 単位セクションで表示する単位をmmにする

〈座標マネージャ〉や〈属性マネージャ〉の単位表示がミリメートル〈mm〉に変更されました。〈表示する単位〉を変更すると、シーン内にあるオブジェクトのサイズが単位表示に連動します。「cm:センチメートル」から「mm:ミリメートル」に変更すると、例えば400cm角の立方体は4000mmとなり、単位換算が行われます。

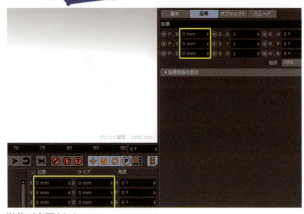

単位が変更された

〈プロジェクトスケール〉も変更しておきます。〈編集〉メニュー /〈プロジェクト設定〉を開き（ctrl+D）ます。

プロジェクト設定

〈プロジェクトスケール〉を「mm:ミリメートル」にします。〈プロジェクトスケール〉はシーンファイルごとに設定できる物理的なサイズの基準になります。

シーンのサイズやスケール、角度などのデータ自体が変更される項目です。例えば、400mm角の立方体をシーンに作成した後、プロジェクトスケールを「cm:センチメートル」から「mm:ミリメートル」に変更すると、40mm角の立方体にリサイズされます。今回はmmを基準にしておきます。

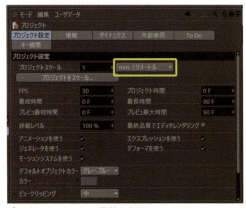

プロジェクトスケールの単位を変更

1-3 テンプレート用オブジェクトの作成

　実際のモデリングに入る前に、テンプレートオブジェクトを作ります。テンプレートオブジェクトというのは、アタリのようなものです。むやみにモデリングを始めると全体のサイズがおかしくなってしまいますので、実際の椅子のサイズと一致する簡単なオブジェクトを先に作成しておきます。

　〈立方体〉アイコンをクリックして、立方体を作成します。

シーンに〈立方体〉を作成する

　〈オブジェクトマネージャ〉の「立方体」を左クリックで選択します。〈属性マネージャ〉の〈オブジェクト〉タブをクリックし、立方体のサイズを椅子の寸法と一致するように以下の数値に変更します。

〈サイズ.X〉‥‥‥「578mm」
〈サイズ.Y〉‥‥‥「800mm」
〈サイズ.Z〉‥‥‥「572mm」

　上の値ををそれぞれ入力します。直接入力の他、ボックスの上でマウスホイールを動かすと数値が変わります。ボックス右の小さなスピナーはクリックして数値を上下できるほか、スピナーをドラッグして数値を変えることもできます。

 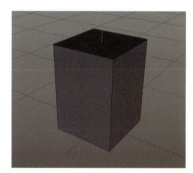

立方体のサイズを変更して、椅子の実寸法と一致させる

　「立方体」が椅子のサイズになりました。

新規でオブジェクトをシーンに作成すると、デフォルト設定では原点（X=0, Y=0, Z=0）に作成されます。したがって、〈立方体〉の高さは原点を基準に±400mmになっています。

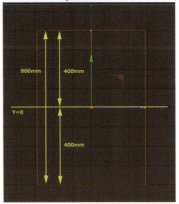

立方体がY=0mm地点から上下に400mmになっている

Y=0mm を床と想定して、椅子の底部も Y=0mm の位置に合わせます。〈立方体〉の〈座標〉タブの〈P.Y〉に「400mm」を入力して、〈立方体〉を +Y 方向に 400mm 移動させます。これで、〈立方体〉の底部が Y=0mm の位置になりました。

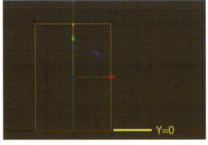

立方体のサイズを移動して、底部がY=0mmの位置になるようにする

1-4 下絵をビューに読み込む

下絵を各ビューの背景に読み込んでいきます。ビュー右上のアイコンの一番右側の■アイコンをクリックしてビューを分割ビューに切り換えます。分割された各ビューの右上にも同じアイコンがあり、クリックすることにより、各ビューを全画面表示にもできます。もしくは、ビューの上でマウスの中ボタンをクリックしてビューを切り換えることもできます。

分割ビューへ切り換える

〈前面〉ビューの〈オプション〉メニューの〈設定〉をクリックするか、〈属性マネージャ〉の〈モード〉メニューから〈ビュー設定〉をクリックして、ビューポート設定を表示させます。

左: ビューの〈オプション〉メニューの〈設定〉から
右: 〈属性マネージャ〉の〈モード〉メニューからビュー設定を表示させる

〈ビュー設定〉はビューの描画に関する設定を細かく設定できます。〈前面〉ビューの上で左クリックをして前面ビューを選択します。〈背景〉タブのテクスチャスロット右側のボタンをクリックし、「front.jpg」をビューポートに読み込ませます。画像が読み込まれたら、〈X方向のサイズ〉を「860」、〈Y方向のオフセット〉を「380」にすると〈立方体〉のサイズとほぼ一致します。画像が明るすぎるので、〈透過〉の値を「80%」前後にして、ビューの視認性を上げておきます。

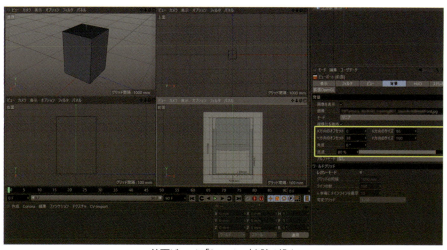

前面ビューに「front.jpg」を読み込む

〈右面〉ビューの上で左クリックをして右面ビューを選択し、〈前面〉と同じ要領で今度は「side.jpg」を読み込ませます。〈X方向のサイズ〉、〈Y方向のオフセット〉は〈前面〉ビューと同じ値にすると「立方体」とほぼ一致します。

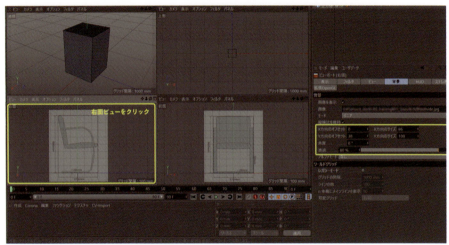

右面ビューに「side.jpg」を読み込む

ビューに下絵を読み込み、椅子のサイズの「立方体」に合わせることができました。この「立方体」自体はこれからモデリングをする椅子のただのアタリですので、ビューにこの「立方体」が見えていては、他のオブジェクトが見ません。モデリングを行う上では邪魔なので、ビュー上での表示形式を変えることにします。

1-5 〈表示〉タグを使って表示形式を変更する

〈オブジェクトマネージャ〉で「立方体」を選択した状態で、〈オブジェクトマネージャ〉の〈タグ〉メニュー /〈Cinema 4D タグ〉/〈表示〉タグをクリックします。もしくは、「立方体」を選択したまま右クリックメニューからでもタグを設定できます。

表示タグを設定する

「立方体」の〈表示タグ〉のアイコンを選択すると、〈属性マネージャ〉に設定内容が表示されます。一番上の〈使う〉にチェックを入れ、〈表示モード〉を「線」、〈スタイル〉を「ワイヤーフレーム」にすると、このオブジェクトはビュー上で常に線モードのワイヤーフレーム表示になります。〈表示 タグ〉を使うことで、オブジェクト単位で表示方法を様々に変更できます。

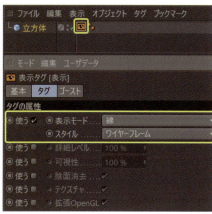
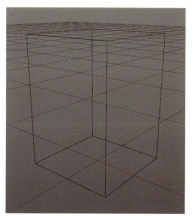

表示タグのパラメータを変更する

〈表示〉タグによってビュー上でワイヤーフレーム表示にしましたが、レンダリングするとこの「立方体」は当然ながらレンダリングされてしまいます。あくまでアタリなので、レンダリングはされてしまっては困ります。そこで、ビューポートに表示はしておくけれど、レンダリングはしないという設定に変更します。

「立方体」を選択し、〈属性マネージャ〉の〈基本〉タブにある〈レンダリングでの表示〉を「隠す」に変更します。これでレンダリングしない設定になりました。

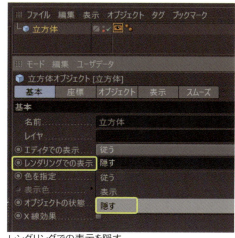

レンダリングでの表示を隠す

〈オブジェクトマネージャ〉を見ると、縦に二つ並んでいる丸いボタンの下側が赤くなっています。このボタンの上側は〈エディタでの表示〉、下側は〈レンダリングでの表示〉のパラメータと連動しています。このボタンをクリックすると、グレー、緑、赤と順番に変わっていきます。

エディタとレンダリング表示ボタン

色とパラメータの関係は以下になります。

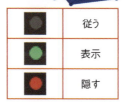

エディタ表示、レンダリング表示ボタンの色と状態の関係性

　alt キーを押しながらボタンをクリックすると、〈エディタでの表示〉と〈レンダリングでの表示〉を同時に変更できます。ctrl キーを押しながらボタンをクリックすると、子オブジェクトも含めて変更することができます。

上: alt+クリック　下: ctrl+クリック

　最後に、「立方体」の名前を「テンプレート」に変更して分かりやすくしておきます。〈オブジェクトマネージャ〉で「立方体」をダブルクリックすると名前を変更できます。また、「立方体」を選択した状態で〈属性マネージャマネージャ〉の〈基本〉タブでも名前を変更することができます。

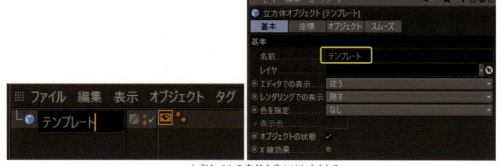

オブジェクトの名前を分かりやすくする

　オブジェクトの命名はシーン構成を分かりやすくする上で、とても重要ですので、きちんと付ける癖をつけておきましょう。

　それでは、椅子のモデリング作業に入ります。

完成ファイル：ch-2\1_ テンプレート .c4d

2　フレームのモデリング

最初に椅子のフレーム部分のモデリングを行います。

モデリングの手順は様々あり、一つの方法が正解ではありません。Cinema 4Dには多種多様なモデリングツールがありますが、まずはその中でも便利な〈スプライン〉を使ってフレームのモデリングをしていきます。

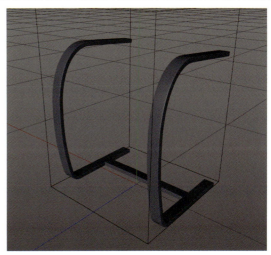

これからモデリングするチェアのフレーム

2-1 スプラインについて

椅子のフレームを作成する前に、Cinema 4D における〈スプライン〉について少し説明します。〈スプライン〉というのは、点と点を繋ぐ直線、またはなめらかな曲線のことを言います。Cinema 4D であらかじめ定義された〈スプライン〉形状を〈スプラインプリミティブ〉と呼びます。〈ペン〉アイコンを長押しして、パレットを展開後、作成することができます。〈スプラインプリミティブ〉は〈円〉、〈星型〉、〈長方形〉をはじめ、たくさんの種類があります。

〈スプラインペン〉アイコンを長押しして〈スプラインプリミティブ〉を作成

〈スプライン〉はビュー上で線として表示されます。

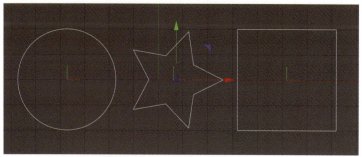

〈スプライン〉はビューでは線として表示される

〈スプライン〉自体は点と点を繋いだ線の情報であるため、〈スプライン〉自体をレンダリングすることはできません。しかし、以下に紹介するジェネレータと組み合わせることで、レンダリングできるオブジェクトを生成することができます。〈スプライン〉をオブジェクトにするジェネレータは〈SDS〉アイコンを長押しして出てくるパレットにあります。

〈スプライン〉と組み合わせて使うジェネレータ

■ 押し出し

〈押し出し〉はスプラインを子オブジェクトにすると、スプライン形状を押し出してオブジェクトを作成できます。次の例では〈テキスト〉のスプラインを押し出しています。

〈テキスト〉スプラインを〈押し出し〉した例

■ スイープ

　ある断面をパスに沿って押し出してオブジェクトを生成していくジェネレータです。特に、ケーブルやパイプなどの形状を作るのに向いています。〈スイープ〉は断面スプラインとパススプラインの2つのスプラインが必要です。

　断面スプラインとパススプラインを〈スイープ〉の子オブジェクトにします。この時、〈オブジェクトマネージャ〉で子オブジェクトの順序が上側に断面となるスプラインを配置してください。下側がパススプラインです。次の例では、円形スプラインを断面とし、らせんスプラインをパススプラインとしています。

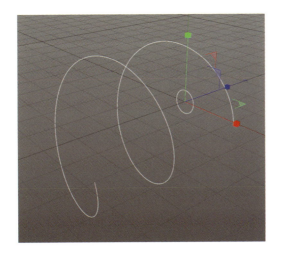

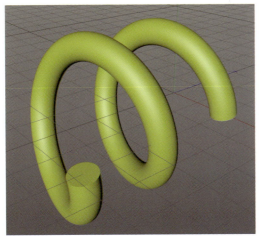

〈円〉と〈らせん〉を使って〈スイープ〉した例

■ ロフト

　〈ロフト〉は一つないし複数の断面スプラインを接続してオブジェクトを生成します。上手く使えば、複雑な形状をとても簡単に作成することができます。

　〈オブジェクトマネージャ〉で接続する〈スプライン〉を〈ロフト〉の子オブジェクトにします。この時、子オブジェクトの一番上から下に向かって順番に接続されていきます。次の例では、〈多角形〉と〈花型〉を用いて〈ロフト〉させています。

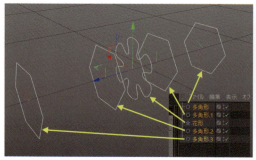 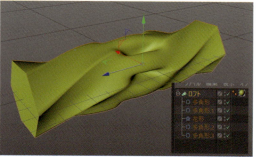

〈ロフト〉で複数のスプラインを接続した例

■ 回転

　〈回転〉はある断面を中心から回転させてオブジェクトを生成するジェネレータです。次の例ではワイングラスの断面の半分だけを描いたスプラインを中心から360度回転させています。回転体のような形状を作成する時、このジェネレータを使います。

ワイングラスの断面の〈スプライン〉を〈回転〉させた例

2-2 スイープ用のパススプラインをペンツールで描く

椅子のフレームを〈スイープ〉を使って作成していきます。〈スイープ〉は断面スプラインとパススプラインが必要ですので、まずはパススプラインを作成します。ここでは〈スプラインプリミティブ〉ではなく、〈ペン〉ツールを使って任意のスプライン形状を作成します。

〈分割ビュー〉のままでは作業スペースが狭いので、ビュー3（〈右面ビュー〉）のみを表示させておきます。

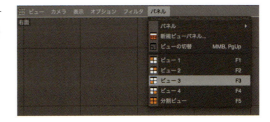

〈ペン〉アイコンをクリックします。

〈ペン〉ツールを選択する

椅子のフレームの中心に沿って、スプラインのポイントを作成していきます。1番目のポイントにマウスカーソルを合わせて左クリックでポイントを作成します。

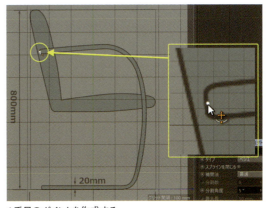

1番目のポイントを作成する

2番目のポイントを作成しますが、ここではポイントを作成したとき、左ドラッグして接線を伸ばしておきます。接線を出すことで曲線のスプラインを描くことができます。

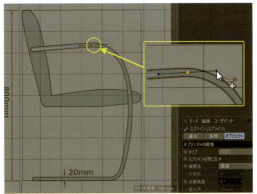

2番目のポイントを作成して接線を伸ばす

続けて3番目のポイントを作成します。ここも左ドラッグして、接線を伸ばしておきます。

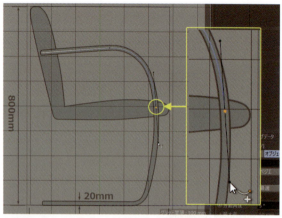

3番目のポイントを作成して接線を伸ばす

続けて4番目のポイントを作成します。左ドラッグして、ここでは短めの接線を伸ばしておきます。

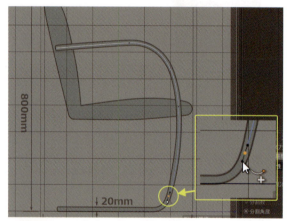

4番目のポイントを作成して短めの接線を伸ばす

5番目のポイントを作成します。ここでも接線を短めに伸ばします。

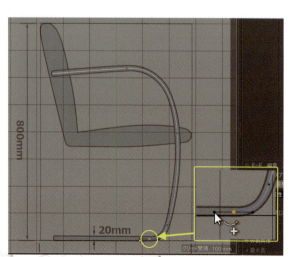

5番目のポイントを作成して接線を伸ばす

最後のポイントを作成します。ここでは接線は伸ばしません。ポイントを作成したら、escキーを押して、スプラインを確定させます。「スプライン」というオブジェクトが一つ作成されていることを確認します。

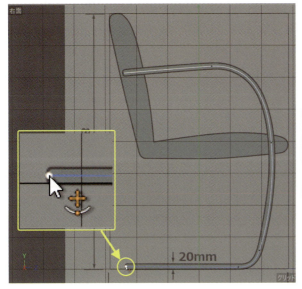
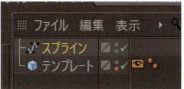

6番目のポイントを作成して「esc」キーを押してスプラインを確定する

スプラインを作成したら、ポイントの位置を微調整していきます。微調整は〈ペン〉ツールでもできますが、ここでは〈移動〉ツールに切り替えます。そして、左側に並んでいるアイコンから、〈ポイント〉モードをオンにします。スプラインはポイントによって定義されているものですので、〈ポイント〉モードを使用します。

〈移動〉ツールと〈ポイント〉モードをオンにする

スプラインが下絵のフレームの中心になるように、一つ一つのポイントの位置と接線を調整して、フレームの形に合うように微調整していきます。接線を操作したい場合は、ポイントをクリックして選択した後、接線の先端部をドラッグします。他のオブジェクトも選択されていると接線が編集できないので注意してください。

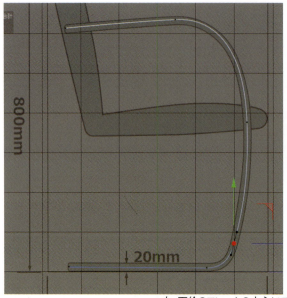
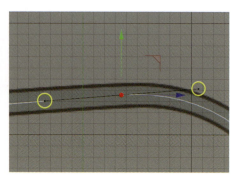

左: 下絵のフレームの中心にスプラインをあわせる
右: ポイントを選択すると接線の向きや長さも編集できる

椅子のフレームの下側は床に接するので、真っ直ぐになっていると自然です。しかし、先ほど〈ペン〉ツールで目視でポイントを作成したので、2つのポイントの高さがあっていません。どのように確認するかというと、shiftキーを押しながら2つのポイントをクリックして選択します。〈座標マネージャ〉の〈サイズ.Y〉でこの2つのポイントの高さのズレを確認できます。次の図でいえば、2点の高さが「2.262mm」ずれているということです。

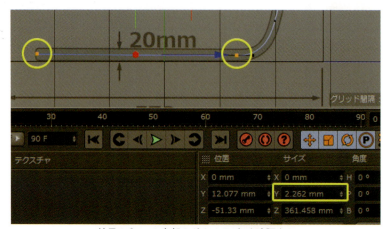

椅子のフレーム底部のポイントのズレを確認する

〈座標マネージャ〉の〈サイズ.Y〉のボックスに数値を「0」と入力し、「適用」ボタンを押すか、enterキーを押すと、2つの点の高さのズレが「0 mm」になり、さらに接線も真っすぐに伸びます。

椅子のフレーム底部の2点間の高さのズレを「0mm」にする

椅子のフレームは厚みが「20mm」としてあるので、底部の2点の〈位置.Y〉には中心値の「10mm」としておきます。

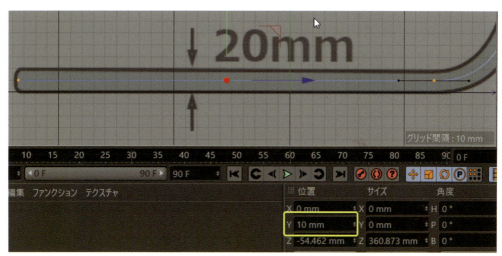

椅子のフレーム底部の2点間の高さを「10mm」にする

これでパススプラインが完成です。

2-3 断面スプラインを作る

次は断面スプラインですが、これは〈長方形〉スプラインから作成します。〈ペン〉アイコンを長押しして、〈長方形〉アイコンをクリックします。

椅子のフレームの断面として〈長方形〉を作成する

〈長方形〉スプラインを選択し、〈属性マネージャ〉の〈オブジェクト〉タブ内の〈幅〉、〈高さ〉のサイズと〈平面〉を変更します。

　　〈幅〉・・・・・・・・・・・「50mm」
　　〈高さ〉・・・・・・・・・「20mm」
　　〈平面〉・・・・・・・・・「XY」

これを断面スプラインとします。

ビューを〈ビュー 1〉に切り替えてスプラインの状態を図のようになっているか確認します。

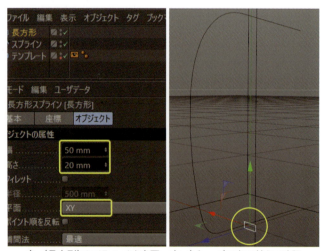

左:〈長方形〉のパラメータを変更　　右:〈ビュー1〉に切り替えて確認

2-4 スイープジェネレータでフレームの作成

〈サブディビジョンサーフェイス〉のアイコンを長押しして、〈スイープ〉アイコンをクリックします。〈スイープ〉オブジェクトが作成されます。

〈スイープ〉を作成する

先に作成した「長方形」と「スプライン」を「スイープ」の子オブジェクトにします。

〈オブジェクトマネージャ〉上でctrlキーを押しながら、「長方形」と「スプライン」を選択するか、左ドラッグで範囲選択します。

左: ctrlキーを押しながら選択
右: 左ドラッグによる範囲選択

複数選択された状態で「スイープ」オブジェクトの上にマウスカーソルを合わせると、カーソルの横に下向きの矢印が表示されるので、そこでマウスボタンを離すと、「スイープ」の子オブジェクトになります。この際、オブジェクトの並び順に注意してください。「長方形」が上、「スプライン」が下です。

左: 選択したオブジェクトを「スイープ」の上に合わせる
右: 下矢印のときにマウスボタンを離すと子オブジェクトになる

順番が違っている場合は、オブジェクトをドラッグ＆ドロップで順番を入れ替えることができます。横向きの矢印が表示されているところで、マウスボタンを離します。次の画像では「長方形」を「スプライン」の上に移動しています。

左:「長方形」を「スプライン」の上にドラッグ&ドロップ
右: オブジェクトの順序を入れ替えることもできる

透視ビューで確認すると、〈スイープ〉オブジェクトができています。同時に、フレームの断面が予想した形状と異なっています。断面の横と縦が入れ替わっているようです。

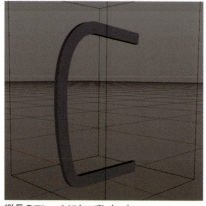

縦長のフレームになってしまった

この問題については、Cinema 4Dの内部計算が私たちの解釈と異なることから発生する問題です。ヘルプにもこの問題の回避方法が記載されています。今回は、断面スプラインの高さと横の数値を入れ替えることで回避できます。「長方形」スプラインを選択し、〈属性マネージャ〉で〈幅〉を「20mm」、〈高さ〉を「50mm」に変更します。

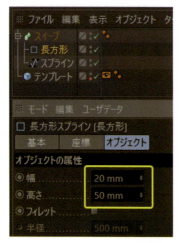

左:「長方形」の「幅」と「高さ」の数値を入れ替える
右: 修正された「スイープ」オブジェクト

〈前面〉ビューに切り替えます。〈オブジェクトマネージャ〉で「スイープ」オブジェクトを選択します。〈移動〉ツールへ切り替え、X軸の赤い矢印の上にマウスカーソルを合わせると白くハイライトされます。

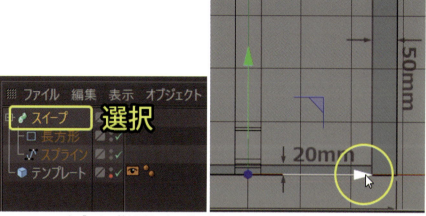

左:「スイープ」を選択　右: X軸の矢印の上にカーソルを合わせる

この状態でX軸の矢印をドラッグすると、X軸の方向に限定してオブジェクトを移動させることができます。ちょうど下絵のフレームの中心へ移動させます。他の軸でも同様に、軸を限定して操作できます。

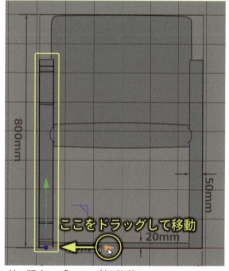

X軸に限定して「スイープ」を移動させる

2-5 フレーム下部の接合部のモデリング

椅子のフレームは底部でＴ字に分岐して反対側のフレームと接合されています。この分岐の部分は〈スイープ〉では作成できません。「立方体」を作り、サイズを合わせてこの位置に移動しても良いのですが、椅子のフレームは一体成型ですので、できれば一つの塊としてモデリングしたいところです。

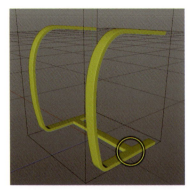

これからモデリングするフレーム底部の接合部

接続部をフレームの一体成型として作成するために、これを〈ポリゴン〉オブジェクトに変換する必要があります。たとえば人物のようなモデルはプリミティブやスプラインなどでモデリングするのは困難です。様々な方向に曲線や曲面、エッジや角の丸みなどがある複雑な形状のオブジェクトはポリゴンモデリングをする必要があります。ポリゴンというのは、頂点と、頂点同士を繋いだ面、エッジで構成されるオブジェクトで、一つ一つの頂点や面、エッジを個別に編集することができます。任意の面やエッジを押し出したりもできます。このような特性から、非常に複雑で入り組んだオブジェクトでも作成することができます。その反面、編集が大変になるので、できるところまではプリミティブやスプラインを使ってモデリングした方がよいでしょう。

全ての頂点を編集可能になるので、頂点が多くなりすぎると、調整が大変になってきます。どの程度の頂点数で作成していくかをよく見極める必要があります。

〈スイープ〉で作成した椅子のフレームを〈ポリゴン〉オブジェクトにする前に、このような変換作業をする際にはオブジェクトのバックアップがあると、何かトラブルが起こった時に修復しやすくなります。

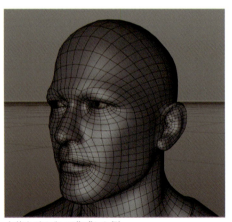

人物をポリゴンで作成した例

〈ヌル〉アイコンから〈ヌル〉オブジェクトを作成します。

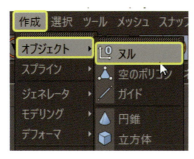 

〈ヌル〉オブジェクトを作成する

　〈ヌル〉というのは、「何もない」という意味の言葉ですが、〈ヌル〉オブジェクトは文字通り、オブジェクトの実体は何もありません。〈ヌル〉は Cinema 4D では様々な用途がありますが、ここでは入れ物として使います。名前を「バックアップ」などとしておきます。〈オブジェクトマネージャ〉で、ctrl キーを押しながら「スイープ」を「バックアップ」の子オブジェクトにします。ctrl キーを押しながらオブジェクトをドラッグ＆ドロップすると複製できます。

左: ctrl キーを押しながらドラッグ＆ドロップで複製できる
右:「バックアップ」の子オブジェクトにする

　「バックアップ」オブジェクトはビュー表示、レンダリングともに不要なので、右側のボタンを二つとも赤色にしておきます（一回クリックするごとに緑→赤→無色と変化します）。一方を alt キーを押しながらクリックすると二つとも変わります。また、バックアップの左側にある「-」マークをクリックして階層を閉じておきます。階層を閉じると「+」に変わります。

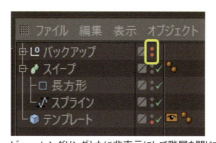

ビュー、レンダリングともに非表示にして階層を閉じておく

　なぜこのようなことをするかというと、「スイープ」を〈ポリゴン〉に変換すると、もう元の「スイープ」には戻せなくなります。ポリゴン編集作業を失敗した場合に、バックアップしてある「スイープ」の状態から再び作業をやり直すことができるからです。

それでは、「スイープ」をポリゴンにします。「スイープ」を選択して、〈属性マネージャ〉の〈キャップ〉タブにある〈タイプ〉を「四角ポリゴン」にして、〈シングルオブジェクトで生成〉を「オン」にします。このチェックを入れていない場合は、キャップの部分だけが別オブジェクトにポリゴン化されます。

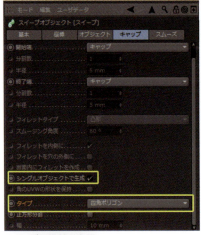

スイープの属性を変更

〈オブジェクトマネージャ〉の〈スイープ〉を選択した状態で、〈編集可能にする〉（ショートカットC）アイコンをクリックすると、「スイープ」が〈ポリゴン〉オブジェクトになります。

〈編集可能にする〉アイコン

オブジェクトの名前を「フレーム」に変更しておきましょう。

名前を「フレーム」に変更

椅子のフレームの接合部分を作成していきます。「フレーム」を選択し、画面左にある〈ポリゴン〉モードアイコンを「オン」にしておきます。〈ポリゴン〉モードの時は、ポリゴンの面を編集できます。

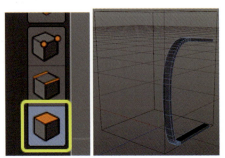

〈ポリゴン〉モードにしておく

接合部のT字に分岐する箇所のポリゴンを分割します。〈右面〉ビューにして、〈メッシュ〉メニュー /〈作成ツール〉/〈ラインカット〉をクリックするか、ビュー上で右クリックメニューから〈ラインカット〉をクリックします。（ショートカット K~K or M~K）

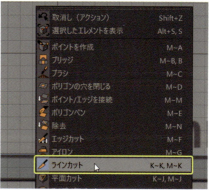

〈ラインカット〉ツールを選択する

〈ラインカット〉ツールに関するオプション設定が〈属性マネージャ〉にあります。効率よく作業を行うための便利な機能も備えています。ヘルプに詳細が記載されているので、目を通すことをオススメします。ここでは〈可視エレメントのみ〉のチェックを「オフ」にしておきます。

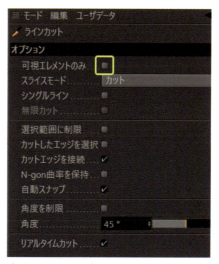

〈可視エレメントのみ〉をオンにする

〈右面〉ビューで下絵の接合部がある線の真上あたりで左クリックして、カットの始点を決めます。

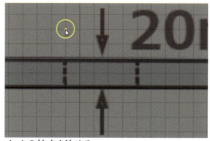

カットの始点を決める

shiftキーを押しながらマウスカーソルを下へ移動させると、直線でカットラインを引くことができますので、「フレーム」の下で左クリックして、2番目の点を決めます。

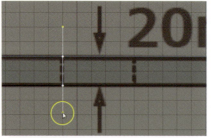

2番目の点を決める

shiftキーを押しながら横にマウスカーソルを移動させ、接合部の下で3番目の点を決めます。

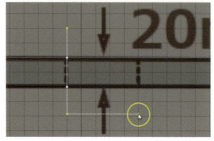

3番目の点を決める

shiftキーを押しながらマウスカーソルを上に移動させ、フレームの上側で4番目の点を決めます。

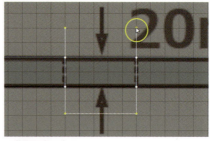

4番目の点を決める

この状態はまだ〈ラインカット〉が確定していない状態です。確定させる前に、エッジや面の上にあるポイントを動かしてカットラインを微調整させることもできますが、ここではそのままescキーを押してカットを確定させます。

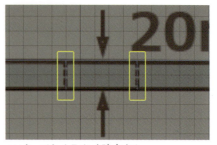

escキーでカットラインを確定する

うまく下絵に合わせてカットできない場合は、カットした後に〈エッジスライド〉ツールで調整してもいいでしょう。

〈透視〉ビューで、接合部がきちんとカットできているか確認します。アングルを変えて反対側も確認します。

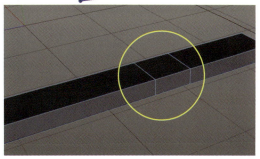

カットできているか確認してみる

カットしてできた面を押し出して接合部を作成します。〈ポリゴン〉モードのまま、〈ライブ選択〉アイコンをクリックします（ショートカット9）。〈属性マネージャ〉で〈可視エレメントのみ選択〉のチェックを「オン」にします。

 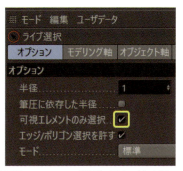

ライブ選択を選択して、〈可視エレメントのみ選択〉が「オン」を確認

〈ライブ選択〉ツールは、マウスカーソルでドラッグした箇所を連続して選択するツールです。複数選択する場合に便利なツールですが、今は椅子のフレームの接合部にあたる面だけを選択します。マウスカーソルをポリゴンに合わせるとハイライトされるので、クリックして選択します。

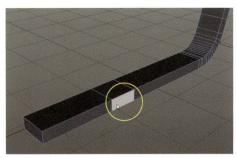 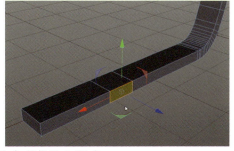

左: マウスカーソルを合わせる　右: 選択されたポリゴン

〈ライブ選択〉ツールの白い枠が大きすぎるとその中に入っているポリゴンも選択されます。半径が大きい場合、〈属性マネージャ〉の〈半径〉の値を小さくするか、マウスの中ボタンを押してドラッグすると半径を変えることができます。選択したい形状のサイズによって適切なサイズに調整しましょう。

ライブ選択の半径サイズは変更できる

選択したポリゴンに軸の矢印が表示されるので、Z軸を示す青色の矢印にカーソルを合わせて、白くなったところで、ctrlキーを押しながら左ドラッグさせると、面が押し出されます。押し出されたら、マウスボタンを離します。

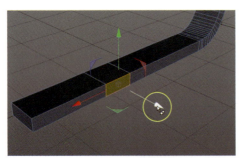
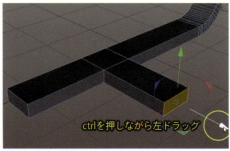

選択面をctrlキーを押しながら左ドラッグして押し出す

押し出した面を、椅子の中心（X=0mm の位置）に合わせておきます。〈座標マネージャ〉の〈オブジェクト：相対〉となっている箇所を選択し、座標系を〈ワールド〉に変更します。〈ワールド〉にすることで、原点 (0,0,0) からの座標値に切り替わります。〈ワールド〉の状態で、〈X〉のボックスに「0」を入力して、「適用」（またはenterキー）を押すと、押し出した面が X=0mm の位置に移動します。移動させたら、あと工程で対称化するために delete（backspace）キーで面を削除しておきます。〈ワールド〉を〈オブジェクト：相対〉に戻しておきます。

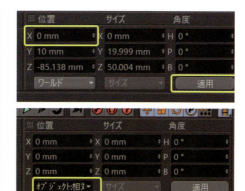

上左：座標系を〈ワールド〉にする
上右：Xに「0」を入力して〈適用〉
下左：X=0mmに移動した面を削除する
下右：座標系を〈オブジェクト：相対〉に戻す

ここまでで、次の図の形状になっています。

シーンファイル：
　ch_2\2-5_ フレーム .c4d

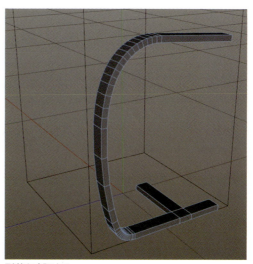

形状を確認する

2-6 ベベルデフォーマによる面取り

それでは、次はフレームに対して、面取りを行います。今のフレームの状態は、面取りがされてないので、とても鋭いエッジになっていて、いかにもCGという印象です。この角を、少し丸めて、リアルにしていきます。

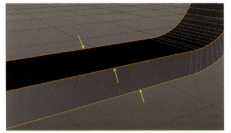

エッジが鋭く、現実味がない状態

Cinema 4Dでは、ポリゴンオブジェクトに対して面取りを行う場合に便利な、〈ベベル〉ツールを使う方法と、〈ベベル〉デフォーマを使う方法があります。ここでは〈ベベル〉デフォーマを使った面取りを行います。〈デフォーマ〉は基本的にはオブジェクトを変形させるためのもので、〈ベベル〉デフォーマ以外にも沢山の種類があります。〈デフォーマ〉は変形させたいオブジェクトと同じ階層もしくは子オブジェクトにする必要があります。

〈デフォーマ〉アイコンを長押しして、〈ベベル〉アイコンをクリックした後、「フレーム」の子オブジェクトにしますが、オブジェクト作成と同時に子オブジェクトにするという便利なショートカットがあるので、紹介しておきます。

〈デフォーマ〉アイコン

「フレーム」を選択した状態でshiftキーを押しながら〈ベベル〉デフォーマを作成すると、選択していたオブジェクトの子オブジェクトになった状態で〈ベベル〉デフォーマが作成されます。子オブジェクトにする手間が省けるので覚えておくとよいでしょう。

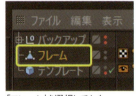

「フレーム」を選択しておく

shiftキーを押しながら〈ベベルデフォーマ〉を作成

作成と同時に子オブジェクトになる

〈ベベル〉デフォーマのデフォルト値の影響でエッジにベベルが適用されます。〈オブジェクトマネージャ〉で〈ベベル〉を選択し、〈属性マネージャ〉から〈オプション〉タブを開き、〈オフセット〉と〈分割数〉を次の数値に変更します。

〈オフセット〉‥‥‥「3mm」
〈分割数〉‥‥‥‥「1」

ビューで確認すると、ベベルのサイズが小さくなり、分割数が1本増えています。しかし、オブジェクトの全てのエッジにベベルデフォーマが適用され、面取りが不要な箇所にもベベルが適用されています。

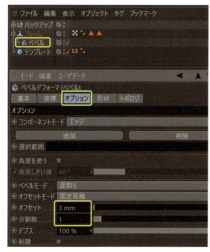 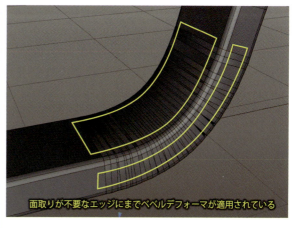

左:〈オフセット〉と〈分割数〉を変更する　右: 全てのエッジにベベルが適用されている状態

〈ベベル〉デフォーマはベベルをかけるエッジを指定できるので、必要な箇所だけベベルを適用させます。指定方法にはいくつか方法があります。一つは、ベベルを適用したいエッジを選択して〈エッジ選択範囲〉タグを作成して、それを〈ベベルデフォーマ〉の〈選択範囲〉に割り当てる方法もあります。

今回はより簡単な〈角度を使う〉を使った方法で行います。

〈ベベルデフォーマ〉の〈属性マネージャ〉で〈角度を使う〉をオンにすると、隣り合う面の角度によってベベルを掛けるエッジを指定でき、角度は〈角度しきい値〉で設定できます。ほとんどの場合、デフォルトの「40°」で問題ありませんが、形状により値を調整します。

次の図のような形状の場合、〈角度しきい値を〉調整することでベベルを適用するエッジを調整できます。

左: ベベル前の形状　　　中: 〈角度しきい値〉が「40°」　　　右: 〈角度しきい値〉が「60°」

今回は、デフォルトの「40°」でフレームのコーナーだけにベベルが適用されました。

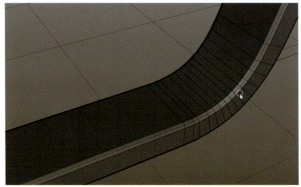

コーナーのところだけにベベルが適用される

ベベルが適用されたエッジを見ると、うっすらとラインが入っているのが確認できます。これは「フレー

ム」に〈シャープエッジ〉というものが適用されている為、このような状態になっています。指定したエッジをシャープにしてくれるという機能で、モデリングする形状によっては重宝する機能ですが、今回は必要ありませんので、「オフ」にします。〈オブジェクトマネージャ〉で、「フレーム」に設定されている〈Phong〉タグを選択します。〈属性マネージャ〉で〈シャープエッジを使う〉のチェックを外しておきます。これで面がスムーズになりました。

左:〈シャープエッジ〉が効いている状態
中:〈Phong〉タグの〈シャープエッジ〉を「オフ」にする
右:〈シャープエッジ〉が効いていない状態

2-7 対称オブジェクトにする

椅子のフレームの片方ができました。フレームは左右対称になっているので、〈対称〉オブジェクトを使って反対側のフレームを作成します。こういった形状以外にも左右で形状が同じものを作成する際には欠かせないものです。

〈対称〉アイコンをクリックして〈対称〉オブジェクトを作成します。

〈対称〉オブジェクトを作成する

〈オブジェクトマネージャ〉で「フレーム」を「対称」の子オブジェクトにします。対称になる基準位置は、〈対称〉オブジェクトの座標位置になります。〈対称〉オブジェクトが原点にあれば、原点を基準に対称がつくられる、ということです。〈対称面〉は「ZY」平面ですので、デフォルトの設定で問題ありません。逆側に同じフレームができました。モデリングではよく使う機能の一つです。

 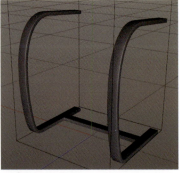

左:「フレーム」を「対称」の子オブジェクトにする
右: フレームの反対側ができた

2-8 サブディビジョンサーフェイスの適用

　遠目からなら現在のメッシュ分割でも十分ではありますが、モデルをもっとアップにして見たり、高解像度でレンダリングしたりする場合、現状のポリゴン分割数では分割が不十分である可能性も生じます。特にフレームの前部の大きなアーチ部分を見ると、少しカクカクしているのが目立ちます

　そこで、〈SDS〉（サブディビジョンサーフェイス）というものを使って、メッシュの分割数を上げ、曲面もなめらかにします。サブディビジョンの適用方法は簡単です。

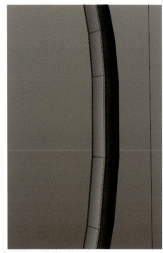

ポリゴン分割が足りていない

〈SDS〉アイコンをクリックで作成し、「対称」を子オブジェクトにします。

SDSを作成する

また、便利な方法として、先に「対称」オブジェクトを選択しておき、altキーを押しながら〈SDS〉を作成すると、「対称」が子オブジェクトになった状態で〈SDS〉が作成できます。この操作でオブジェクトを作成した場合、「SDS」は子オブジェクトとなる「対称」の座標軸と同じ位置、向きで作成されます。座標軸を引き継ぎたくない場合は、手動で子オブジェクトにします。

〈オブジェクトマネージャ〉で「SDS」を選択して、〈属性マネージャ〉、〈オブジェクト〉タブ内にある、〈レンダリングでの分割数〉を「2」にします。〈エディタでの分割数〉は今回は「2」のままにしておきます。

〈サブディビジョンサーフェイス〉を使うと、少ない頂点数を保ったまま、見た目上はなめらかにすることができます。これで、椅子のフレームのモデリングは終了です。

完成ファイル：
ch-2\2-5_フレーム.c4d

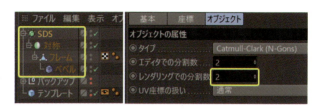

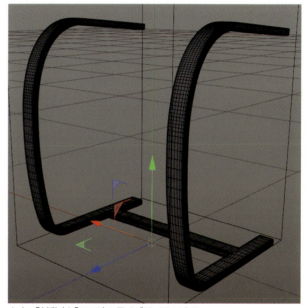

上左:「対称」を「SDS」の子オブジェクトにする
右:〈レンダリングでの分割数〉を「2」にしておく
下:〈SDS〉が適用された「フレーム」

3　クッションのモデリング

　次は椅子のクッションのモデリングに進みます。下絵に合わせて、モデリングを進めますが、クッションについては下絵だけでは把握できない曲面があるで、モデリングをする際には、事前に集めた資料を開始前によく観察しておきます。全体の形状はもちろん、どのような構造になっているのか、どのような特徴があるのか、など細部も確認しておきます。

　事前に全体の形状と細部の形状の特徴をよく把握することができれば、モデリング中にどのようにモデリング工程をするべきか、判断ができるようになります。

　形状の特徴をつかむと同時に、どの程度まで作り込むかを考えておきます。すごく細かく作りこんだのに、作品中必要なかったりすると、作りこんだ時間がもったいないですし、作りこんだ分、データも重くなります。

　今回、クッションについては、細かい作りこみまでは行いません。例えば、レザーのパイピングや、生地の折込み、縫い目などの部分は省きます。

3-1 クッションのベース形状を作成

クッションのベースとなる形状は立方体から作成します。立方体オブジェクトの名前を「クッション」に変更します。

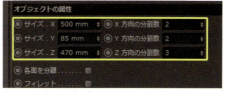

立方体の〈サイズ〉、〈分割数〉を変更する

〈属性マネージャ〉の〈オブジェクト〉タブを開き、

〈サイズ .X〉‥‥‥「500mm」　　〈X 方向の分割数〉‥‥‥「2」
〈サイズ .Y〉‥‥‥「85mm」　　〈Y 方向の分割数〉‥‥‥「2」
〈サイズ .Z〉‥‥‥「470mm」　　〈Z 方向の分割数〉‥‥‥「3」

にしておきます。

分割ビューにして、〈移動〉ツールを選択します。緑色の Y 軸の矢印にカーソルを合わせて、左ボタンを押したままマウスを動かします。上に移動させ、下絵のクッションと大体同じ高さの位置まで移動させます。青色の Z 軸の矢印にカーソルを合わせ、少し前に移動させます。下絵の位置にあわせます。

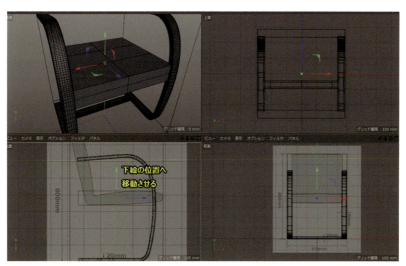

「クッション」の位置を下絵に合わせて移動させる

〈編集可能にする〉のアイコンをクリックして、ポリゴンオブジェクトに変換します。〈ポイント〉モードにします。〈ライブ選択〉ツールを選択して、〈属性マネージャ〉の〈可視エレメントのみ選択〉のチェックを「オフ」にしておきます。

そして、右面ビューで各ポイントを選択し、位置を下絵のクッションに合うように各ポイントを移動させます。移動が終わったら、スペースキーを押してください。すると、一つ前に使った〈ライブ選択〉ツールに切り替わります。別のポイントを選択します。選択した後、再びスペースキーを押します。すると、一つ前に使った〈移動〉ツールに切り替わります。スペースキーを押すと、一つ前に使ったツールに切り替えることができます。これは〈選択〉、〈移動〉、〈選択〉、〈移動〉... と同じ作業を繰り返しするとき、都度アイコンをクリックしなくても良いので効率よく作業ができます。これを繰り返して、ポイント位置をクッションの下絵の位置にあわせます。

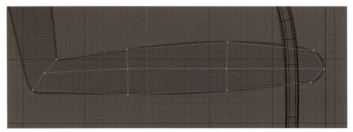

右面ビューでポイントを下絵の位置に合わせる

〈ポリゴン〉モードへ変更します。〈ライブ選択〉アイコンを長押しして、中にある〈長方形選択〉をクリックします。〈属性マネージャ〉で〈可視エレメントのみ選択〉を「オフ」にします。〈長方形選択〉は選択したい範囲を指定して、その範囲内にあるエレメントやオブジェクトを選択できます。

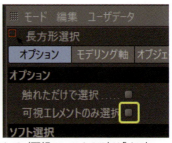

〈ポリゴン〉モードで〈長方形選択〉にして、〈可視エレメントのみ〉は「オフ」

右面ビューで背もたれの付け根にあたる面を選択します。〈長方形選択〉の始点にカーソルを合わせて、左ボタンを押したままドラッグすると長方形が表示されるので、付け根の面を囲んで左ボタンを離します。これで、付け根の面が選択されました。

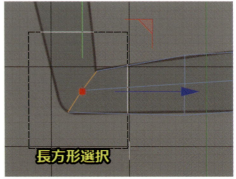

背もたれの付け根を選択する

次にこの面を押し出します。〈移動ツール〉を選択します。ctrlキーを押しながら、赤い三角マークにカーソルを合わせて左ドラッグして、背もたれの上部まで面を押し出します。

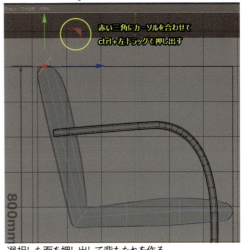

選択した面を押し出して背もたれを作る

背もたれに分割ラインを入れます。〈ラインカット〉ツールを選択して、〈選択範囲に制限〉と〈可視エレメントのみ〉を「オフ」にして、カットラインを引いていきます。真ん中のカットラインはちょうどフレームの位置にしておきます。カットラインを引いたら、escキーを押してカットを確定させます。

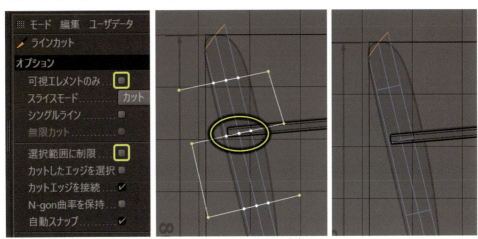

左:〈ラインカット〉ツールの設定
中: カットラインを引いていく
右: escキーを押してカットを確定する

カットしたら、座面と同様に、〈ライブ選択〉ツールと〈移動〉ツールを使ってポイントを下絵に合わせます。

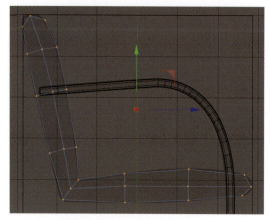

背もたれのポイントも下絵に合わせる

このクッションは左右対称ですので、ここからの作業は対称オブジェクトにして進めていきます。〈上面〉ビューにします。〈ポイント〉モードにして、右半分のポイントを選択します。選択したら、backspace キーか、delete キーで削除します。

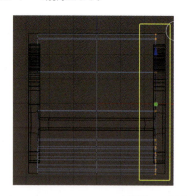 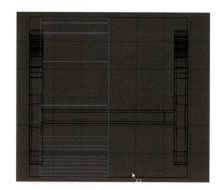

上面ビューで右半分のポイントを削除する

削除したら、〈対称〉アイコンから「対称」オブジェクトを作成して、「クッション」を「対称」の子オブジェクトにします。

「クッション」を「対称」に入れて対称化する

このままではクッションらしくないので、角ばっている部分に丸みを加えて、もう少しクッションらしいふくらみを作ります。〈透視〉ビューを表示させます。〈オブジェクトマネージャ〉で、「クッション」を選択して、〈エッジ〉モードに切り替え、〈選択〉メニューから〈ループ選択〉を選んで、サイドのエッジを選択します。

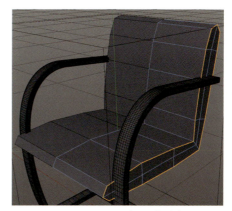

クッションのサイドのエッジを〈ループ選択〉する

〈移動〉ツールを選択します。赤いX軸の矢印にカーソルを合わせて、白くなったところで、左ドラッグして、-X方向に少しだけ移動させます。サイド部分に少し丸みがつきます。

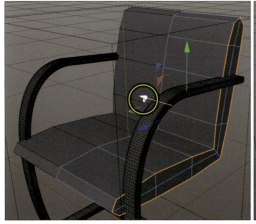

選択したエッジを、-X方向に移動させて丸みをつける

3-2 サブディビジョンを適用して微調整

ここからはサブディビジョンサーフェイスを使っていきます。〈SDS〉アイコンをクリックし、「対称」を「SDS」の子オブジェクトにします。現状ではメッシュの分割数が足りないので、〈サブディビジョンサーフェイス〉の特性上、エッジが全くたっていない、かなり丸い形状になってしまいます。ここからクッションらしい形状とディテールに仕上げていきます。

「クッション」の「対称」を新たに作成した「SDS」に入れる

「クッション」を選択して、〈メッシュ〉/〈作成ツール〉/〈ループ/パスカット〉(ショートカット K~L or M~L) を選択します。〈属性マネージャ〉で〈選択範囲に制限〉と〈対称カット〉が「オフ」、〈双方向カット〉が「オン」になっていることを確認します。

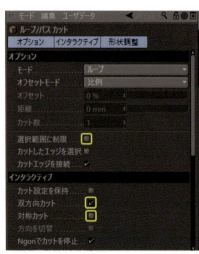

〈ループ/パスカット〉の設定

〈ループ/パスカット〉は連続した面を一度にカットするツールです。マウスカーソルをエッジに合わせると、カットされるラインがハイライト表示されます。クッションの端付近にマウスカーソルを合わせます。

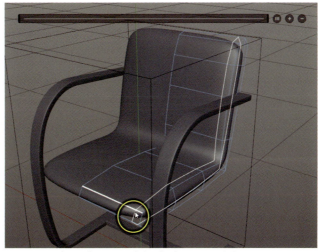

〈ループ/パスカット〉する箇所にカーソルを合わせる

クリックすると、カットラインが作られ、上のバーにマーカーが出現します。このマーカーを左右に移動させて、カットラインを微調整することができます。esc キーを押して確定するか、そのまま次の箇所をカットすれば確定されます。

バーのマーカーを左ドラッグしてカットラインを調整できる

カットを確定すると角の丸みが軽減されます。〈サブディビジョンサーフェイス〉は頂点同士の距離が近くになるとエッジがシャープになります。

次は座面と背もたれのつなぎ目の箇所もカットします。クッションの座面の端に一本カットラインを入れます。次に背もたれの端にも一本カットラインを入れます。

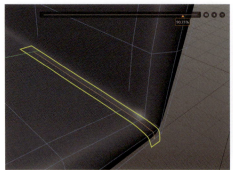 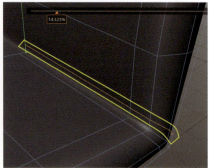

座面と背もたれの端にカットラインをいれる

3-3 くぼみのモデリング

大体の形状はOKですが、せっかくなのでもう少しだけ作りこみましょう。座面と背もたれのつなぎ目にも少し工夫をします。ここは座面と背もたれの境界で生地が引っ張られて少しへこんでいます。このままでは一枚の生地が繋がっているように見え、少し不自然ですので修正します。

付け根のエッジを編集するのですが、サブディビジョンサーフェイスが適用されていると、元の形状のポイントやエッジが見えにくく、選択しにくいことがあります。

サブディビジョンサーフェイスによりエッジが見えない

このような場合、一旦サブディビジョンサーフェイスを「オフ」にして作業するとよいでしょう。〈オブジェクトマネージャ〉で「SDS.1」にある緑のチェックマークをクリックすると、赤いバツマークになり、サブディビジョンサーフェイスが「オフ」になります。このマークがついているものは、同じように機能を「オン」「オフ」することができます。

上: SDSをオフにする
下: 元の形状で表示される

〈エッジ〉モードにして〈ライブ選択〉ツールを選択します。付け根の真ん中のエッジをshiftキーを押しながら2つ選択します。〈移動〉ツールを選択し、〈右面〉ビューにして、YZ平面に限定して操作できる赤い三角マークをドラッグして、めり込むように内側に移動させます。

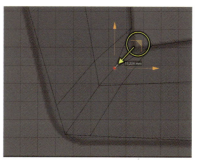

座面と背もたれの境界をへこませる

外側のラインも選択して、X方向へ少し移動させます。

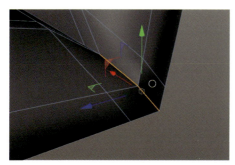
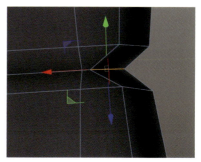

外側のラインも少し内側へ移動させる

クッションは座面と背もたれが「フレーム」に少しめり込んでいるので、クッションの形状をフレームの形状に合わせてへこませます。

〈ループ/パスカット〉ツールを選択します。最初に背もたれを〈ラインカット〉した時にちょうど「フレーム」のあたりにカットを入れました。その上下にカットを入れます。

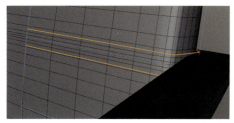
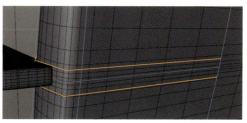

背もたれのフレーム付近のエッジの上下をループカットする

「クッション」と「フレーム」の接触部分のエッジを選択したいのですが、「フレーム」がビューに見えているので、選択しにくい状態です。〈オブジェクトマネージャ〉で、ビューの表示オプションを変更して「フ

レーム」を非表示にしてもよいのですが、ここでは別の機能を使いましょう。〈ソロビューシングル〉です。

〈オブジェクトマネージャ〉で「クッション」を選択して、〈ソロビュー〉アイコンを長押しして、〈ソロビューシングル〉のアイコンを選択します。ソロビューシングルモードになりました。これは現在選択していたオブジェクトだけをビューに表示させる機能です。これで、隠れていたエッジが選択しやすくなりました。

〈ソロビューシングル〉モードにして、「クッション」だけをビューに表示する

〈ライブ選択〉ツールを選択します。フレームと重なっていたエッジを2つ選択します。〈移動ツール〉にして、X軸の矢印を左ドラッグして少し中ほどに移動させます。

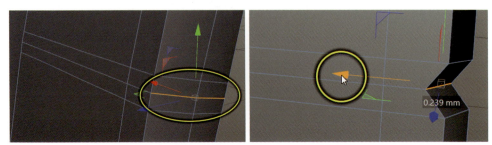

真ん中のエッジを移動してへこませる

〈ソロビューをオフ〉アイコンを選択して、「クッション」の「SDS.1」を「オン」に戻し、形状を確認します。「クッション」が少し「フレーム」に押し込まれているような形状になっていれば OK です。

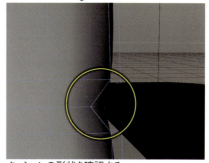
クッションの形状を確認する

「クッション」の座面部分にも「フレーム」と接している箇所があるので、背もたれと同様に少しへこませます。「クッション」を選択し、〈エッジ〉モードにします。〈ループ / パスカット〉を選択し、「フレーム」と接している箇所をクリックしてカットラインを一つ入れます。

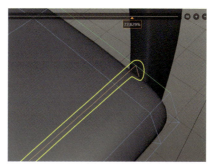
〈ループ/パスカット〉でカットラインを入れる

ビュー上にあるバーの〈＋〉マークを 2 回クリックして、カットラインを 2 本追加します。バーに表示された〈▲〉マークを左ドラッグで移動させて、次の図のような配置にしたところで、esc キーを押してカットを確定させます。
　〈－〉マークはラインが減り、〈|||〉マークはカットラインが均等に配置されます。

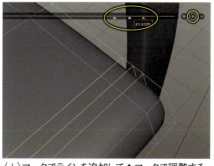
〈＋〉マークでラインを追加して▲マークで調整する

esc キーを押してカットを確定させたら、背もたれ同様少しへこませておきます。

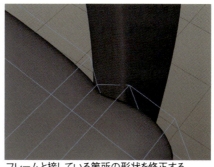
フレームと接している箇所の形状を修正する

「クッション」をカットしたので、カットした箇所でポイント同士が近くなっています。サブディビジョンサーフェイスはポイントの距離が近いと、角ばってくるという特性があるためです。なめらかな曲面にするために、このポイント間の距離を少し離します。

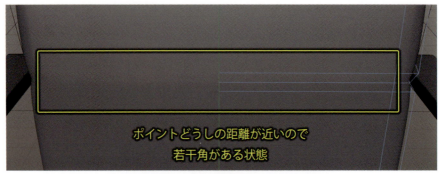

〈SDS〉の特性上、ポイントの距離が近いと角が目立つ

ここでは〈スライド〉ツールを使ってポイントの距離を離します。〈エッジ〉モードにします。〈選択〉メニュー /〈全て選択解除〉を選択して、選択されているエッジを解除します。エッジが選択されている状態で〈スライド〉を使うと、そのエッジしかスライドさせることができないので、連続して〈スライド〉する場合は選択を解除しておいたほうが素早くおこなえます。

選択を解除しておく

〈メッシュ〉メニュー /〈変形ツール〉/〈スライド〉を選択します。これはポイントやエッジを隣接するエッジに対して滑らせて移動させることができるツールです。今回はカットでできた背もたれのエッジをスライドさせて、ポイント同士の間隔を少しあけます。

スライドしたいエッジの上にマウスカーソルを合わせるとハイライトされるので、左ドラッグしてエッジをスライド移動させます。先ほど〈全ての選択解除〉をしたので、このまま次のエッジをスライドできます。

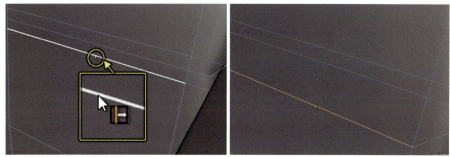

〈スライド〉ツールでエッジをスライド移動させる

カットした座面の箇所もスライドさせて距離を少しあけていきます。

座面と背もたれのエッジ間隔を調整する

これでクッションのモデリングが終了しました。完成図は次のようになります。

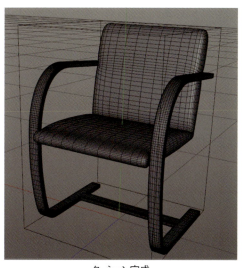

クッション完成

完成ファイル：ch-2\3_クッション.c4d

4 マテリアル設定

次は椅子のマテリアルを作成します。マテリアルを設定することで、オブジェクトに様々な材質の特性を与えることができます。

4-1 フレームのマテリアル

椅子の「フレーム」に使用するマテリアルから作成します。新しくマテリアルを作成するには〈マテリアルマネージャ〉の〈作成〉メニュー /〈新規マテリアル〉を選択するか、〈マテリアルマネージャ〉内の空欄部分をダブルクリックして新規マテリアルを作成できます。

左:〈マテリアルマネージャ〉の〈作成〉メニューから作成　　右:〈マテリアルマネージャ〉の空欄をダブルクリックで作成

新規作成したマテリアルはデフォルトで「Mat」という名前になっています。分かりやすい名前に変更する癖をつけておきましょう。〈マテリアル〉を選択して〈属性マネージャ〉の〈基本〉タブの〈名前〉を変更するか、〈マテリアルマネージャ〉のマテリアルサムネイルの名前部分をダブルクリックして名前を変更できます。「フレーム」は反射の強い金属ですので、「クロム」に変更します。

マテリアルの名前を分かりやすくする

新しく作成したマテリアルのサムネイル画像をダブルクリックすると、〈マテリアル編集〉ウィンドウが開きます。〈属性マネージャ〉でもマテリアル編集はできますが、マテリアル専用に作られている〈マテリアル編集〉ウィンドウの方が作業効率はよいでしょう。

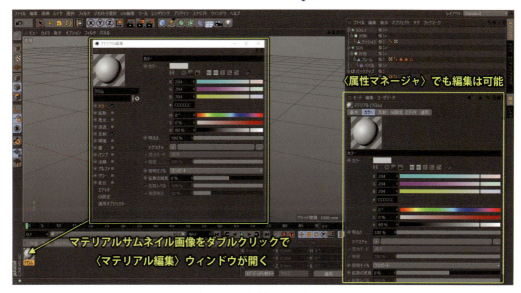

〈マテリアル編集〉ウィンドウを開く

　Cinema 4D のマテリアルは複数の〈カラー〉や〈拡散〉などの〈チャンネル〉と呼ばれる要素で構成され、それぞれの〈チャンネル〉にさらに細かいパラメータを設定することができるようになっています。椅子の「フレーム」の材質はクロム材質でとても反射率が強く、材質の色というのはほぼ見えませんので、〈カラー〉チャンネルのチェックをはずしておきます。〈反射〉にチェックが入っていることを確認します。

〈カラー〉のチェックを外す

〈反射〉チャンネルを選択すると、パラメータが右側に表示されます。〈反射〉チャンネルには非常に多くのパラメータがあり、また、チャンネル内に複数の反射レイヤーを重ねる事が可能で、それにより、複雑な反射特性の材質も作成することができます。

　今回はシンプルな鏡面反射素材を作成します。〈反射〉チャンネルは〈デフォルトスペキュラ〉というレイヤが入っていますが、今回これは必要ないので、〈デフォルトスペキュラ〉を選択して、〈削除〉ボタンをクリックして、削除します。

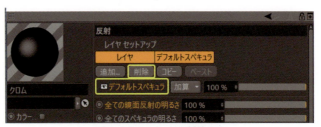

デフォルトスペキュラを削除する

　チャンネル内の〈追加〉→〈Beckmann〉を選択します。新しく反射レイヤとして、「レイヤ 1」という「Beckmann」タイプの反射レイヤが作成されます。〈スペキュラ強度〉は今回必要ないので、「0%」に変更します。（スペキュラと反射については、180 ページの「スペキュラと鏡面反射の違い」を参照）

「Beckmann」反射レイヤを追加して〈スペキュラ強度〉を「0」にする

少し下の方にある〈レイヤフレネル〉のバーをクリックすると、メニューが展開されます。クロムは金属ですから、〈フレネル〉の項目を「導体」にします。(フレネルについては、204ページの「誘電体と導体について」を参照)〈プリセット〉から、「クロム」を選択します。導体はおもに金属の物理的に正しい反射をシミュレートする場合に使用します。シンプルなクロムであればこれで完成です。

フレネルに導体、クロムを設定する

作成したマテリアルを「フレーム」に適用します。マテリアルを〈オブジェクトマネージャ〉の適用したいオブジェクトにドラッグ＆ドロップもしくはビューの「フレーム」にドラッグ＆ドロップするとマテリアルを適用できます。

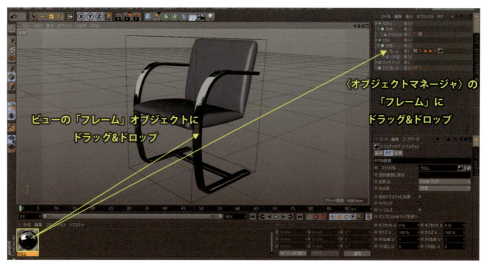

マテリアルを適用する

4-2 クッションのマテリアルを作る

　「クッション」用のマテリアルを作成します。「クロム」と同じ要領で新規マテリアルを作成し、名前を「レザー」に変更します。レザーは加工方法により質感がさまざまありますが、今回はシボ加工されたレザーにしてみます。

　シボ加工の特徴の小さな皺の凹凸をつくります。素材の表面の微小な凹凸はバンプマッピングを使います。バンプマッピングというのは、グレースケール画像の濃度情報を使って、表面に凹凸を疑似的に表現する手法です。マテリアルプレビューの表面に凹凸が描画されたことを確認します。

　〈バンプ〉チャンネルにチェックを入れます。〈テクスチャ〉の右側にある横長のバーをクリックします。テクスチャ読み込みダイアログが表示されるので、「leathre_bump.jpg」を読み込みます。マテリアル編集の右側にバンプチャンネルの項目が表示されました。〈バンプ強度〉を「30%」に上げておきます。

バンプマップテクスチャの読み込み

　続いて〈反射〉チャンネルを選択します。「デフォルトスペキュラ」は削除します。クロムの時と同じ要領で、〈追加〉→〈Beckmann〉で、「レイヤ1」を作成します。このままでは金属のような反射素材ですので、少し反射像をぼかします。

　〈表面粗さ〉を「20%」にして、表面を荒い反射にします。

シボ模様の凸部も凹部も反射強度が強く均一なので、調整するためのテクスチャを読み込み、レザーのシボ模様の凹部の反射を弱くします。〈レイヤカラー〉のテクスチャスロットに、「leather_gloss.jpg」を読み込みます。これでずいぶん反射が落ち着きました。〈レイヤカラー〉は反射する色をつけるものですが、テクスチャを読み込んだ場合、白い部分はよく反射し、暗い部分はあまり反射しないという調整にも使えます。今回はシボ模様の奥まった部分はあまり反射させないようなテクスチャになっており、これによりシボ模様が少し強調されるようにしました。

　さらに〈レイヤフレネル〉のバーをクリックして、サブメニューを開きます。〈フレネル〉から、「誘電体」を選択します。〈プリセット〉から「PET」を選択します。「PET」は非常に幅広い材質で使うことができる「プリセット」です。他に「誘電体」の「プリセット」には「ガラス」や「水」など比較的よく使う物もあります。フレネル反射が適用され、反射がより自然な感じになりました。

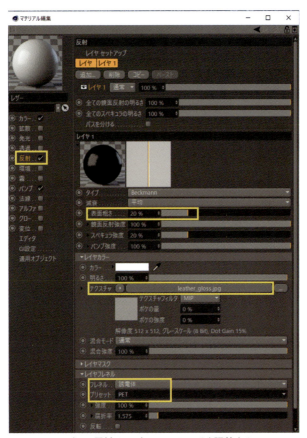

レザーの反射チャンネルのパラメータを調整する

最後にカラーを入れましょう。〈カラー〉チャンネルを選択します。カラーバーを調整して、ダークブラウン程度に変更しておきます。これで、基本的な「レザー」マテリアルができました。

カラーチャンネルで色をつける

4-3 レザーマテリアルを適用する

作成した「レザー」マテリアルを「クッション」オブジェクトに適用します。しかしレザーの模様が綺麗に貼られていないようです。模様のサイズも部位によってバラバラで、模様が伸びている箇所もあるので、均一になるように修正します。

レザー模様がおかしい

〈オブジェクトマネージャ〉で「クッション」の〈テクスチャタグ〉を選択し、〈属性マネージャ〉の〈投影法〉を「立方体」に変更します。

〈投影法〉はテクスチャ画像の貼り方をどの向きからにするかを決めるものです。

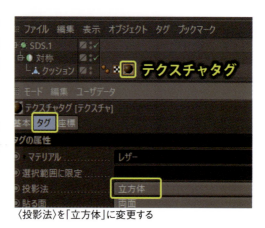

〈投影法〉を「立方体」に変更する

レザー模様のサイズが揃いました。

レザー模様の大きさがそろった

完成ファイル：ch-2\4_ マテリアル .c4d

5　背景作成

椅子だけでは少しさびしいので、背景も作成します。撮影用のグラデーションペーパーを模した簡単な形状です。断面をスプラインで作成してそれを押し出して作ります。

背景を作成する

5-1 シーン背景を作成する

背景の断面のスプラインを描くため、〈右面ビュー〉に切り替えて椅子が図の大きさくらいになるように調整します。

グリッド感覚が「100mm」で、椅子がこれくらいの大きさになるように

スナップの設定のアイコンを長押しして、表示して〈スナップを有効〉、〈作業平面スナップ〉、〈グリッドポイントスナップ〉の3つを有効にします。これで、スプラインを描くときにグリッドにスナップできるので、正確に描けます。

〈ペン〉アイコンをクリックして、〈ペン〉ツールに切り替えます。

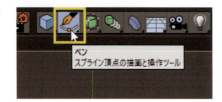

図の順番に従って、原点から太いグリッド線の2マス左、2マス上のところをクリックして最初のポイント（Y: 2000mm、Z: -2000mm）を作成して、2つ目のポイントは、原点と同じ高さ（Y: 0mm、Z: -2000mm）、3つ目は原点から2マス分右（Y: 0mm、Z: 2000mm）にポイントを作成します。3つ目のポイントが描けたら、Escキーを押してスプラインを確定します。

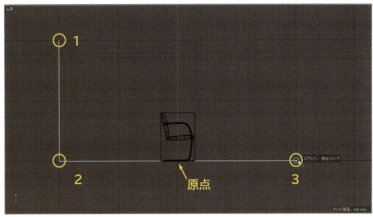

細いグリッドが100mm幅で、太いグリッドは1000mm幅

2つ目のポイントを選択して、〈メッシュ〉メニュー /〈スプライン〉/〈面取り〉を選びます。

〈属性マネージャ〉で〈半径〉に「1500mm」と入力して、〈適用〉ボタンを押します。

これでスプラインが完成しました。

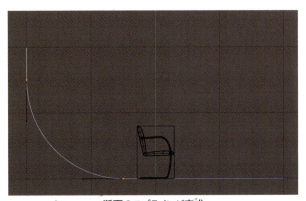

断面のスプラインが完成

「スプライン」を選択した状態で、Alt キーを押しながら〈作成〉メニュー /〈ジェネレータ〉/〈押し出し〉を作成します。これで、「押し出し」が親で「スプライン」がこの状態になり、スプラインが押し出されます。〈属性マネージャ〉で〈押し出し量〉を以下の値にします。

〈押し出し量 .X〉‥「4000mm」
〈押し出し量 .Y〉‥「0mm」
〈押し出し量 .Z〉‥「0mm」

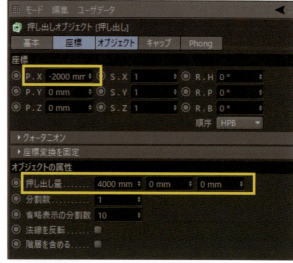

押し出し量を変更

背景を真ん中に配置するため、〈座標〉タブで、〈P.X〉の値を「-2000mm」にします。

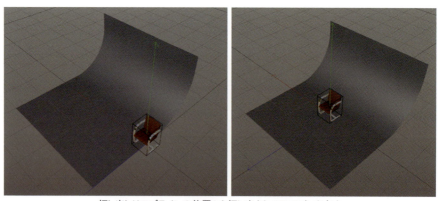

押し出しはスプラインの位置から押し出されるのでズレを直す

最後に〈押し出し〉オブジェクトの名前を「背景」に変更します。

5-2 背景用マテリアルの作成

背景オブジェクト用のマテリアルを作成します。撮影に使われるグラデーションペーパーのようなマテリアルにします。新しくマテリアルを作成し、名前を「背景」に変更します。マテリアルをダブルクリックして、マテリアル編集を開きます。〈反射〉チャンネルのチェックを「オフ」にします。〈カラー〉チャンネルを選択し、〈テクスチャ〉横の三角マークをクリックして、メニューの中から、「グラデーション」を選択します。これはプロシージャルシェーダと呼ばれるもので、Cinema 4D が内部のプログラムによって作りだすテクスチャです。Photoshop などでグラデーション画像をつくることなく、Cinema 4D で生成できます。他に〈ノイズ〉や〈タイル〉など様々な種類があり、Cinema 4D 上でパラメータを調整して様々なテクスチャ画像を生成することもできます。

左:〈グラデーション〉を選択する
右:〈カラー〉チャンネルに〈グラデーション〉シェーダが適用された状態

グラデーションの名前の部分か、サムネイル画像をクリックすると、シェーダ設定が開きます。

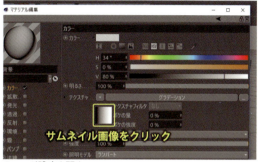

シェーダ設定を開く

グラデーションカラーを変更します。〈グラデーション〉の右側のノットをダブルクリックすると、〈カラーピッカー〉が開きます。カラーモードを〈HSV〉にして、〈V〉の値を「85%」に設定して、OKをクリックします。左端のノットをクリックし、〈HSV〉で、〈V〉の値を「30%」に設定します。

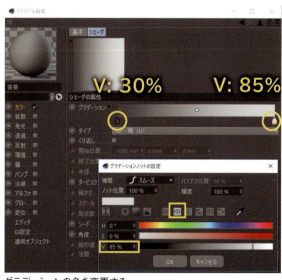

グラデーションの色を変更する

〈タイプ〉は「2D-横(U)」のままで、〈くり返し〉のチェックを外します。

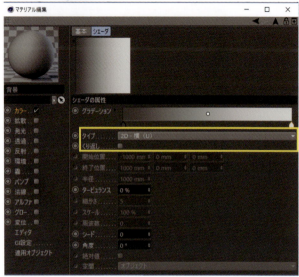

グラデーションの〈タイプ〉を「2D-(縦)」に変更する

作成したマテリアルを「背景」オブジェクトに適用します。ジェネレータで、生成したオブジェクトのため、グラデーションが綺麗に貼られています。

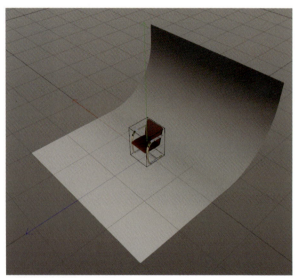

マテリアルを適用した状態

次はライティングですが、その前にシーンオブジェクトを整理しておきます。〈ヌル〉アイコンでヌルオブジェクトを作成し、名前を「椅子」に変更します。「フレーム」と「クッション」の二つの「SDS」を「椅子」の子オブジェクトにしてまとめておきます。

完成ファイル：ch-2\5_背景.c4d

ヌルオブジェクトを作成して、「椅子」としてまとめておく

6　ライティング

　次は照明を作成します。Cinema 4D ではライトの種類が複数ありますが、今回はエリアライトを使用したセッティングを行います。3DCG では照明のセットはとても重要な要素で、いかにモデルやテクスチャが精密でも、ライティング次第で見栄えが台無しになってしまいます。逆に、簡素なモデルやテクスチャでも、ライティングが上手なシーンは見栄えがよくなります。ライティングも、モデリングと同様に闇雲にライトを置いてセットアップを進めると、無駄なライトが増え、作業効率も悪くなりますので、最初にライトセットの方向性を考えていきます。

　まず、このシーンには特徴的なマテリアルとして「フレーム」のクロムマテリアルがあります。このマテリアルはスペキュラが無く、鏡面反射だけの素材なので、周囲に映り込む環境やライトがないとオブジェクトの形状が全く見えてきません。（スペキュラと鏡面反射の違いは 180 ページのコラムでも説明しています。）また、全方向やスポットライト、無限遠ライトなどのライトオブジェクトは光を放射して明るくはなりますが、そのライト自体の実体はないので、鏡面反射素材にはライト自体の映り込みが起こりません。今回作ったクロムのようにスペキュラがなく、鏡面反射のみの素材では光はすべて反射してしまうため、ライトがあっても映り込むものが無いと、真っ黒になります。簡単なシーンでテストした結果です。

　次の例はスペキュラがなく、鏡面反射のみのマテリアルを球体に適用して、全方向ライト（点光源）で照らした状態です。ライトにより照らされている床が球体に映り込みますが、光源は映り込みません。

 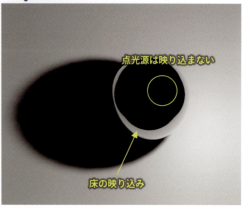

左: スペキュラなし、鏡面反射ありの球体を点光源で照らす
右: 光源が球体に映り込んでいない

　次の例はスペキュラ、鏡面反射がともにある球体を同じ点光源で照らした画像です。こちらはスペキュラが見えるので、実体がない点光源が映っているかのように見えます。これがスペキュラで、疑似的な反射を指しています。

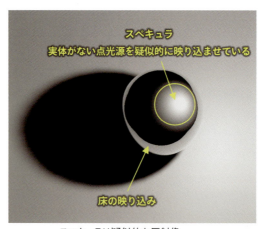

スペキュラは疑似的な反射像

　次の例は映り込む実体を持つエリアライトでスペキュラがない、鏡面反射だけの球体を照らしています。実際のライトの形状が球体に映り込んでいます。鏡面反射は映り込むものが実際にないと反射像は得られません。

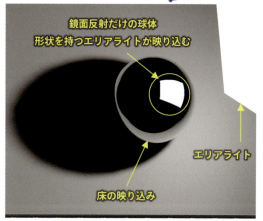

形状をもつエリアライトが映り込んでいる

　スペキュラは疑似的な反射像ですが、その分、計算は早く終わります。ただし、リアルかどうかという点では鏡面反射に劣ります。基本的にはリアルな反射がほしい場合はスペキュラは使いませんが、レンダリングパフォーマンスを維持するためにスペキュラを使うこともあります。スペキュラと鏡面反射はマテリアルの項目ですが、ライティングとも関係性が高いので、それぞれの特徴は覚えておいた方が良いでしょう。

　それでは、椅子のシーンのライティングを考えます。3点照明をベースにして、椅子の上部にメインライトを置き、メインライトでカバーできない斜め前方に補助ライト、逆後方より弱めのライティングでセットアップしていきます。そして、椅子のフレームはスペキュラのない鏡面反射の素材ですから、鏡面反射に映り込むエリアライトを使うことにします。

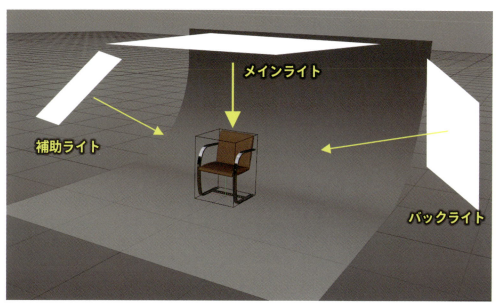

ライトセットの計画図

6-1 メインライトの作成

〈ライト〉アイコンを長押しして、〈エリアライト〉のアイコンを選択し、エリアライトを作成します。作成したライトの名前を「メインライト」に変更します。

〈エリアライト〉を作成する

ビューが暗くなりますが、これはライトの位置が原点にあるためです。「メインライト」の位置を変えます。〈オブジェクトマネージャ〉で「メインライト」を選択して、〈属性マネージャ〉の〈座標〉タブにある〈P.Y〉に「2000mm」を入力します。

「メインライト」の位置をY=2000mmにする

〈エリアライト〉は軸のZ方向に光を放射しますので、このままでは椅子が照らされませんので回転させます。〈座標〉タブの〈R.P〉に「-90」を入力して、回転させます。

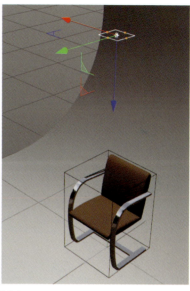

「メインライト」の角度を変更する

次は「メインライト」のサイズを変更します。このサイズでも照明として機能しますが、領域が小さいので、もっと大きな面にします。「メインライト」を選択して、〈属性マネージャ〉の〈詳細〉タブで〈サイズX〉、〈サイズY〉をそれぞれ「2000mm」にします。

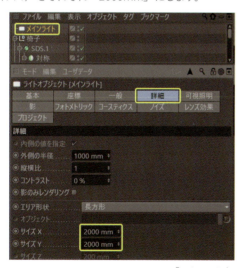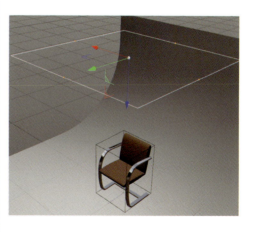

「メインライト」のサイズを変更する

さらに、〈詳細〉タブの、〈鏡面反射から見える〉を「オン」にします。エリアライトとはいえ、ここにチェックが入っていないと鏡面反射に映り込みません。さらに〈ライトをレンダリング〉も「オン」にします。このオプションはレンダリングした時に、エリアライトを可視化します。これは「オフ」でも鏡面反射から見えますが、ライトの位置関係が分かりにくくなるため、今回は「オン」にしておきます。

〈ライトをレンダリング〉と〈鏡面反射から見える〉を「オン」にする

「メインライト」はライトの明るさを少し強くしておきます。「メインライト」の〈属性マネージャ〉の〈一般〉タブの中にある、〈強度〉を「150%」にします。さらに〈影のタイプ〉を「エリア」にします。エリアシャドウは影の質が一番綺麗ですが、その分計算時間が長くなるので、場合によっては〈シャドウマップ〉でもよいでしょう。これで「メインライト」は完成です。〈画像表示にレンダリング〉をクリックして実際にレンダリングして確認してみます。（ショートカット shift+R）

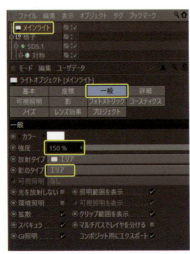
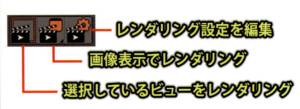

左:「メインライト」の位置を〈強度〉と〈影のタイプ〉を変更する
右: レンダリングに関するアイコン

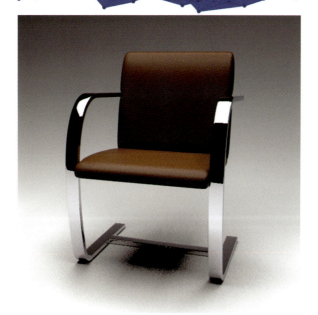

レンダリングして確認する

6-2 補助ライトの作成

　「補助ライト」を作成します。すでに「メインライト」があるので、コピーしてこれを「補助ライト」とします。〈オブジェクトマネージャ〉で「メインライト」をctrlキーを押しながらドラッグして複製します。名前を「補助ライト」に変更します。

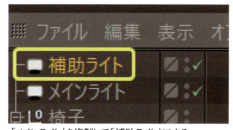

「メインライト」を複製して「補助ライト」にする

　「補助ライト」は「メインライト」と同じ位置にあるので、位置を変更します。「補助ライト」を選択し、〈属性マネージャ〉の〈座標〉タブで、

　　〈P.X〉‥‥‥‥‥‥「1500mm」
　　〈P.Y〉‥‥‥‥‥‥「1500mm」
　　〈P.Z〉‥‥‥‥‥‥「1000mm」

　と入力して、位置を変更します。

101

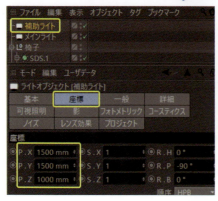 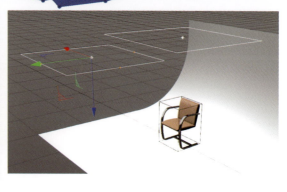

「補助ライト」の位置を変更する

「補助ライト」のサイズを少し小さくします。「補助ライト」の〈詳細〉タブで、〈サイズ.X〉〈サイズ.Y〉を「1000mm」と入力します。

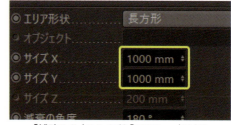

「補助ライト」はサイズを「1000mm」にする

これで、「補助ライト」の位置は決まりましたが、向きを椅子に向ける必要があります。回転ツールで回転させても良いのですが、ここでは「補助ライト」が常に椅子の方向を向く、という設定をします。

「補助ライト」を選択した状態で、〈オブジェクトマネージャ〉の〈タグ〉メニュー /〈Cinema 4D タグ〉/〈ターゲット〉を選択し、〈ターゲット〉タグを適用します。「補助ライト」を右クリックして表示されるメニューからも同様に選択できます。

 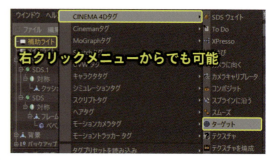

「補助ライト」に〈ターゲット〉タグを適用する

〈ターゲット〉タグを選択し、〈ターゲットオブジェクト〉のリンクスロットに「椅子」をドラッグ＆ドロップして登録します。これで「補助ライト」のZ軸が常に「椅子」に向くことになります（厳密には「椅子」の〈ローカル座標〉に向いている）。オブジェクトのZ軸が〈ターゲットオブジェクト〉に向くということに注意が必要です。「椅子」を移動させると、「補助ライト」も向きを変えて追従します。

 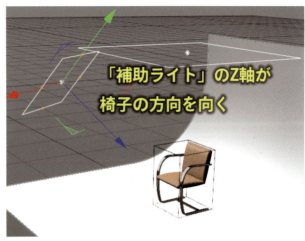

「補助ライト」を〈ターゲット〉タグを使って「椅子」の方向へ向ける

「補助ライト」ですので、「メインライト」より〈強度〉を弱くします。「補助ライト」を選択して、〈属性マネージャ〉の〈一般〉タブから、〈強度〉を「70％」に下げておきます。これで補助ライトも完成です。

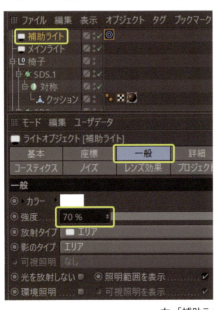 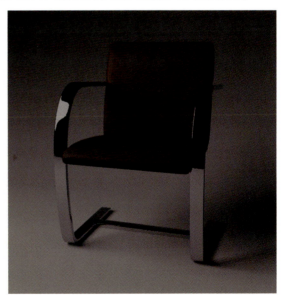

左：「補助ライト」の〈強度〉を「70％」にする
右：「補助ライト」のみでレンダリングした画像

6-3 バックライトの作成

椅子を背後から照らすバックライトを作成します。「メインライト」を複製し、名前を「バックライト」にします。「バックライト」を選択し、〈属性マネージャ〉の〈座標〉タブで、

〈P.X〉‥‥‥‥‥「-2500mm」
〈P.Y〉‥‥‥‥‥「1000mm」
〈P.Z〉‥‥‥‥‥「-1500mm」

と入力し、移動させます。

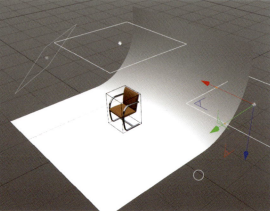

「バックライト」の位置を変更する

「バックライト」も向きを「椅子」に合わせるため、「補助ライト」で作成した〈ターゲット〉タグを複製して「バックライト」にも適用します。〈オブジェクトマネージャ〉で、「補助ライト」の〈ターゲット〉タグをctrlキーを押しながら、「バックライト」までドラッグ＆ドロップすると、同じ設定のタグを複製できます。これで「バックライト」も「椅子」の方向を向いてくれます。

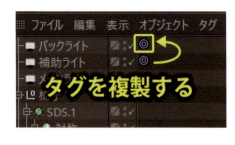

「補助ライト」の「ターゲット」タグを「バックライト」に複製する

「バックライト」を選択して、〈属性マネージャ〉の〈一般〉タブで、〈強度〉を「100%」にします。これでライトセットは完成です。

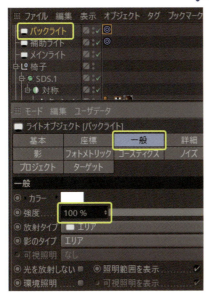
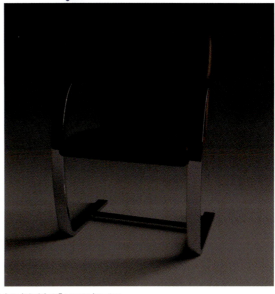

左：「バックライト」の〈強度〉を「100%」にする
右：「バックライト」のみでレンダリングした画像

完成ファイル：ch-2\6_ライト.c4d

7 カメラ設定とレンダリング

　　3DCGのカメラは現実のカメラを模したものですので、カメラの知識がある方にとっては、理解しやすいと思います。被写体をカメラで撮影するときと同じように、3DCGの世界でも行うことができるからです。Cinema 4Dには従来からある標準のカメラ設定の他に、BroadcastとVisualizeとStudioには〈フィジカルカメラ〉という、F値やISO、露出、シャッター速度などを指定でき、さらに現実に近いカメラをシミュレートする機能も搭載されています。今回はすべてのグレードで使用できる標準カメラを使用します。3DCGのカメラを理解するには、現実のカメラやレンズの特性を学ぶのが近道です。

7-1 カメラのレンズを変える

　　Cinema 4Dでは起動した時点で〈デフォルトカメラ〉が作成され、初期のビューはこの〈デフォルトカメラ〉から見た状態です。この〈デフォルトカメラ〉は一つしか存在しませんが、通常のカメラオブジェクトはいくつもシーンに作ることができます。

　　〈カメラ〉アイコンを選択すると、「カメラ」が新たに作成されます。新規作成したカメラは、現在のビューの位置に作成されます。

〈カメラ〉を新規に作成する

次に作成した「カメラ」からの始点に切り換えます。ビューの〈カメラ〉メニュー/〈使用カメラ〉から、「カメラ」を選択するか、〈オブジェクトマネージャ〉の「カメラ」の右側の〈カメラアイコン〉をクリックしてカメラを切り換えることもできます。

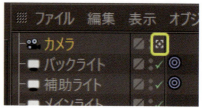

作成した「カメラ」に切り換える

「カメラ」に切り替わったので、カメラアングルを椅子の正面にして、椅子が収まるようにしておきます。それではこの状態から、レンズを変更してみましょう。

〈オブジェクトマネージャ〉で「カメラ」を選択して、〈属性マネージャ〉の〈オブジェクト〉タブにある〈焦点距離〉を変更してみます。

〈焦点距離〉のプリセットから「超広角（15mm）」にすると、現実のカメラの超広角レンズと同じように、かなり広域まで写すことができます。数値を下げれば下げるほど、広角度になりますが、ゆがみも発生します。

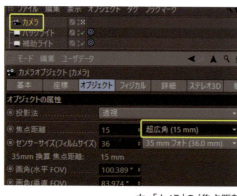

左：「カメラ」の〈焦点距離〉を「超広角（15mm）」にする
右：広範囲がカメラに収まるが、奥行きに歪みが発生する

次はプリセットから「超望遠（300mm）」にしてみます。数値を上げれば上げるほど、望遠になりますが、被写体が入る範囲が狭くなり、奥行き感が無くなっていきます。

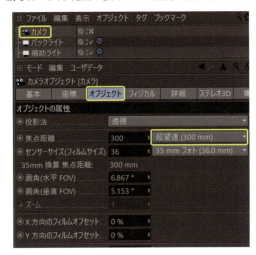 

左：「カメラ」の〈焦点距離〉を「超望遠（300mm）」にする
右：カメラに収まる範囲が狭くなり、奥行き感がなくなっていく

このように、〈焦点距離〉を調整することで、カメラの画角が変わります。被写体に合わせてレンズを変えてみてください。現実のカメラの撮影方法がとても参考になります。今回は、「ポートレート（80mm）」にします。視点を操作して、「椅子」の正面を捉えておきます。

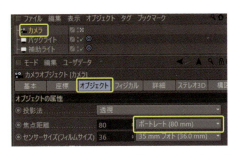 

左：「カメラ」の〈焦点距離〉を「ポートレート（80mm）」にする
右：「椅子」の正面に合わせておく

「椅子」がカメラの正面を向いていると絵的につまらないので、「椅子」の角度を少し変更します。〈オブジェクトマネージャ〉で「椅子」を選択し、〈属性マネージャ〉の〈座標〉タブで、〈R.H〉に「-30」を入力します。

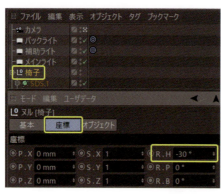

左:「椅子」の〈R.H〉を「-30°」回転させる
右:「カメラ」に対して「椅子」の向きを変えた

7-2 レンダリング設定を変える

続いてレンダリングに関する設定を変更します。〈レンダリング〉メニュー /〈レンダリング設定を編集〉を選択するか、〈レンダリング設定を編集〉アイコンを選択して、〈レンダリング設定〉ウィンドウを開きます。（ショートカット ctrl+B）

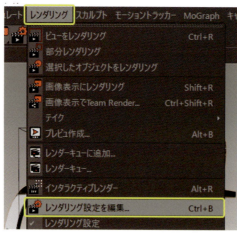

〈レンダリング設定を編集〉ウィンドウを開く

Cinema 4Dはいくつかのレンダリングモードが搭載されており、〈レンダリング設定〉で〈レンダラー〉の項目から、レンダリングモードを変更できます。今回はCinema 4Dのすべてのグレードで使用できる〈標準〉レンダラーを使用します。〈レンダリング設定〉はレンダリングモードのほか、レンダリングの品質や細かな設定、解像度や保存に関する設定、レンダリング画像を色々な成分別に保存できるマルチパス、エフェクトをかける特殊効果などを行うことができます。

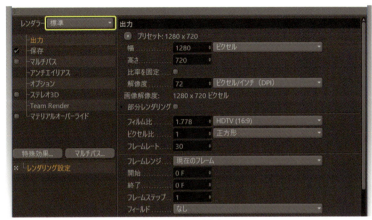

レンダリング設定

7-3 アンチエイリアスを変えてレンダリングしてみる

　テストレンダリングを行います。〈レンダリング設定〉の〈アンチエイリアス〉を選択して、「なし」に設定します。

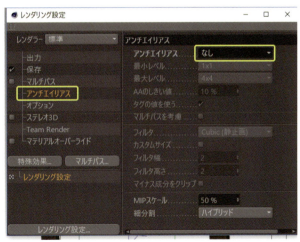

〈アンチエイリアス〉を「なし」する

〈画像表示にレンダリング〉アイコンを選択して、レンダリングしてみます。

〈画像表示にレンダリング〉を選択する

〈画像表示〉ウィンドウが開き、レンダリングが開始されます。〈アンチエイリアス〉が「なし」の状態でレンダリングされた画像を確認します。画像を見ると、オブジェクトのエッジ周りがギザギザしているのが見て取れます。これが〈アンチエイリアス〉「なし」の状態です。

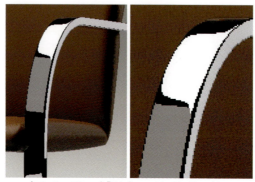

〈アンチエイリアス〉「なし」：エッジにジャギーがある

次は〈アンチエイリアス〉を「ジオメトリ」にしてもう一度レンダリングしてみてください。レンダリング時間は少し長くなりますが、少しギザギザが減ったのが分かります。しかし映り込みの部分はまだ綺麗とは言えません。

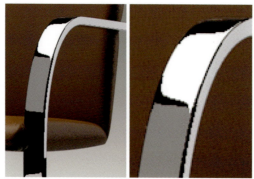

〈アンチエイリアス〉「ジオメトリ」：エッジは綺麗だが映り込みにジャギーがある

レンダリング画像のギザギザをさらに緩和するため、〈アンチエイリアス〉を「ベスト」に設定します。レンダリング時間はさらに伸びますが、ベストにするとかなり綺麗になります。

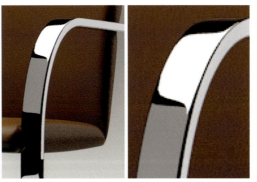

〈アンチエイリアス〉「ベスト」: ジャギーがない

　また、「ベスト」を選択した場合、〈最小レベル〉、〈最大レベル〉の数値を変更できます。数値を上げるとさらに綺麗にはなりますが、レンダリング時間はかなり長くなるので、必要以上に上げないようにします。次の画像は〈最少レベル〉を「2 × 2」、〈最大レベル〉を「8 × 8」にしてレンダリングした画像です。デフォルトの「ベスト」より約 5 倍のレンダリング時間を要します。

「ベスト」のレベルをさらに上げてレンダリングした画像

　テストレンダリングをする際には、「なし」または「ジオメトリ」にしておいて、仕上げのレンダリングだけは「ベスト」にして綺麗な設定をするようにしましょう。
　〈レンダリング設定〉の〈アンチエイリアス〉は、レンダリング画像全体に適用されます。部分的にどうしても気になる箇所がある場合には、Cinema 4D は〈コンポジット〉タグを使えば、例えばそのオブジェクトだけ〈アンチエイリアス〉の精度を上げることもできます。部分的にアンチエイリアスを上げたい時は、そちらを使用した方がレンダリングも早く終わります。

　Broadcast、Visualize、Studio ユーザーは〈標準〉レンダラーの他、〈フィジカル〉レンダラーを使うことができます。こちらを使用すると、〈アンチエイリアス〉に関する設定は〈フィジカル〉のパラメータでおこなうことになります。〈フィジカル〉レンダラーについては 237 ページを参照してください。

7-4 エリアシャドウを綺麗にする

今回は〈エリアライト〉を使用して、〈影のタイプ〉も〈エリアシャドウ〉にしています。〈エリアシャドウ〉は影の品質としては一番綺麗で自然な影の仕上がりになりますが、その分、計算時間がかかり、さらにノイズが発生しやすいといったデメリットがあります。

〈エリアシャドウ〉はノイズが発生しやすい

次は、〈エリアシャドウ〉の影の品質を上げます。分かりやすくするため、「補助ライト」と「バックライト」は「オフ」にしています。

バックライトと補助ライトがオフにした状態

「メインライト」のみでレンダリングした状態

〈オブジェクトマネージャ〉で「メインライト」を選択します。〈属性マネージャ〉で、〈影〉タブを開きます。〈計算精度〉、〈最小サンプル数〉、〈最大サンプル数〉という項目があり、これは〈影のタイプ〉を〈エリアシャドウ〉にした場合のみ変更できるパラメータです。基本的には〈最大サンプル数〉を変更するだけです。〈最大サンプル数〉を「800」にあげて、〈画像表示にレンダリング〉します。サンプル数を上げた影響で、レンダリング時間は長くなりますが、影の部分はノイズが少なくなり、綺麗になります。

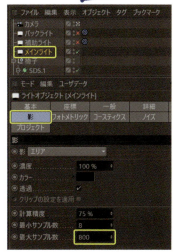

エリアシャドウの品質を上げる

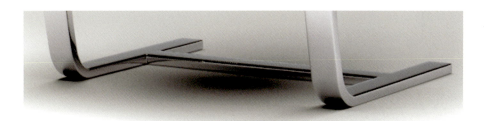

〈エリアシャドウ〉の〈最大サンプル数〉を「800」でレンダリングした画像

「補助ライト」と「バックライト」はそれほど影を落とさないので、影の品質はデフォルト設定でいくことにします。〈オブジェクトマネージャ〉でライトを「オン」に戻しておきます。

7-5 最終レンダリングを行う

　それでは、最終レンダリングを行います。レンダリングメニューから、〈レンダリング設定を編集〉をクリックします。〈出力〉をクリックします。レンダリング設定の〈幅〉を「1600」、〈高さ〉を「1200」にします。任意の解像度でも構いません。〈カスタム設定〉の左側のアイコンをクリックすれば、多数のプリセットからサイズを選択できます。

レンダリング解像度を指定する

　〈保存〉をクリックして、ファイルの右側にあるボタンをクリックしてダイアログから任意のファイル名を入力します。「chair」としておきましょう。フォーマットは、保存する時のファイルフォーマットで、ボタンをクリックすれば保存形式が出てきます。ここはデフォルトの「TIFF（PSDレイヤ）」にしておきます。〈色深度〉は、選択したフォーマットにより、選択できる項目が変わります。32bitだと、より沢山の色の情報を保存できます。jpegなどの8bit画像は、真っ白の色、真っ黒な色、そこが色の限界値ですが、32bitだとその領域外の色情報を保存しているので、色調補正したときなどに、色のクリッピングを避けることができます。〈アンチエイリアス〉を「ベスト」にします。

最終レンダリング設定

〈画像表示にレンダリング〉を行います。

最終設定でレンダリング

　カメラアングルや、ライトの反射位置や影、強度、色の具合、質感の色や反射など、様々なパラメータを変更しながら、テストレンダリングを繰り返し、調整してみてください。

完成ファイル：ch-2\7_ レンダリング .c4d

　以上で本チャプターは終了です。お疲れ様でした。

コラム　プロジェクトスケールと単位

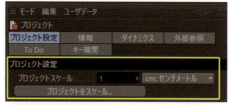

〈属性マネージャ〉の〈モード〉/〈プロジェクト〉を選択して〈プロジェクト設定〉タブで〈プロジェクトスケール〉を変更できます。これはシーン全体の物理的な大きさを変更します。

プロジェクトスケール

〈一般設定〉から〈単位〉を〈cm: センチメートル〉から〈mm: ミリメートル〉に変更した場合、200cm は 2000mm になり、表示単位が変更されるだけで、物理的なサイズは変わりません。

一般設定の単位を単位を変更

一方、〈プロジェクトスケール〉の単位を〈cm: センチメートル〉から〈mm: ミリメートル〉に変更すると、200cm の立方体は 200mm にスケールされます。（右図は表示単位が cm のため、20cm と表示）つまり物理的なオブジェクトのサイズが変更されます。

プロジェクトスケールの単位を変更

〈プロジェクトスケール〉の単位は基本的にプロジェクトの最初に決めておくとよいでしょう。作成するもののスケール、例えば山脈であれば〈km: キロメートル〉、時計のようなの部品であれば〈mm: ミリメートル〉とプロジェクトスケールを切り替えます。

プロジェクトを任意の倍率でスケール

作業途中でシーンの任意のスケールで変更したい場合は、〈プロジェクトをスケール〉を選択し、〈現在のスケール〉と〈変更後のスケール〉を変更します。倍率が表示されるので、今のシーンが何倍になるか確認もできます。外部アプリケーションで作成されたオブジェクトを Cinema 4D にインポートすると、単位が不適切であったり、不明なことがあります。このような場合に、〈プロジェクトをスケール〉を行い、正しいスケールへ修正できます。また、リグ設定されたキャラクターもスケールすることができます。

Chapter 03

ベネチアンマスクを作ろう

1　ポリゴンペンについて
2　ベースメッシュを元にリトポロジを行う
3　マスクのマテリアル
4　装飾を追加する
5　背景、レンダリング設定、ライティング、カメラ設定

Chapter 03 ベネチアンマスクを作ろう

このチャプターではヴェネツィア発祥の仮面舞踏会で使用される伝統的なベネチアンマスクを作成します。題材としてマスクを選んだ理由は、プロダクト自体がきらびやかで美しい点も挙げられますが、主な目的はモデリングツールの〈ポリゴンペン〉の使い方と基本的な複製について学習するためでもあります。〈ポリゴンペン〉は後半のキャラクターモデリングでも頻繁に使用するので、このチャプターで使い方の基本をマスターしておきましょう。

このチャプターで作るベネチアンマスクの完成画像

ベネチアンマスクはゼロからモデリングするのではなく、既存のハイポリゴンモデルからローポリゴンへとリトポロジ（メッシュ構成を再構築する）していきます。この作業はスカルプトモデルや 3D スキャンしたモデルを扱いやすい形状に修正する際にも役に立つはずです。また、〈ポリゴンペン〉の活用だけでなく〈配列〉と〈スプラインラップデフォーマ〉を使って装飾用の宝石をたくさん並べるといった作業もおこないます。質感は R20 から追加された〈ノードベースマテリアル〉を使用して作成します。

1　ポリゴンペンについて

1-1　ポリゴンペンとは

　　〈ポリゴンペン〉はモデリングツールの一つで、ツール内でポリゴンの作成、押し出しをはじめ、ポイント、エッジ、ポリゴンの移動やカット、結合、削除など様々な操作を行うことができます。移動やカットの固有ツールに切り替えることなくシームレスに作業を行うことができるので、ベースとなるラフなモデルを素早く作成できるメリットがあります。まずはじめに、〈ポリゴンペン〉の操作に慣れることから始めていきましょう。

　　新規シーンファイルを作成し、〈メッシュ〉メニューの〈作成ツール〉から〈ポリゴンペン〉を選択します。〈ポリゴンペン〉にはポイントモード、エッジモード、ポリゴンモードの3つのモードがあります。

ポイントモード

　　〈属性マネージャ〉を見ると、〈描画モード〉は「ポイント」モードになっています。ポイントモードではクリックした場所にポイントが作成されます。ポリゴンを作るには最低3つのポイントが必要なので、任意の3点をクリックした後、最初に作成したポイントにカーソルを合わせてクリックすると、三角ポリゴンが作成されます。四角形を作りたい場合は、4つのポイントを作成後、最初のポイントをクリックすると四角ポリゴンが作成されます。多角形は同様に任意のポイントを複数作成した後、最初のポイントをクリックすると多角ポリゴン（N-Gonともいいます）が作成されます。

　　何もない空間にポイントを作成した場合、そのポイントはカメラから直交する平面に対して作成されます。ポイントを作成する際、途中でカメラを動かして追加した場合、非平面ポリゴンとなります。

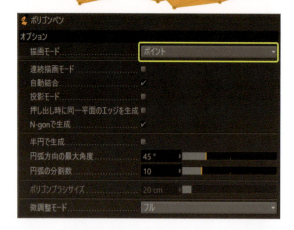

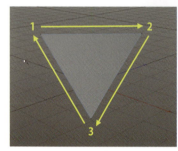
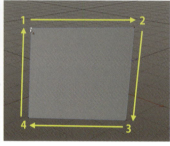
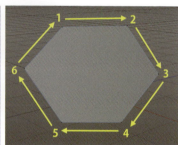

左から三角形、四角形、多角形ポリゴンを作成

エッジモード

　描画モードが「エッジ」モードの時は、仮のエッジを先に作成し、エッジが交差して閉じられるとポリゴンが作成されます。エッジは開始点と終了点の2点をクリックすると作成されます。仮のエッジもカメラから直交する平面上に作成されるので、途中でカメラを動かすとエッジが交差せず、ポリゴンが作成されなくなるので注意が必要です。

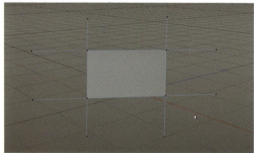
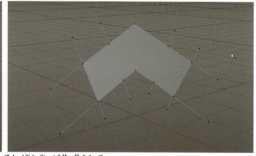

交差するエッジが閉じられるとポリゴンが作成される

ポリゴンモード

　描画モードが「ポリゴン」モードの時は、マウスを左ドラッグしてブラシで描くように連続したポリゴンを描画できます。描画されるポリゴンのサイズは属性マネージャの〈ポリゴンブラシサイズ〉で調整するか、マウスの中ボタンをエディタ上でドラッグして変更できます。既存のエッジにカーソルを合わせてShiftキー＋左ドラッグをすると、そのエッジからポリゴンが作成されるため、一時的にエッジの長さがポリゴンブラシサイズになります。

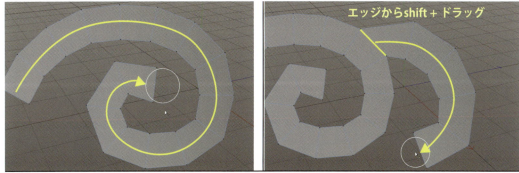

左ドラッグでポリゴンを描画できる

移動・結合

　〈ポリゴンペン〉はポリゴンのポイント、エッジ、ポリゴンをモードを切り換えることなく編集できます。ポイント、エッジ、ポリゴンの上にカーソルを合わせて左ドラッグで移動できます。〈自動結合〉が「オン」になっていれば、近接するポイント同士、エッジ同士でスナップし、自動的に結合されます。

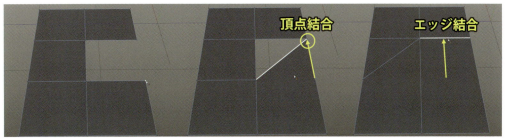

〈自動結合〉が「オン」ならポイントとエッジは結合できる

押し出し・回転

　ポイント、エッジ、ポリゴンの上にカーソルを合わせて ctrl+ 左ドラッグするとそのエレメントを押し出すことができます。ポリゴンを押し出す時、〈押し出し時に同一平面のエッジを生成〉のオプションにより、押し出し元のエッジを残すか、残さないかの設定ができます。エッジとポリゴンは、ctrl+ 左ドラッグで押し出し後、そのまま shift キーも押して左ドラッグすると押し出した状態から回転させることもできます。

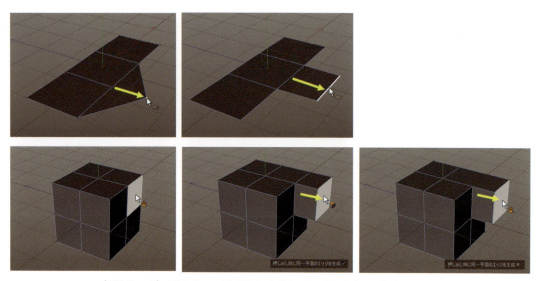

〈ポリゴンペン〉でポイント、エッジ、ポリゴンをダイレクトに押し出すことができる

ポイント追加・分割

　エッジの上にカーソルを合わせて shift+ 左クリックすると、ポイントを追加できます。エッジの上で左クリックした場合は、カットツールのように分割ラインを入れることができます。

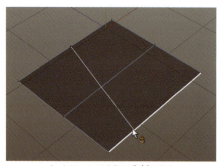

カットツールのように分割できる

均等分割

エッジにカーソルを合わせて、中ボタンドラッグすると均等分割数を指定して分割できます。

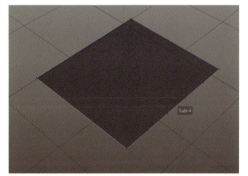

カーソルをエッジに合わせて中ボタンドラッグで均等分割できる

このように、ポリゴンペンだけで移動や押し出し、分割ができるので、わざわざ個別のツールに切り替えることなく作業をすすめることができます。また、ポリゴンペンには他にも細かな操作のオプションがありますが、これから行う作業で全てのポリゴンペンの機能を使うわけではありませんので、よく使う機能に絞って紹介しています。その他の機能はヘルプを読んで確認してみてください。

2　ベースメッシュを元にリトポロジを行う

2-1 下準備

ある程度〈ポリゴンペン〉の操作に慣れた所で、本格的に作業に入ります。〈ポリゴンペン〉の用途の一つとして、ポリゴンを再構成するリトポロジという作業が挙げられます。リトポロジは、ベースとなるハイポリゴンモデルをもとに、ポリゴン数を減らし、扱いやすいメッシュ構成に再構築することです。

このチャプターでは、マスクのベースは Cinema 4D でスカルプトしたモデルを使用して、そのメッシュを再構築していきます。次のファイルを開きます。

シーンファイル：　　ch-3\2_1_mask_basemesh.c4d

シーンファイルを開いたら、〈編集〉メニュー /〈一般設定〉を開き、〈単位〉を「mm: ミリメートル」に変更します。シーン内のマスクオブジェクトはポリゴン数が約 10 万ポリゴンとやや多い状態です。このままでは扱いにくいので、メッシュの数を減らし、装飾のディテールを意識したメッシュの流れで再構築していきます。

マスクのメッシュはとても細かいので、作業時にポリゴンラインが見えていると視認性があまり良くありません。〈表示〉タグを使ってこのオブジェクトは、〈表示モード〉を「クイックシェーディング」にしておきます。「グーローシェーディング」はやや負荷が高く、「コンスタントシェーディング」ではディテールが確認できません。また、ベースメッシュなので、レンダリングでの表示を「隠す」に変更します。（オブジェクトマネージャの縦に二つ並んだ小さな丸いボタンの下方を2回クリックして赤色にします。）

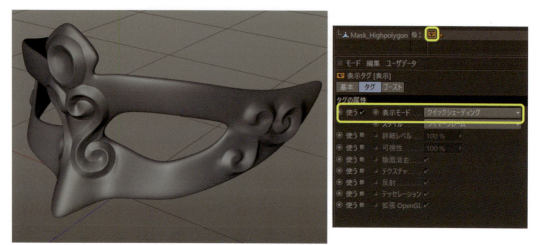

〈表示〉タグを使ってベースメッシュの表示を変更する

ベースメッシュを不意に動かしてしまわないように、〈ロック〉タグも適用しておきます。リトポロジの際中にベースメッシュの位置や角度が変わってしまうと少々厄介ですから、先に考えられそうなリスクは回避しておきます。

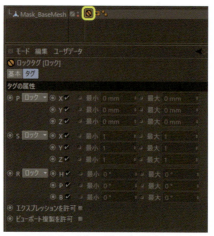

ベースメッシュを〈ロック〉タグで固定しておく

さらに「Mask_BaseMesh」オブジェクトを選択し、〈基本〉タブの〈色を指定〉を「オン」にして〈表示色〉を任意の色に変更します。これはポリゴンペンでこれから作成するポリゴンと色の差別化を図るためなので、マテリアルで行ってもよいですし、ポリゴンペンで作る側の色を変えてもかまいません。

ベースメッシュの表示色を変更する

2-2 ポリゴンペンでリトポロジを行う

「Mask_BaseMesh」の選択を解除して何も選択していない状態にしておきます。

〈メッシュ〉メニュー /〈作成ツール〉/〈ポリゴンペン〉を選択するか、ショートカット〈M~E〉（M キーを押して、続けて E キーを押す）で、〈ポリゴンペン〉ツールに切り替えます。メニューから呼び出すと時間がかかるのでショートカットで覚えておくと便利です。〈属性マネージャ〉で、

〈描画モード〉・・・・・・・・・・「ポイント」
〈自動結合〉・・・・・・・・・・・「オン」
〈投影モード〉・・・・・・・・・・「オン」

にします。

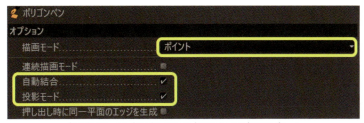

〈属性マネージャ〉に表示される〈ポリゴンペン〉のオプション

〈投影モード〉が「オン」の時、既存オブジェクトの表面にポリゴンを作成できるので、リトポロジを行う場合は、必ずオンにしておきます。

まずは平たんな目の下からポリゴンを作成して徐々に操作になれていきましょう。画像のように4点をクリックし、最後に1番目のポイントをクリックしてポリゴンを作成します。〈投影モード〉が「オン」になっているので、「Mask_BaseMesh」の表面にポリゴンが作成されます。オブジェクトマネージャには新しいポリゴンオブジェクトが作成されます。

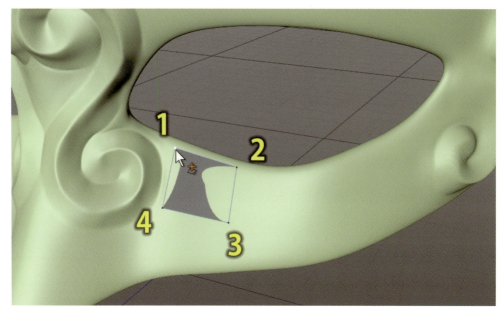

最初のポリゴンを作成する

ctrlキーを押しながら、エッジを左ドラッグし、目元に沿って押し出していきます。

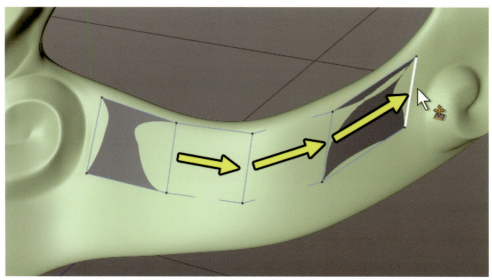

エッジにカーソルを合わせてctrl+左ドラッグで押し出していく

この時、ポイントがベースメッシュが無い場所にあると、投影できないので注意してください。

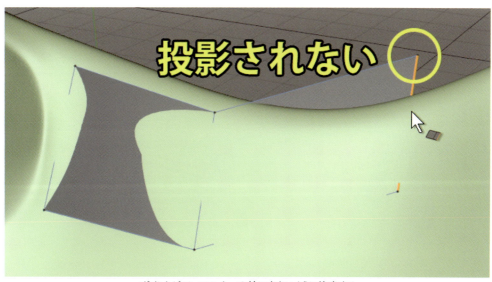

ポイントがベースメッシュの外に出ないように注意する

さらに下側に押し出します。この時、押し出したエッジのポイントは〈自動結合〉が「オン」になっているので、距離が近くなるとスナップしてお互いに結合できます。もし結合できなかったら、ポイントを別のポイントの近くまでドラッグして結合しておきます。

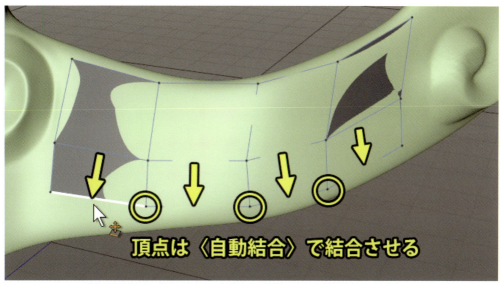

押し出しと同時に結合できなかった場合は、手動でポイントを移動させて結合させる

続いて分割します。画像左の丸マークのエッジの上で左クリックしてポイントを追加したら、画像矢印の向きに沿ってエッジの上で順にクリックしていきます。右のエッジまで分割できたら、escキーを押します。

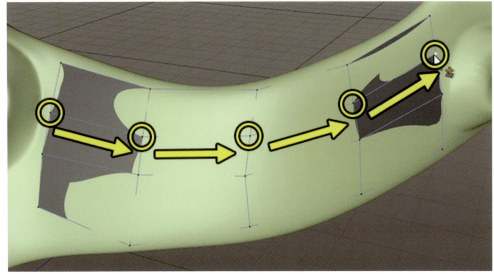

〈ポリゴンペン〉で分割ラインを追加する

続いて各ポイントを移動させ、画像のような状態に整えていきます。なめらかなポリゴンの上に荒いポリ作成していくと、面がめり込んでいるポリゴンがでてきますので、注意して作業を進めていきます。ポイントの配置は下記画像のようにします。

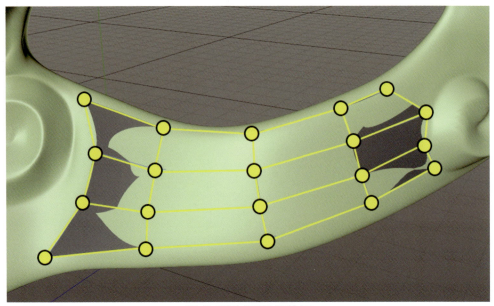

ポリゴンの流れを確認、調整する

もし不要なポイントを追加してしまった場合は、ポイントを近くのポイントに移動させて結合します。〈ポリゴンペン〉を使うとき、不意にポイントを追加してしまったり、押し出していたりすることがあります。そのような場合は ctrl キーを押しながら不要なポイントやエッジ、ポリゴンを削除します。移動、分割、押し出し、結合、これらの操作が一つのツールでできるので、メリットが実感できるのではないでしょうか。

続けて目頭の装飾部のポリゴンを生成していきましょう。装飾部の出っ張りがあるため、ポリゴンが細かくなりますので、少しずつ作業を進めていきます。画像の番号順のようにポリゴンを作成、調整していきます。

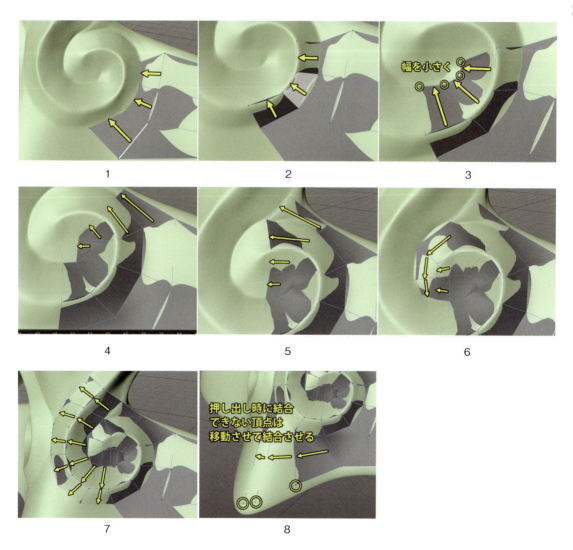

ディテールに沿ってポリゴン分割をつくっていくと良いでしょう。エッジの押し出し順は作成手順は人によって異なるので、参考程度にしてください。

ここまでの工程で、次の画像のような状態になります。ベースメッシュが邪魔で見にくい場合は、エディタで非表示にしておきます。ただし、オフにしたままだと〈ポリゴンペン〉の〈自動投影〉は効かなくなるので、作業を進める際には表示してください。

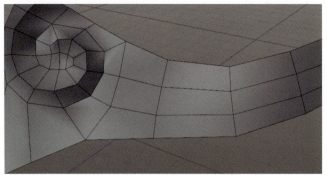

ときどきベースメッシュを非表示にして確認する

眉間のディテールを作成していきます。画像の矢印を参考にエッジを押し出して渦をつくります。ポイントの位置は都度調整します。

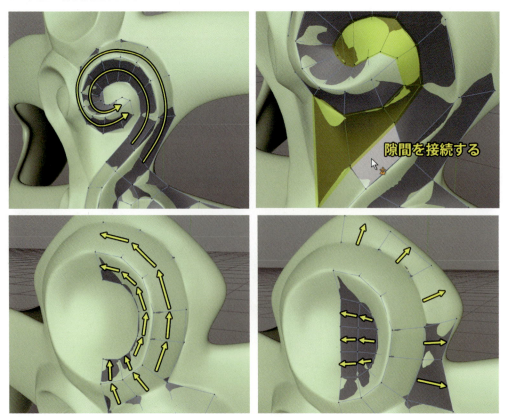

眉間から額のディテールをリトポロジしていく

少し〈ポリゴンペン〉の操作に慣れてきたでしょうか。目の上のラインを作成していきます。ここはシンプルで作りやすいですが、ラインは形状に沿って揃えていきます。

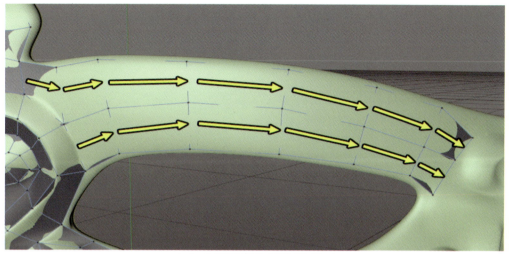

メッシュの流れを意識して押し出していく

こめかみ部は3つの渦が隣接している複雑な形状です。ポリゴンが破綻しない無理のないメッシュの流れを作成する必要があります。ひとつめの渦から作成していきましょう。この部分だけでもポリゴンが入り組んでくるので、慎重に作業をすすめます。ポイントの結合忘れがないように確認しておきます。

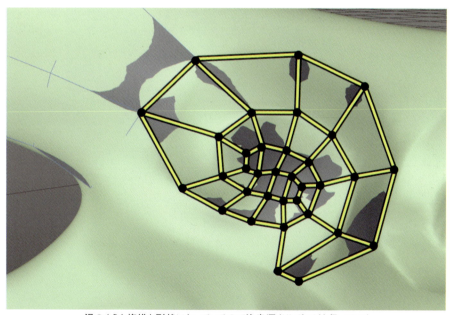

渦のような複雑な形状になっているので注意深くリトポロジを行っていく

2つめの渦を作ります。エッジの押し出しとポイントの移動、結合を繰り返していきます。ポイントの位置は多少画像と多少異なっても構いません。

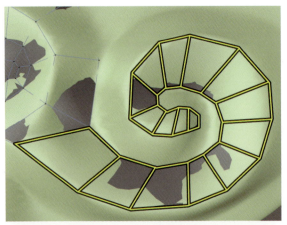

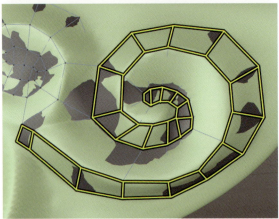

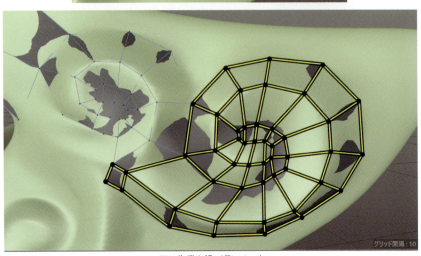

同じ作業を繰り返していく

3つめの渦を作ります。作業自体は同じですが、ポリゴンの流れをうまくまとめる必要があります。ここで最初に作った目の下のポリゴンと合流します。

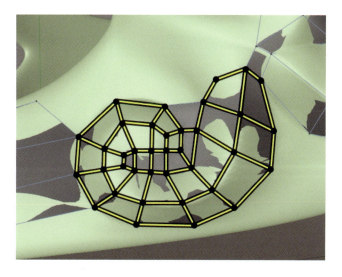

装飾の隙間や縁のポリゴン（画像の赤い箇所）を作成していきます。画像では全体像が分かりやすいようにベースメッシュを非表示にしています。作業時は〈自動投影〉を使うため、ベースメッシュを表示して行ってください。

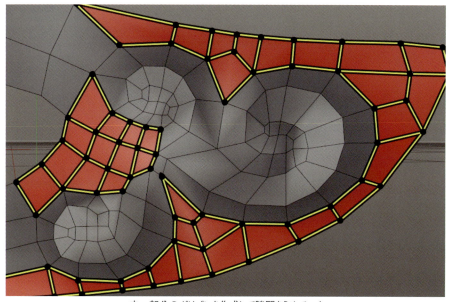

赤い部分のポリゴンを作成して隙間をうめていく

さらに前側です。

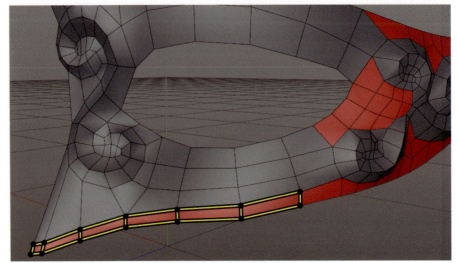

縁の赤い部分のポリゴンを作成していく

全体像はこのようになりました。

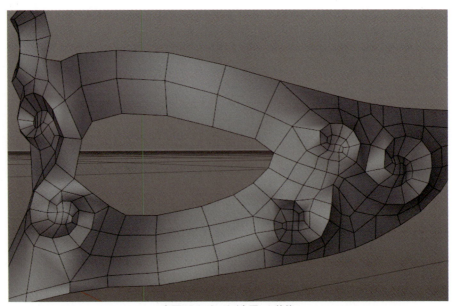

表面のリトポロジが完了した状態

メッシュチェックを使ってポリゴンの状態を確認します。〈属性マネージャ〉の〈モード〉メニュー /〈モデリング〉を選択します。〈モデリング〉タブを開き、〈メッシュチェック〉を「オン」にします。

〈メッシュチェック〉を「オン」にする

もしメッシュに不要なポイントや結合されずに穴が開いている箇所などがあれば、それらがどこにあるかを表示してくれます。おかしな箇所があれば修正していきます。〈不正なポリゴン〉は 4 つ以上のポイントで成り立つポリゴンのうち、2 つ以上が同位置に重なっている場合です。

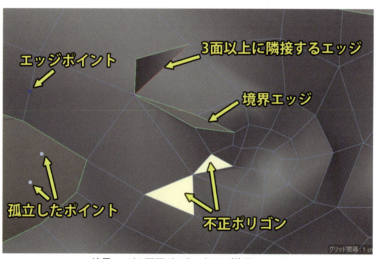

境界エッジや不正ポリゴンがあれば修正していく

確認と修正が終わったら、〈メッシュチェック〉を「オフ」にしておきます。

完成ファイル：ch-3\2_2_mask_omote.c4d

2-3 厚みと裏側の作成

マスクに厚みをつけて裏側を作成します。裏側もリトポロジしてもよいですが、時間がかかってしまうので表面のポリゴンを押し出して作成します。

〈ポリゴンモード〉にして、〈選択〉メニュー /〈全て選択〉(ctrl+A) を実行します。〈メッシュ〉メニュー /〈作成ツール〉/〈押し出し〉(ショートカット M~T) します。〈押し出し量〉を「マイナス 2mm」にして、〈キャップを生成〉を「オン」にして適用します。

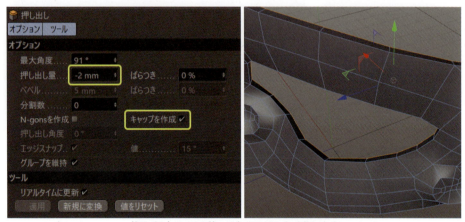

〈押し出し〉ツールを使って全てのポリゴンを押し出す

マイナス側に押し出すと、ポリゴンの法線の向きが逆になるので修正します。再度ポリゴンを全て選択すると、ポリゴンは青色になっているはずです。青はポリゴンの裏側を示します。〈メッシュ〉メニュー /〈法線〉/〈法線を反転〉を実行して、向きを反転させます。

法線の向きを反転させておく

マスクは後の工程で対称化するので、先に対称面となるポリゴンを選択して削除しておきます。

対称面のポリゴンは先に削除しておく

　押し出しただけでは、裏側も表側と同様に装飾の凹凸ができてしまうので、裏側は凹凸がない状態に修正していきます。押し出しでできた裏側のこめかみ部の装飾部のポリゴンを選択します。

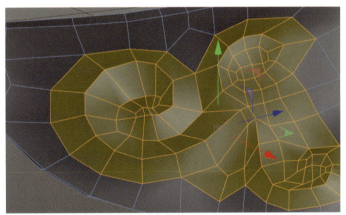

裏側こめかみ部の出っ張っているポリゴンを選択する

　〈メッシュ〉メニュー /〈変形ツール〉/〈ブラシ〉を選択します。〈強度〉を「200%」、〈モード〉を「スムーズ」、〈半径〉は「10mm」にします。ビュー上でカーソルの周りにブラシサイズの円が表示されているはずです。

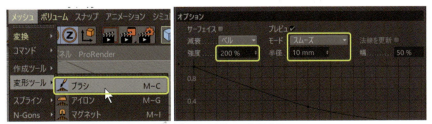

〈ブラシ〉ツールを使って修正する

ブラシツールはマウスでなぞるようにしてポイント、エッジ、ポリゴンを変形させることができます。そのまま選択したポリゴンの上を左ドラッグで数回なぞると、ポリゴンの凹凸が次第になめらかになっていきます。

装飾の凹凸を平らになじませる

鼻から眉間の裏側部分は〈ポイント〉モードにして行います。〈ポリゴン〉モードだと、境界線もスムーズ対象に入ってしまうためです。〈ライブ選択〉を〈可視エレメントのみ選択〉が「オン」の状態で、スムーズをかけるポイントを選択しますが、境界のポイント（画像の赤色のポイント）を選択しないように注意します。

そのまま先ほどと同じ手順でブラシでスムーズをかけます。

境界ポイントはスムーズしないようにする

額の裏は境界ポイントは選択しないとスムーズ出来ないので、選択して〈ブラシ〉でスムーズをかけます。

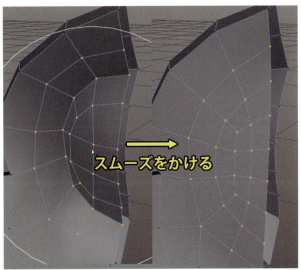

額裏側は境界を選択してスムーズして、後で修正する

　裏側が出来たので、〈対称〉オブジェクトを使って反対側を作成します。その前に、対称面となる中央のラインがX＝0になっていないので、〈ループ選択〉を使って〈境界ループ〉を「オン」にしてから中心の境界エッジだけ選択します。その後、〈座標マネージャ〉の〈位置 X〉と〈サイズ X〉に「0mm」を入力して「適用」します。

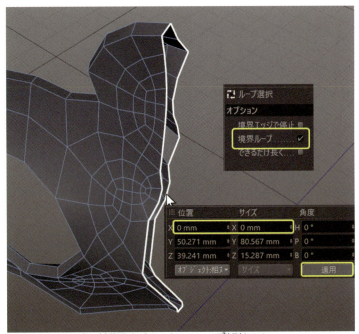

対称面のポイントをX=0mmに整列させる

〈作成〉メニュー/〈モデリング〉/〈対称〉を作成し、ポリゴンオブジェクトを対称の子オブジェクトにします。さらに〈SDS〉も作成し、対称ごと子オブジェクトにします。

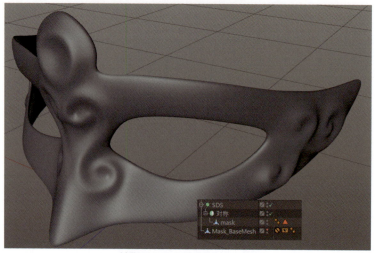

対称にしてSDSを適用したマスク

　綺麗にはなってきましたが、SDSを適用したのでディテールがなめらかになりメリハリがなくなってしまいました。エッジを立てるためにポリゴンをさらに細かく分割しても良いのですが、ここでは別の方法のSDSウェイトを使用します。

　SDSウェイトは任意のポイント、エッジに対してSDSによる丸めをどれだけ適用するかの重みづけのパラメータです。SDSウェイト値を強くすれば、そのポイント、エッジは角が丸められなくなります。それでは、〈エッジモード〉に切り替えます。SDSウェイトを設定するエッジを選択していきます。選択するエッジは主に装飾部の付け根と出っ張りの エッジです。ここでは〈パス選択〉を使用すると楽です。〈選択〉メニュー/〈パス選択〉を選択します。〈選択モード〉はデフォルトの「ライブパス」にしておきます。選択したい最初のポイントにカーソルを合わせて、エッジに沿って左ドラッグして選択していきます。パスの経路を間違えたときは、逆向きに辿って戻ることもできます。

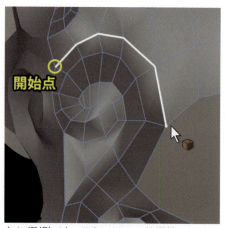

〈パス選択〉でウェイトをかけるエッジを選択していく

140

画像のような状態になるまで選択していきますが、目頭のエッジは選択しないでください。ここにはSDSウェイトはかけません。SDSウェイトを適用する時は、SDSをオンの状態の方が確認しやすいので一旦オンにして、ビュー上にカーソルを置いてそのまま、「.」(ドットキー)を押しながら右方向に右ドラッグしていくとそのエッジに対してSDSウェイト値が設定されます。右ドラッグの距離に応じて強度が変わり、左方向にドラッグすると強度が弱くなります。

さらに選択していく

SDSウェイトが適用されると、マスクオブジェクトには〈SDSウェイト〉タグが作成されます。タグをクリックすると、ウェイトがどれくらいかかっているかを視認することができます。設定できるウェイト値は0%～100%ですが、その数値を確認することはできないので、数値で指定したりすることもできません。

SDSウェイトタグをクリックするとウェイトを確認できる

他の装飾部にもSDSウェイトを適用していきます。

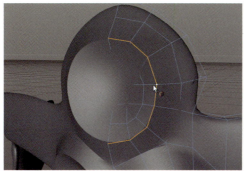

各装飾部にSDSウェイトを設定していく

SDS ウェイトが設定できたら、SDS の〈エディタでの分割数〉を「3」に、〈Phong〉タグの〈Phong 角度〉を「90°」にすると、なめらかに、かつディテールのエッジも立った状態になりました。

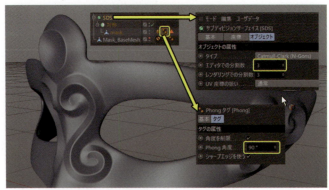

SDS分割数とPhong角度を上げてなめらかにする

完成ファイル：ch-3\2_3_mask_sdsweight.c4d

3　マスクのマテリアル

3-1　ノードベースマテリアル

　続いてはマスクのマテリアルを作成していきます。ここでは、Cinema 4D R20 から搭載されたノードベースマテリアルというものを使用していきます。ノードベースではデータの処理の流れをノードという部品を繋いで作っていきます。マテリアルをノードベースで作成するメリットとは一体なんでしょうか。

　例えば、標準マテリアルでノイズシェーダを複数チャンネルに使用しており、それぞれのノイズパターンは一致している必要がある場合、一つのチャンネルのノイズパターンを変更すれば、そのノイズを使っているすべてのチャンネルでノイズのパターンを一つ一つ変更していく必要があります。

標準マテリアルでは各チャンネル内にノイズシェーダが独立して存在する

ノードベースマテリアルでは、一つのノイズをすべてのチャンネルで共有することができます。従って、一つのノイズノードからパターンを変えれば、そのノイズを使用している場所はすべて一様に変更することができます。また、ノイズではなくテクスチャ画像に差し替えたい時にも、ノイズノードをテクスチャノードに変更するだけで済むため、交換自体も簡単です。

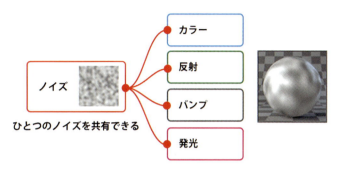

ノードはデータの変更が容易にできる

　また、ノードベースはデータの流れを視覚化できるため、マテリアルがどのように構成されているかを俯瞰することができます。標準マテリアルの場合は、シェーダの階層を辿ることもできますが、全体像を一度に見ることはできません。ある変更を施したい時に、どこから手を付けるべきか、探しやすいのもメリットと言えます。作成したノードの一部をグループ化して再利用することも簡単です。その一部だけに変更を加えることもできます。ノードベースの考え方はプログラムを組むような感覚と似ています。もちろんプログラミングができなくても使用できますが、少しプログラミングの思考ができるとより扱いやすいでしょう。

　〈マテリアルマネージャ〉/〈作成〉/〈新規ノードベースマテリアル〉をクリックし、新しいノードベースマテリアルを作成します。作成したマテリアルサムネイルをダブルクリックするとノードエディタが開きます。または〈属性マネージャ〉の〈基本〉タブから〈ノードエディタ〉をクリックしても同様に開くことができます。

新規ノードベースマテリアルから作成する

ノードエディタについて

ノードエディタはマテリアル専用のウィンドウになっています。

ノードマテリアル専用のノードエディタ

1. メニューとアイコン

ノードエディタ用のメニューと、その中からよく使うものがアイコンとして登録されています。

2. ノード

現在使用しているノードリストが表示されます。ここから直接ノードを選択できます。

3. アセットリスト

ノードリストにアクセスできます。各ノードはカテゴリに分けられており、新しくノードを作成したい時にはここから目的のノードを選択して追加できます。

4. ノードエディタ

使用中のノードおよびノードのワイヤ構成などを俯瞰できます。各ノードは色を変えたり、閉じたり、グループ化したりして見やすくすることもできます。alt+ 左ドラッグで上下移動、alt+ 右ドラッグ（またはスクロールホイールの回転）で拡大縮小できます。

5. ノードパラメータ

各ノードの持っているパラメータを調整する時に使用します。また、ノード単位のプレビュー、最終マテリアルのプレビューも表示されます。

作成したばかりのノードマテリアルは 2 つのノードで構成されています。〈マテリアル〉ノードは最終的なマテリアルを決定するノードです。〈拡散反射 .1〉ノードは標準マテリアルでいうところの反射レイヤに相当し、反射特性を決めるノードです。

3-2 装飾部のマテリアルを作る

装飾の出っ張りは金のマテリアルを貼り分けます。

〈拡散反射 .1〉ノードを選択し、
　〈**BSDF タイプ**〉‥‥‥‥‥「**Beckmann**」
　〈**表面粗さ**〉‥‥‥‥‥‥「**15%**」
　〈**フレネル**〉‥‥‥‥‥‥「**導体**」
　〈**プリセット**〉‥‥‥‥‥「**金**」
に変更します。

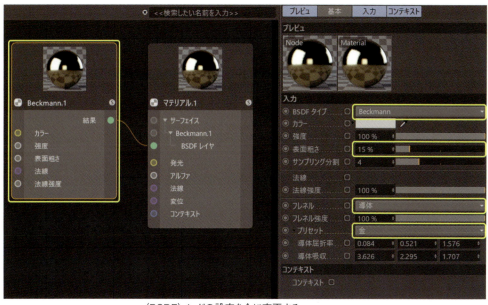

〈BSDF〉ノードの設定を金に変更する

BSDF タイプとは

　BSDF(Bidirectional scattering distribution function) の略で和訳すると双方向散乱分布関数となります。物体表面に光が当たったとき、均一な拡散反射をするのか、特定の方向に強く反射するのか、または屈折して進むのか、といった計算をするものです。簡単に言えば、物体表面の反射または透過の特性を表すものです。

金と言ってもこれでは綺麗すぎるので、少し汚していきます。アセットリストの〈カラー〉を開き、〈レイヤ〉ノードをダブルクリックするか、ノードエディタ上にドラッグ＆ドロップして追加します。

アセットリスト〈レイヤ〉ノードを作成する

続いて〈カラー〉ノードを追加し、そのままノード用〈属性マネージャ〉で〈V〉を「100%」にして真っ白にします。

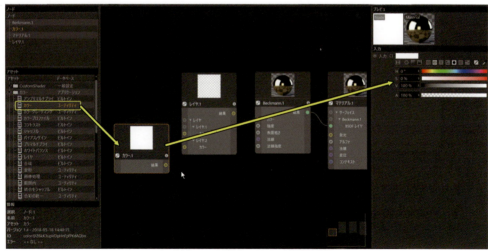

〈カラー〉ノードを作成して、カラーを変更する

〈カラー.1〉ノードの出力ポートから〈レイヤ.1〉ノードの〈レイヤ.2〉、〈カラー〉ポートに左ドラッグ＆ドロップしてワイヤを接続します。〈レイヤ.2〉の名前が繋がれた〈カラー.1〉ノードの名前に変わります。

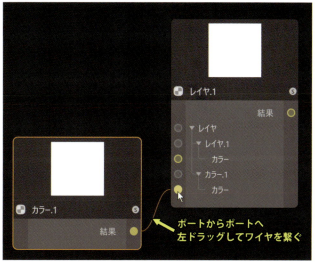

〈カラー.1〉の結果ポートからレイヤ〉のカラーポートに接続する

〈ノイズ〉ノードを作成します。〈ノイズ〉ノードはアセットリストの〈ジェネレータ〉にありますが、ノードエディタ上で「C」キーを押して、「ノイズ」を入力してそのまま〈ノイズ〉ノードを作成することもできます。最初の内はアセットリストから探して、どのようなノードがあるかを見てみるのも良いですが、作業に慣れるとこちらを使った方が素早く希望のノードを作成できます。なお、「ノイズ FBM」などとノイズタイプも記述してノイズノードを作成すると、最初からノイズタイプを FBM に設定したノイズノードが作成されます。

ノードエディタ上で「C」キーを押し、検索ウィンドウから〈ノイズ〉ノードを作成する

〈ノイズ .1〉ノードを選択し、

〈**ノイズタイプ**〉・・・・・・・・・「**FBM**」
〈**コントラスト**〉・・・・・・・・・「**40%**」
〈**下をクリップ**〉・・・・・・・・・「**15%**」

に変更します。

ノイズノードは他に〈ノイズ複雑〉、〈基本ノイズ〉、〈ボロノイノイズ〉といった種類があり、それぞれ異なるパラメータを持っているので、混同しないように気を付けます。

〈ノイズ .1〉の結果を〈レイヤ .1〉のカラーに接続します。

〈ノイズ〉ノードをパラメータを変更する

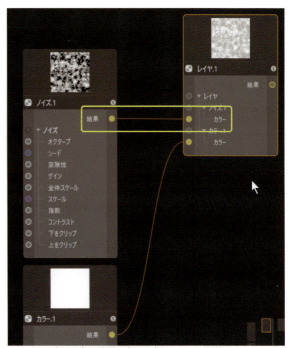

〈ノイズ〉の結果を〈レイヤ〉のカラーへ接続する

〈レイヤ.1〉ノードの〈追加〉ボタンを2回クリックして、新たにレイヤを2つ追加しておきます。

〈レイヤ.1〉ノードにレイヤを2つ追加する

〈ノイズ.1〉ノードを選択し、ctrl+C、ctrl+Vでコピーペーストし、〈ノイズ.2〉ノードを作成します。パラメータを

　　〈全体スケール〉………「**10%**」

　　〈コントラス〉…………「**0%**」

　　〈下をクリップ〉………「**50%**」

　　〈上をクリップ〉………「**60%**」

として、レイヤノードへ接続します。

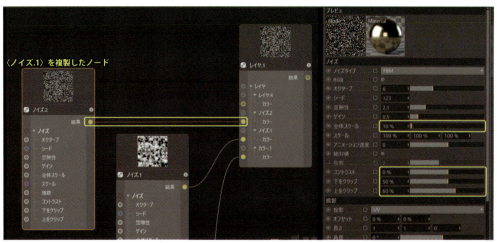

〈ノイズ.1〉を複製して、異なるサイズのノイズのノードを作成する

続いて小さな傷を追加したいので、ノードエディタ上で「C」キーを押し、「スクラッチ」と入力してスクラッチノードを追加します。スクラッチノードはアセットリストのジェネレータカテゴリに入っています。

〈スクラッチ .1〉ノードを下記調整します。
　〈スケール〉・・・・・・・・・・・・・「0.5」
　〈レイヤ〉・・・・・・・・・・・・・・・「4」
　〈曲げ〉・・・・・・・・・・・・・・・・・「0%」
　〈太さ〉・・・・・・・・・・・・・・・・・「20%」

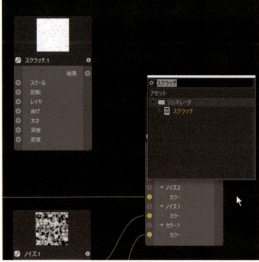

〈スクラッチ〉ノードを作成する

〈スケール〉は生成されるスクラッチの全体をスケーリングするために使用され、〈レイヤ〉で指定した数のスクラッチレイヤが重ねられます。各レイヤのスクラッチに頻度ステップ値がスケールとして掛け合わされます。〈曲げ〉と〈太さ〉は文字通りスクラッチの曲げと太さです。

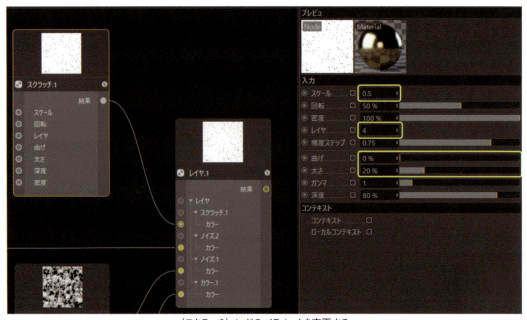

〈スクラッチ〉ノードのパラメータを変更する

〈スクラッチ .1〉ノードを〈レイヤ .1〉ノードの一番上のカラーに接続します。続いて〈レイヤ .1〉ノードを調整します。〈カラー〉レイヤ以外はすべて「乗算」にし、〈ノイズ .1〉は「50％」、〈ノイズ .2〉は「15％」にします。

〈レイヤ.1〉ノードの各レイヤの合成を調整する

さらに「C」キーを押して、「バンプ」と入力し、〈バンプマップ〉ノードを作成します。〈スクラッチ .1〉の「結果」を〈バンプ .1〉の「値」に接続し、さらに結果を〈マテリアル .1〉の「法線」に接続します。小さな傷の凹凸なので、バンプ強度は「0.02％」と小さな値にしておきます。

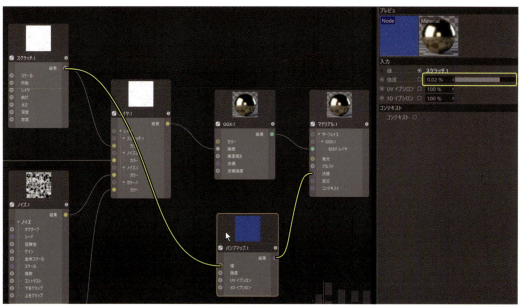

〈バンプマップ〉ノードを作成して接続する

マテリアルの名前は分かりやすいように「Gold」などとしておきましょう。それでは、このマテリアルをマスクの装飾部に適用していきます。部分的に適用するので、さきにマテリアルを適用したい箇所のポリゴンを選択していきます。〈ポリゴンモード〉に切り替えて、〈ライブ選択〉で下記画像のように選択していきます。

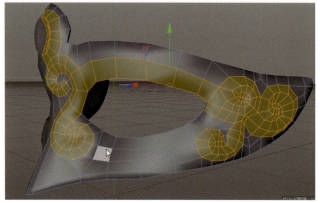

マテリアルを貼り分けるポリゴンを選択する

〈選択〉メニュー /〈選択範囲を記録〉を実行します。Gold マテリアルをマスクに適用し、〈テクスチャタグ〉を選択し、〈選択範囲に限定〉の欄に作成した〈ポリゴン選択範囲〉タグをドラッグ＆ドロップします。

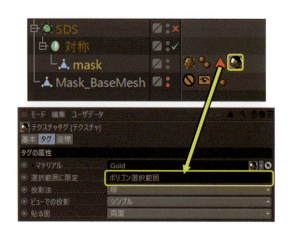

〈選択範囲に限定〉の欄に記録した〈ポリゴン選択範囲〉タグを適用する

マスクは円筒形状をしているため、〈投影法〉を「円柱」に変更します。さらに、〈テクスチャタグ〉の〈座標〉タブを開き、〈S〉の値をすべて「100mm」に変更します。

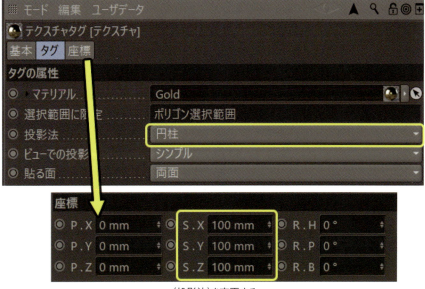

〈投影法〉を変更する

3-3 反射用の空オブジェクトの作成

　Gold マテリアルは鏡面反射素材なので、椅子のチャプターでも解説した通り、そのままレンダリングしても周囲に映り込む環境がないため真っ黒になってしまいます。このチャプターではエリアライトではなく、周囲の環境を空オブジェクトで作成します。

　〈作成〉メニュー /〈環境〉/〈空〉から作成するか、〈環境〉アイコンを長押しして〈空〉アイコンから作成します。

〈空〉オブジェクトを作成する

新規マテリアルを作成しますが、空用のマテリアルはシンプルなので標準マテリアルで作成します。

　ここで、〈コンテンツライブラリ〉を活用します。コンテンツライブラリは 3D オブジェクトやマテリアルのライブラリで、オンラインアップデートからダウンロードしてインストールできます。まだインストールしていない場合、次の手順でインストールしてください。ただし、インターネットに繋がる環境でないとインストールできないので注意してください。

　〈ヘルプ〉メニュー /〈アップデートを確認する〉をクリックし、オンラインアップデータを開きます。〈オプション〉にある「Contents Libraly Prime」にチェックを入れて、〈続ける〉を押して指示に従ってダウンロードを開始します。ダウンロードが完了したら再起動を促されるので、シーンを保存してから再起動してください。自動的に再起動し、ダウンロードしたファイルをインストールが完了すれば、コンテンツライブラリが使用できるようになります。

　もし、自動的に再起動しない場合は、もう一度 Cinema 4D を起動して、オンラインアップデータからコンテンツライブラリを選択して続けるをクリックします。一度ダウンロードが完了している場合は、スキップして再起動に進むので、何度か再起動を試します。一度に沢山のコンテンツライブラリを選択している場合は Prime だけチェックを入れて試してください。(OS の状態によって再起動しないことがたまに発生します。)

　Cinema 4D を再起動する前に、シーンファイルの保存を忘れずに行いましょう。

Primeだけチェックを入れてインストールする

コンテンツライブラリのインストールが完了したら、先ほどのシーンファイルを開き、画面右側にあるコンテンツブラウザタブを開くか、〈ウィンドウ〉メニュー /〈コンテンツブラウザ〉から開きます。プリセットアイコンをクリックすると、インストールした Prime フォルダがあるので、Prime\Presets\Light Setup\HDRI を開きます。

中に HDRI プリセットがあるので、「Photo Studio」マテリアルをダブルクリックしてシーンに読み込みます。

コンテンツライブラリから空用マテリアルを読み込む

読み込んだマテリアルを空オブジェクトに適用したら、レンダリングしてみましょう。Photo Studio マテリアルが映り込みとして描画されます。

空の映り込みが確認できる

3-4 ベース部分のマテリアル作成

マスクの残り部分のマテリアルも作成します。再び、〈新規ノードベースマテリアル〉を作成します。先ほどより少し複雑なノード構成になりますが、細かな手順は省いて解説していきます。ノード名の後ろには（カテゴリ名）を記載しているので、アセットリストから探す時はここから探してください。

最初に一つ、〈カラー〉(カラー)ノードを作成し、色をつけます。〈色補正〉(カラー)ノードを二つ作成し、それぞれのノードにカラーを入力します。各〈色補正〉ノードは〈値〉を「-50%」、「-70%」とします。一つのカラーから3色の色を作りました。

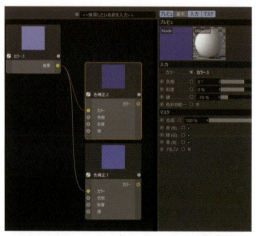

ひとつのカラーノードから色のバリエーションを作成する

〈グラデーション〉(ジェネレータ)ノードを作成し、グラデーションバーをクリックしてノットを1つ追加します。各ノットには色やテクスチャなどを接続できますが、ここでは作成した3つの色を入力していきます。

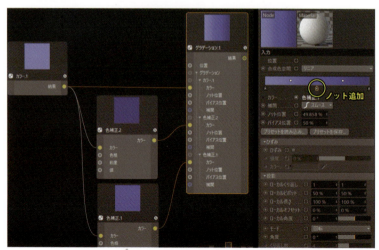

3色のカラーをグラデーションノードのカラーに接続する

グラデーションの向きを変えるために、〈UV再投影〉(コンテキスト)ノードを作成し、〈投影法〉を「円形」にします。〈結果〉ポートから〈グラデーション〉ノードのポートがないところにドラッグ&ドロップすると、〈コンテキスト〉が表示されるの接続します。これでグラデーションの向きが円型に変わります。

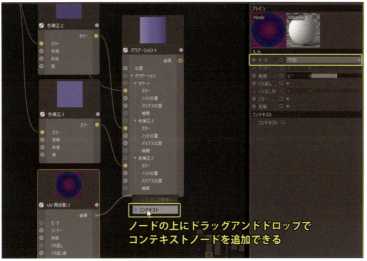

〈UV再投影〉ノードを〈グラデーション〉ノードの〈コンテキスト〉へつなぐ

続いて、

　　〈ノイズ〉・・・・・・・・・・・・・・・・（ジェネレータ）
　　〈UV歪み〉・・・・・・・・・・・・・（コンテキスト）
　　〈UV再投影〉・・・・・・・・・・・（コンテキスト）
　　〈グラデーション〉・・・・・・・・（ジェネレータ）

の各ノードを作成し、下図のように接続します。

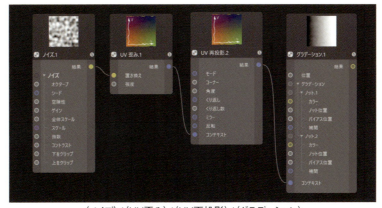

〈ノイズ〉/〈UV歪み〉/〈UV再投影〉/〈グラデーション〉

157

〈UV 歪み〉と〈UV 再投影〉ノードのパラメータは次の通りです。〈ノイズ〉と〈グラデーション〉ノードはデフォルト値のままです。

〈UV 歪み〉
〈強度〉・・・・・・・・・・・・・・・・「5%」

〈UV 再投影〉
〈モード〉・・・・・・・・・・・・・・・「星形」
〈くり返し数〉・・・・・・・・・・・「6」

〈ノイズ〉と〈グラデーション〉についてはデフォルト値を使用しているので示しません。〈ノイズ〉の結果を〈UV 歪み〉の〈置き換え〉ポートに接続してテクスチャを少し歪ませます。その結果を〈UV 再投影〉の〈コンテキスト〉ポートに接続します。〈UV 再投影〉の〈結果〉ポートを〈グラデーション〉ノードの〈コンテキスト〉ポートに接続し、グラデーション自体を星形に再投影します。

〈ノイズ〉と〈UV歪み〉を使ってグラデーションを歪ませる

その結果、ノードの状態は次の画像のようになります。

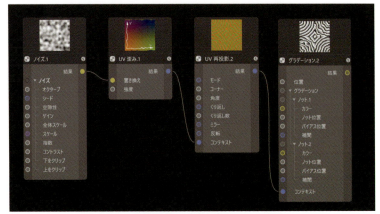

パラメータを受け取ったグラデーションノードの

〈レイヤ〉（カラー）ノードを作成し、二つのグラデーションの結果を入力し、上のレイヤを乗算し、下のレイヤは 50% に設定します。〈レイヤ .1〉の結果は〈拡散反射 .1〉のカラーポートへ接続します。

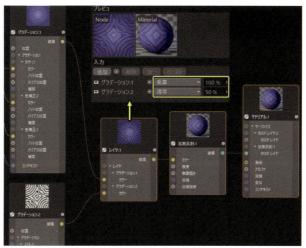

〈レイヤ〉ノードにそれぞれのグラデーションを繋ぐ

　華やかなマスクですから、もうすこしキラキラした反射があってもよさそうです。〈フレーク〉（ジェネレータ）ノードを作成し、

　　〈スケール〉・・・・・・・・・・・・・「**0.005**」
　　〈密度〉・・・・・・・・・・・・・・・・「**50%**」
　　〈強度〉・・・・・・・・・・・・・・・・「**50%**」

として、出力の〈法線〉を〈マテリアル .1〉の〈法線〉ポートに接続します。

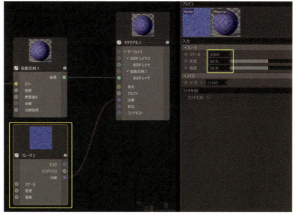

〈フレーク〉ノードを作成し、〈法線〉ポートへ繋ぐ

〈マテリアル.1〉ノードを選択し、〈追加〉ボタンをクリックして、〈BSDF〉入力ポートを1つ追加します。さらに〈BSDF〉(サーフェイス)ノードを作成し、

　〈BSDF タイプ〉・・・・・・・・・「**Beckmann**」

　〈表面粗さ〉・・・・・・・・・・・・「**25%**」

に変更します。〈レイヤ〉ノードの〈結果〉を〈Beckmann〉(BSDF) ノードの〈カラー〉ポートに接続します。また、〈Beckmann〉ノードの〈結果〉をマテリアルノードの〈BSDF レイヤ〉に接続します。

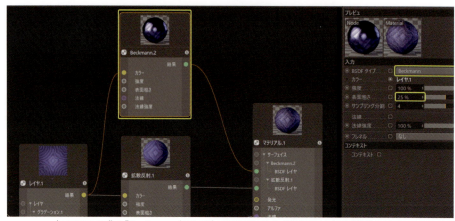

〈BSDFタイプ〉を「Beckmann」にして〈マテリアル.1〉の〈BSDF〉レイヤに繋ぐ

これでマスク部分のマテリアルは完成です。マスクオブジェクトにマテリアルを適用します。この時、必ず Gold のテクスチャタグの左側に配置してください。右側にあると Gold の上に塗り重ねられてしまいます。「SDS」は「SDS_マスク」に名前を変更しておきます。

Goldのテクスチャタグの左側に配置する

完成ファイル：ch-3\3_4_mask_material.c4d

仮レンダリングの状態

4　装飾を追加する

4-1 宝石の配置

　宝石を追加していきますが、すでに作成済みのモデルを複製配列して並べていきます。もちろんゼロからモデリングしてもよいのですが、パーツを一つ一つ作っていくのはさすがに手間がかかるので、アセットストア等を上手く活用して、それらをアレンジして使うのも一つの手です。それでは、〈ファイル〉メニュー /〈マージ〉を実行し、

シーンファイル：　ch-3\gem.c4d

　を選択します。〈マージ〉は現在編集中のシーンにファイルごと追加します。「Gem_root」オブジェクトが追加されます。

　この Gem をマスクの縁に沿って複製配置していきますが、いくつかの準備が必要です。また、これから行う方法はいくつかある方法のうちの一つに過ぎません。Broadcast と Studio で使用できる MoGraph を使用すればより簡単な方法で複製配置できます。

　Gem はスプラインに沿って複製していきますが、まずはスプラインを作る必要があります。このスプラインはマスクオブジェクトから取り出します。「SDS_マスク」を複製し、「対称」を「オフ」にします。
　「SDS_マスク.1」を選択し、〈レンダリングでの分割数〉を「1」にして、〈編集可能にする〉を実行し、ポリゴン化させます。

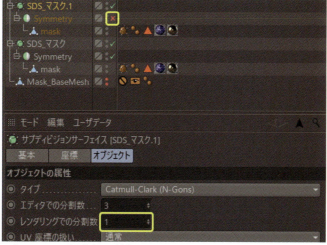

〈SDS_マスク〉を複製し、対称をオフにして、SDSを選択し、編集可能にする

SDSの分割数で実体化したmaskオブジェクトを選択し、〈エッジモード〉と、〈ループ選択〉を使ってちょうどマスクの縁のエッジを選択します。〈ループ選択〉のオプションは次のように変更します。

　　〈境界エッジで停止〉」‥‥「オン」
　　〈境界ループ〉‥‥‥‥「オフ」
　　〈できるだけ長く〉‥‥‥「オフ」

　この時、複製元のマスクは非表示にしておくと作業がしやすくなります。マテリアルを適用した後、テクスチャが表示されることで作業がしにくい場合は、〈エディタビュー〉の〈オプション〉/〈テクスチャ〉を「オフ」にすると、マテリアルの表示がされなくなりエッジなどが選択しやすくなります。

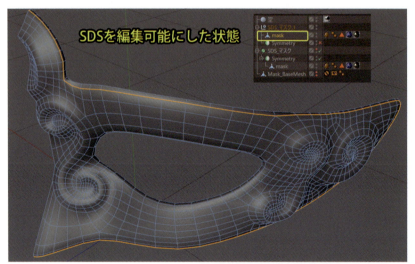

エディタビューでテクスチャの表示をオフにすると作業がしやすい

　エッジを選択したまま、〈メッシュ〉メニュー/〈コマンド〉/〈エッジをスプラインに〉を実行すると、選択しているエッジをスプラインオブジェクトとして取り出すことができます。

〈エッジをスプラインに〉を実行する

この時、元のオブジェクトの子オブジェクトにスプラインオブジェクトが作成されるので、階層の外に出しておきます。名前を「Gem_パス」に変更します。

取り出したスプラインは名前を変えておく

「Gem」オブジェクトを選択し、〈ツール〉メニュー /〈オブジェクト配列〉/〈複製〉を実行します。「Gem_root」を選択してはいけません。

〈属性マネージャ〉で、

〈複製数〉・・・・・・・・・・・・・・・「70」
〈クローンモード〉・・・・・・・・「インスタンス」
〈モード〉・・・・・・・・・・・・・・・「線形」
〈ステップ毎〉・・・・・・・・・・・「オフ」
〈移動〉・・・・・・・・・・・・・・・・・「−280mm」「0mm」「0mm」

にして、〈適用〉ボタンをクリックするか Enter キーを押します。

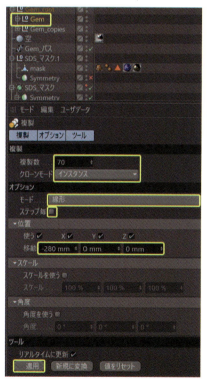

Gemを選択し、〈複製〉を実行する

X方向に-280mmの長さの中に70個のGemをインスタンスとして複製することができます。この時、オブジェクトマネージャには「Gem_copies」というオブジェクトが追加されます。この子オブジェクトにはインスタンスオブジェクトが入っています。

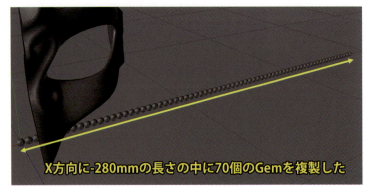

Gemのインスタンスが70個複製される

インスタンス

インスタンスオブジェクト自体は実体は持たず、リンクされたオブジェクトを参照して複製しています。リンクされたオブジェクトのマテリアルや形状を常に参照しているので、インスタンスは普通の複製よりも少ないメモリでオブジェクトを複製できます。

〈デフォーマ〉の中から、〈スプラインラップ〉デフォーマを作成します。スプラインラップは指定したスプラインに沿ってオブジェクトを変形させるデフォーマです。

〈スプラインラップ〉デフォーマを作成する

〈スプラインラップ〉を「Gem_root」の子オブジェクトにし、〈属性マネージャ〉の〈スプライン〉の欄に「Gem_パス」をドラッグ＆ドロップします。すると、Gem全体がGem_パスに沿って変形します。

スプラインラップを使って、Gem_パスに沿ってGemを変形させる

目の縁にも装飾を作ります。Gem_パスを取り出した手順と同じく、maskを〈エッジモード〉で選択し、〈ループ選択〉で目の縁のエッジを選択し、〈エッジをスプラインに〉を実行します。

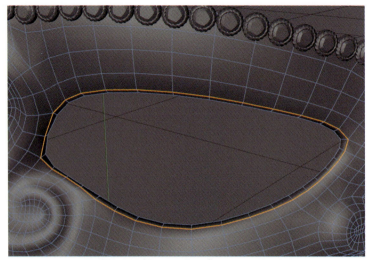
同じ手順で目の縁のエッジをスプラインとして取り出す

取り出したスプラインは階層から出します。新規で〈円形〉スプラインを作成し、〈半径〉を「1mm」にします。〈スイープ〉を作成し、「円形」を断面、「mask.スプライン」をパススプラインとして使って、目の縁に装飾を作ります。〈SDS〉を作成し、〈スイープ〉を子オブジェクトにしてなめらかにしておきます。

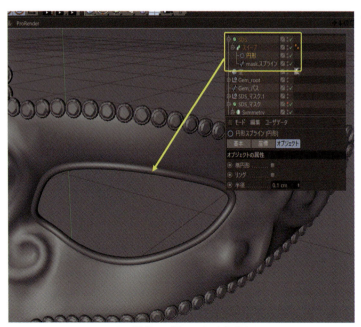
スイープを使って縁のラインを作成する

スプラインを取り出すために複製した「mask.1」は削除しておきます。さらに装飾は一つの「ヌル」にまとめて、さらに新規に「対称」を作成し、「ヌル」ごと子オブジェクトにして、装飾の反対側を作成しておきます。

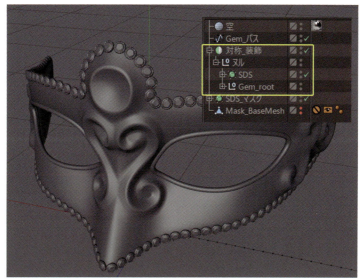

Gem_rootと目の縁はヌルにまとめて対称化させる

完成ファイル：ch-3\4_1_mask_gem.c4d

4-2 細かな装飾を追加する

目の下側には少し余白があり、ディテールを追加してもよさそうです。小さな球体をスプラインに沿って並べて装飾をさらに追加してみましょう。このスプラインはマスクの形状にスナップさせて作成していきます。そこで、〈スナップを有効〉を「オン」にして、〈ポリゴンスナップ〉のみ「オン」にしておきます。

ポリゴンスナップをオンにする

透視ビューの状態で、〈ペン〉ツールを「オン」にして、ポイントを作成していきます。スプラインを閉じたら、esc キーを押してスプラインを確定後、各ポイントの接線を調整します。接線を折る場合は、shift+ 左ドラッグで折ることができます。

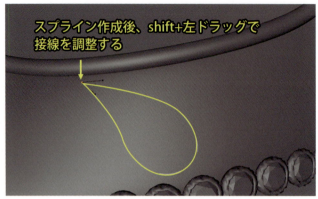

目の下にスプラインを作成していく

〈球体〉を作成し、〈半径〉を「0.8mm」にして、〈複製〉ツールを使い

〈複製数〉……………「20」
〈クローンモード〉………「インスタンス」
〈モード〉……………「スプラインに沿って」

に変更し、〈スプライン〉の欄に投影したスプラインをドラッグ＆ドロップして最後に〈適用〉を押します。これでマスクのスプラインに沿って、球体を複製することができました。

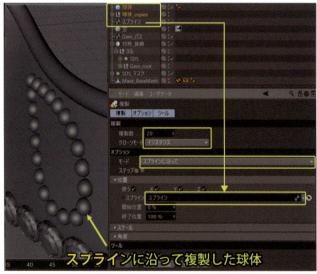

マスク表面のスプラインに沿って球体を複製させる

同じようにマスク表面にスプラインをいくつか作成して、球体などを複製配列したり、スイープを使って装飾を追加してみましょう。装飾用のマテリアルは、マスクに使った Gold マテリアルを適用しておきます。

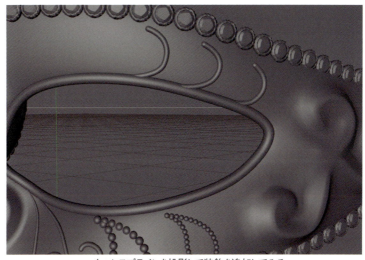

いくつかスプラインを投影して装飾を追加してみる

完成ファイル：ch-3\4_2_mask_decoration.c4d

4-3 額の宝石をはめる

大きな宝石も別ファイルにすでに用意してあるので、それを使います。〈ファイル〉/〈マージ〉から、

シーンファイル：　ch-3\gem_large.c4d

を読み込みます。この大きな宝石は額の部分に移動させてはめ込みます。

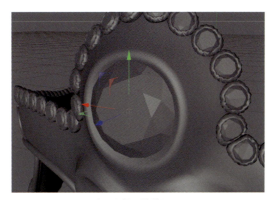

宝石を額に移動させる

〈エディタビュー〉の〈オプション〉で、〈テクスチャ〉を再び「オン」にしてマテリアルを描画させておきます。

マスクのモデリングが完了した状態

これでマスクのモデリングは終了です。最後にレンダリングまで行い完成させます。オブジェクトが多くなってシーンが散らかってきたので、このような場合には必ず整理します。Cinema 4D はオブジェクトマネージャと階層で管理するため、シーンを整理するのはとても重要な作業です。新規ヌルオブジェクトを作成し、マスクを構成するオブジェクトはすべてヌルにまとめて、名前をマスクとしておきます。

シーンは整理しておく

完成ファイル：ch-3\4_3_mask_gem_large.c4d

5 背景、レンダリング設定、ライティング、カメラ設定

5-1 背景を作成する

背景は〈床〉オブジェクトから作成します。〈床〉は平面とは違い、無限の大きさを持っています。エディタビューでは途中で切れていますが、レンダリングすると地平線までレンダリングされます。床のマテリアルは標準マテリアルを新規作成したものを適用しておきます。

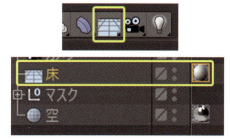

床オブジェクトを作成する

ヌルでまとめた「マスク」を選択し、マスクを地面の上に配置します。その前に、「マスク」の軸位置が原点にあるため、回転させて床に合わせるのが難しいので、軸の位置だけ鼻先の下側に移動させることにします。まず、「マスク」を選択し、〈軸を有効〉と〈移動〉ツールをアクティブにします。

〈右面〉ビューを表示させます。〈軸を有効〉モードはオブジェクトの軸の位置を変更することができるので、そのまま鼻先の装飾の下に軸の位置だけ移動させます。

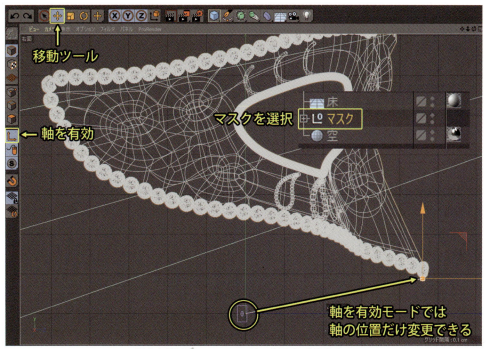

〈軸を有効〉を使ってマスクの軸の位置だけを移動させる

移動させたら、〈軸を有効〉アイコンを「オフ」にして、モードを抜けておきます。忘れがちなので要注意です。モードでの操作が完了したら、必ず戻すようにしておきましょう。〈モデル〉モードに戻ったら、マスクを選択したまま、〈属性マネージャ〉の〈座標〉タブで、〈P.Y〉を「0」にします。次に、〈回転〉ツールを使って、〈R.P〉を回転させて床にマスクが置かれているような状態にします。

マスクの位置、角度を調整して床の上に合わせる

5-2 レンダリング設定

　　　ライティングは途中でテストレンダリングを何度も行うことになるので、先にレンダリング設定を行うことにします。〈レンダリング設定〉を開き、〈特殊効果〉から〈グローバルイルミネーション〉を追加します。

　　　〈グローバルイルミネーション〉を使用すると、光の照り返しによる間接照明を描画できます。デザイナーズチェアのチャプターではエリアライトによるライティングを行いましたので、このチャプターのライティングは、ポリゴンを発光させてライトにする（ポリゴンライト）を使用します。発光するオブジェクトをライトとして使うためには〈グローバルイルミネーション〉を併用する必要があります。余談ですが〈グローバルイルミネーション〉を使用する場合は、〈エリアライト〉よりも発光マテリアルの方が綺麗に早く仕上がる傾向があります。

　　　〈グローバルイルミネーション〉の設定は適当に変更するとレンダリング時間が長くなるだけでなく、仕上がりも汚くなってしまうことがあるため、微調整を行う場合はヘルプをよく読んで各パラメータの意味を理解してから調整してください。ここでは〈グローバルイルミネーション〉の設定は次のようにしておきます。

〈一般〉タブ

　　　プライマリ、セカンダリの方式はともに「イラディアンスキャッシュ」です。
　　　　〈サンプル〉‥‥‥‥‥‥「カスタムサンプル数」
　　　　〈サンプル数〉‥‥‥‥‥「64」（サンプルの左にある三角マークをクリックして表示）
　　　GIエリアを個別サンプリングの左にある三角マークをクリックしてサブパラメータを開き、
　　　　〈全ピクセルでサンプル〉‥「オン」（ポリゴンライトで精細な影を描画するために必要です）

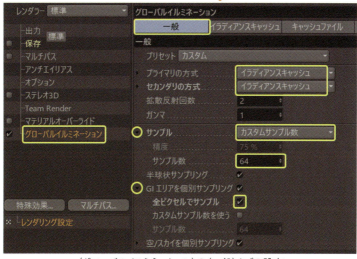

〈グローバルイルミネーション〉の〈一般〉タブの設定

〈イラディアンスキャッシュ〉タブ

〈レコード密度〉の左にある三角マークをクリックしてサブパラメータを開き、

〈最大レート〉・・・・・・・・・・「**－1**」

〈密度〉・・・・・・・・・・・・・・・・「**20%**」

〈最小間隔〉・・・・・・・・・・・・「**32%**」

〈最大間隔〉・・・・・・・・・・・・「**32%**」

〈スクリーンスケール〉・・・・「**オフ**」

にします。

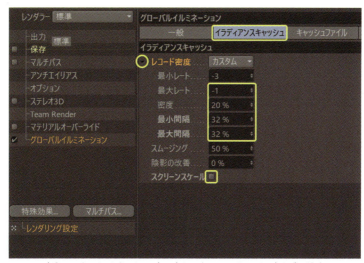

〈グローバルイルミネーション〉の〈イラディアンスキャッシュ〉タブの設定

5-3 キーライトの作成

　ここで使用するのはライトオブジェクトではなく、平面オブジェクトに発光マテリアルを適用したものをライトとして使うので、〈平面〉を作成し、名前を「キーライト」に変更します。

　〈幅〉〈高さ〉・・・・・・・・・・・・「50mm」
　〈方向〉・・・・・・・・・・・・・・・・「+Z」
にします。

　〈座標〉タブを開き、
　〈P.X〉・・・・・・・・・・・・・・・・「200mm」
　〈P.Y〉・・・・・・・・・・・・・・・・「100mm」
　〈P.Z〉・・・・・・・・・・・・・・・・「150mm」

　さらに〈ターゲット〉タグをつけて、〈ターゲットオブジェクト〉は「マスク」として、平面のZ方向がマスクの方を向いておくようにします。

　発光マテリアルは、標準マテリアルで作成します。新規マテリアルを作成したら、マテリアルの名前は「キーライト」として、〈カラー〉と〈反射〉チャンネルは「オフ」にして、〈発光〉を「オン」にします。

　〈発光〉チャンネルの設定に進み、〈明るさ〉を「700%」と大きめの数値にします。キーライトとなる平面はサイズが小さいので、より大きな数値が必要です。

　さらに、マテリアルの〈GI設定〉を開き、〈ポリゴンライト〉を「オン」にします。発光マテリアルをライトとして使う場合は、必ずオンにする癖をつけておきましょう。シーンにもよりますが、ポリゴンライトがオンだと基本的にレンダリングが綺麗で、時間も早くなります。これでキーライトマテリアルは完成です。先ほど作成した平面オブジェクトに適用します。

〈発光〉チャンネルの〈明るさ〉は「700%」にする

〈GI設定〉の〈ポリゴンライト〉は「オン」にする

このままレンダリングしてみます。発光ポリゴンをライトとして使う場合、〈全ピクセルでサンプル〉を「オン」にしていれば、影がより正確になります。ただし、レンダリング時間は長くなります。

GIエリアの〈全ピクセルサンプリング〉が「オン」なら、発光マテリアルからの影がより正確になる

5-4 補助ライト

新規で平面を作成し、
〈平面〉を作成し、名前を「補助ライト」に変更します。

〈幅〉〈高さ〉・・・・・・・・・・・「200mm」
〈方向〉・・・・・・・・・・・・・・・・「+Z」

にします。

〈座標〉タブを開き、
〈P.X〉・・・・・・・・・・・・・・・・・「-150mm」
〈P.Y〉・・・・・・・・・・・・・・・・・「200mm」
〈P.Z〉・・・・・・・・・・・・・・・・・「0mm」

キーライトのターゲットタグを複製して、補助ライトに適用します。これで補助ライトもマスクを向くようになります。

補助ライト用のマテリアルを作成し、名前を補助ライトとしておきます。〈発光〉チャンネルの〈明るさ〉は「120%」とします。他はキーライトと同じです。このマテリアルも〈GI 設定〉の〈ポリゴンライト〉は「オン」にしておきます。

補助ライトの映り込みができるので、先ほどより、情報量が少し増えてきます。

補助ライトも作成すると、反射の情報量が増える

5-5 額の宝石用ライト

額の宝石はよく目立つ部分ですが、映り込みがやや不足しているようです。最後にもう一つ、同じ手順で額の宝石に映り込みを作るライトを作ります。

平面を作成し、名前を「宝石反射用ライト」としておきます。

〈幅〉〈高さ〉・・・・・・・・・・・「30mm」
〈方向〉・・・・・・・・・・・・・・・・「+Z」
にします。

〈座標〉タブを開き、
〈P.X〉・・・・・・・・・・・・・・・・・「30mm」
〈P.Y〉・・・・・・・・・・・・・・・・・「70mm」
〈P.Z〉・・・・・・・・・・・・・・・・・「50mm」

ターゲットタグを適用し、〈ターゲットオブジェクト〉は、「Gem_large」にします。額の宝石を向くことになります。

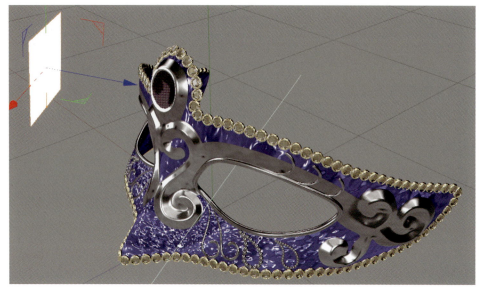

ターゲットタグをつけてGem_largeを向くようにする

マテリアルも作成し、名前は「宝石反射用ライト」として適用します。

〈発光〉チャンネルの〈明るさ〉は「350%」とします。照明としては使用しないので〈ポリゴンライト〉は「オフ」でかまいません。

〈コンポジット〉タグを適用し、
〈カメラから見える〉……「オフ」
〈GIから見える〉………「オフ」
にして不可視にして照明としての機能もしない状態にします。

また、このライトはほかのすべてのオブジェクトの反射から見えるので、〈除外〉タブを開き、〈モード〉を「含む」にして、Gem_large オブジェクトをリストにドラッグ&ドロップします。

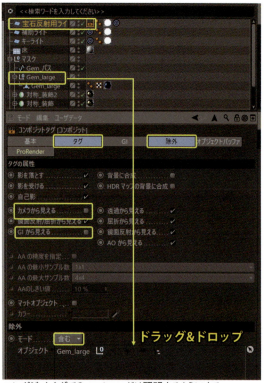

コンポジットタグでGem_largeだけ照明するようにする

これで、「宝石反射用ライト」は「Gem_large」のオブジェクトに対してのみ反射するようになりました。

額の宝石だけを反射するライトになった

5-6 カメラ作成〜レンダリング

　新規カメラを作成し、〈焦点距離〉は「ポートレート (80mm)」にしてアングルを決めてます。カメラアングルを決めてからライティングを行う場合もありますし、それによってライトの位置は変わります。狙ったところに反射を入れるにはライトの位置を微調整する必要もあります。いろいろなセッティングやアングルで試してみてください。

　〈レンダリング設定〉を開き、仕上げ用に〈アンチエイリアス〉を「ベスト」に変更してレンダリングします。鏡面反射と屈折が多いシーンなので、レンダリング時間はやや長めとなります。これでこのチャプターは終了です。お疲れ様でした。このチャプターは〈ポリゴンペン〉のマスターを重点に置きました。また、複製したオブジェクトをスプラインに沿って変形する方法を行いましたが、MoGraphがあればより簡単に作成できる上に、複製数や配列状態を後からでも調整できるといった大きなメリットがありますので、こちらもぜひチャレンジしてみてください。

完成ファイル：ch-3\5_6_mask_finish.c4d

レンダリング後に色補正した画像

コラム　スペキュラと鏡面反射の違い

マテリアルの〈スペキュラ〉は疑似的な反射を描画するもので、物理的に正しい反射ではありません。スペキュラはコンピュータの計算速度が遅かった時代に、速くそれらしい反射を描画するために用いられた手法です。

視点からの光線を追跡したとき、ライトの位置に応じたスペキュラが描画されます。スペキュラは疑似的な反射ですので、ライトに物理的な大きさが必要ありません。

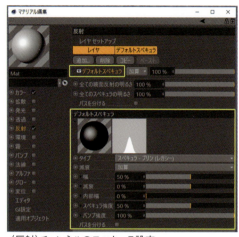

〈反射〉チャンネルのスペキュラ設定

ただし、物理的な反射ではないため、隣の球体や部屋の壁などは映り込みません。鏡面反射のみの球体は隣の球体や壁が映り込んでいますが、大きさを持たないライトが映り込むことはありません。

現実の世界ではスペキュラは存在しません。あるのは鏡面反射です。鏡面反射は物理的に正しい反射を描画するため、3DCG特有の大きさがないライトは映り込まないのです。現実の世界のライトの反射は、ライトにある光源（フィラメントなど）が発光しているものやライトで照らされた照明器具や壁などが映り込みます。

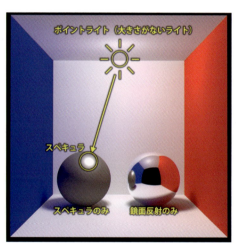

スペキュラと鏡面反射の振舞い

スペキュラだけでリアルな反射を描くことは不可能で、現在ではほとんど使用されなくなっていますが、補助的に使用することはあります。基本的には鏡面反射で反射設定を作り、足りない部分をスペキュラで補うといった使い方があります。ただし、発光マテリアルによるライトはスペキュラを描画しないので、使用するライトも意識する必要があります。同じ〈反射〉チャンネルに入っている〈スペキュラ〉ですが、その性質は全く異なることを理解する事が、リアルな反射をつくるうえで重要です。

Chapter 04

UFOを動かすアニメーション

1 アニメーションって何?
2 プロジェクト時間を長くする
3 アニメーションパレットとタイムラインについて
4 キーを記録して UFO を動かしていく
5 テンポよくバウンドさせる
6 モーションを調整する
7 バウンドの角度を変えてみる

Chapter 04 UFOを動かすアニメーション

1 アニメーションって何?

　3DCGにおけるアニメーションは3DCGのオブジェクトやカメラ、ライトなどを動かしたり、形を変形させることですが、動画を撮影したり、2Dのアニメを作ったりすることもアニメーションです。
　つまり時間軸に沿って物や人を動かして、それを記録して、再生することです。

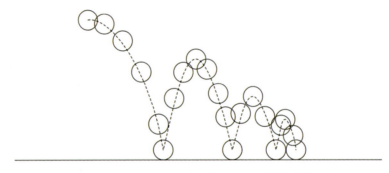

アニメーションは、パラパラマンガのようにすべての動きを記録します

　現実世界ではカメラで動画を撮影すればアニメーションは完成ですが、3DCGの世界では演技をする俳優と撮影するカメラマンなどのすべての動きを自分で決めなければなりません。その作業はモデリング以上に難解で複雑なものです。
　私たちは無意識に腕を上げたり首を振ったりすることができますが、3DCGの中ではそれを命令としてきちんと記録してあげる必要があります。ある物がA地点からB地点まで動くのに、どのような軌道で、またどの位の速さで動くのかなどを細かく記録しなければなりません。直線で動くのか、どこかで曲がるのか、曲がった時、回転するのか、スピードが途中から早くしたり、遅くしたり、途中で止まったり、ジャンプしたり……
　ただ、手描きのアニメやストップモーションのようにすべてのコマの動きを記録する必要はありません。Cinema 4Dは、キーフレームと呼ばれる区切りとなる動きを決めれば、ソフトウェアが間の動きを自動的に補間してくれます。

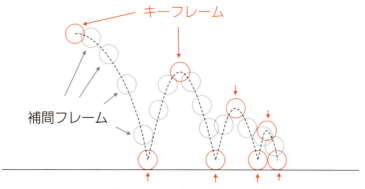

キーフレームを設定すると間の動きをCinema 4Dが補間します

　初心者にとっては、動きを制御するパラメータが沢山あるため、何から手を付けて良いか少し難しいでしょう。このチャプターではモデリング作業を省き、動きをつける作業を多くとることで、Cinema 4Dにおけるアニメーションの扱い方の基礎を学びます。また、Cinema 4D特有の機能を使った方法も学んでいきます。

2　プロジェクト時間を長くする

　これから作るアニメーションは簡単なものですが、下のコンテを見て、最初にこれから作成するアニメーションのイメージをしっかりと頭に入れておきましょう。主役のUFOが上昇しようとしたところからはじまり、トラブルで地面に落下してバウンドした後、着地するというものです。落ちてくるモーション、バウンドするときの跳ね返りのアニメーションを作成していきましょう。

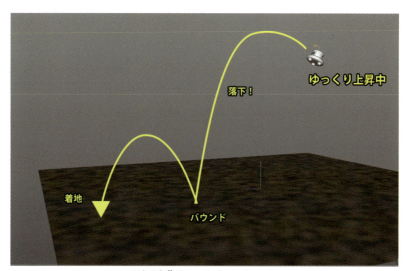

これから作るアニメーションのコンテ

まずは、Cinema 4D を起動して、シーンファイルを開きます。

シーンファイル：ch-4\4_UFO.c4d

レイアウトを〈Animate〉に切り換えます。アニメーションを作るときに不可欠なタイムラインが組み込まれたレイアウトです。

Cinema 4D の初期設定では、時間の長さが 90 フレームで、フレームレートが 30 です。つまり 3 秒間のアニメーションしか作れません。まずはプロジェクト時間を変更し、アニメーション時間を長くします。

今回は全体で 4 秒間のアニメーションを作成したいので、〈アニメーションパレット〉の右側のボックスに「120」と入力します。

〈属性マネージャ〉の〈プロジェクト〉から〈最長時間〉を変えても同じことができます。

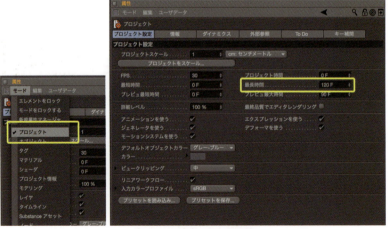

プロジェクト設定でも変更可能

3 アニメーションパレットとタイムラインについて

アニメーションを扱う際に必ず使うことになる〈アニメーションパレット〉と〈タイムライン〉について最初に説明しておきます。

タイムラインウインドウ

3-1 アニメーションパレットの役割

アニメーションパレットには、アニメーションに使う機能が盛り込まれています。大きく分けて3つの機能があります。

■ タイムラインルーラー

タイムラインルーラーは、時間の流れを表します。ルーラー内が上下に2分割されています。現在の状態を見るには、上半分のところをクリックしてください。現在の位置にマーカーがセットされます。

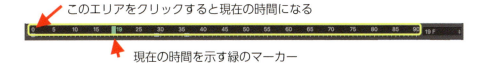

タイムラインルーラーの下半分は、アクティブなオブジェクトまたは選択範囲の各キーを表示します。

タイムラインルーラーの下半分で、キーボードの 2 キーを押しながらドラッグすると、タイムラインルーラーがスケールされ、アニメーションのプレビュー範囲が変更できます。

このエリアを 2 キーを押しながらドラッグで、プレビュー範囲がスケール

ホットキーの 1 と 2 をそれぞれ使ってタイムラインルーラーをスケールおよび移動することができます。

このエリアを 1 キーを押しながらドラッグで、プレビュー範囲が移動

■ パワースライダ

このスライダを使うと、タイムラインに沿ってすばやく操作できます。パワースライダの両端の矢印をドラッグすれば、パワースライダの長さを変えられます。短くすれば、特定の範囲だけを表示して編集できます。また、パワースライダの左右にある数値を変えると、プロジェクトの時間の長さをここで変えることもできます。

スライダの長さを変更

プロジェクトの時間を変更

■ 操作モードとアイコン

これらはアニメーションを再生、停止といった操作の他、キーを記録したり、また、記録するモードを変更したり、といった操作またはモードの変更をするものです。

アニメーションの再生および時間の移動

キーを記録する項目

選択したパラメータにのみキーを記録

自動キーフレーム記録

選択オブジェクトのキーを記録

3-2 タイムラインの役割

Cinema 4Dのレイアウトを〈Animate〉にすると、タイムラインが表示されます。タイムラインはアニメーションを更に細かく調整・編集することができます。ここはシーンにある全てのオブジェクトの〈キー〉の作成と編集はもちろん、〈F（ファンクション）カーブ〉の編集など、様々な操作ができますが、アニメーションを一元管理するという目的上、沢山の機能があり、全てを覚えるのは難しいので、使いながら少しずつ覚えていきましょう。

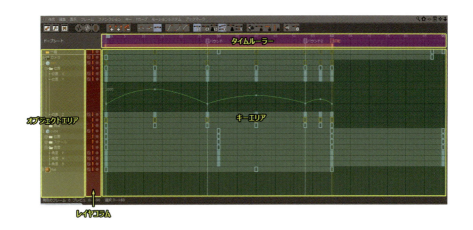

■ タイムルーラー

アニメーションパレットのタイムラインルーラーとよく似ていますが、マーカーを追加してそのフレームが何の動作をしているかなどをメモしておくこともできます。

■ オブジェクトエリア

キーのあるオブジェクトが表示されています。階層を展開して、各キーの細かな調整や、Fカーブを展開することもできます。アニメーションが設定されているマテリアルやカメラなどもここに表示されます。

■ レイヤコラム

レイヤの表示、アニメーションの表示、非表示、ソロ表示モードを切り替えることができます。特定のオブジェクトだけ再生させたりといった時にも便利です。

■ キーエリア

〈キー〉が作成されると、〈トラック〉としてこのエリアに表示されます。オブジェクトエリアの階層を展開すると、〈トラック〉も同じく展開され、細かく調整ができるようになります。

タイムラインには3つの表示モードがあります。それぞれのアイコンをクリックするか、tabキーを押して切り替えることができます。

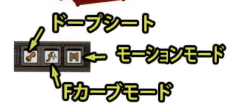

■ ドープシートモード

〈キー〉を一覧表示するモードで全体の〈キー〉と〈トラック〉の管理に使います。どこにキーがあるのか、パッと見て分かるようになっています。

タイムラインのドープシートモード

キーが作成されると、〈トラック〉も一緒に作成されます。各トラックがひとつのオブジェクトの属性の時間的変化を表します。タイムラインでそのトラックの中を見ると、そのキーがどのような数値で記録されているかを見たり、トラックから編集することも可能です。また、トラックを削除したり、追加したり、コピーしたりできます。トラックを選択して、アニメーションの間隔を調整するといったことも可能です。各トラックは〈ドープシート〉でオブジェクトを展開して、ミニFカーブの状態を表示もできます。しかし、領域が狭いので、快適にFカーブを調整したい時には〈Fカーブモード〉にします。

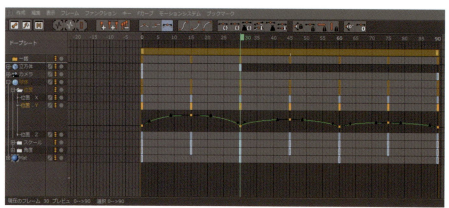

ドープシートでミニFカーブを開いた状態

■ F カーブモード

　〈F カーブモード〉はアニメーションを精密に調整するためのモードです。〈F カーブモード〉では、選択されている〈トラック〉の〈F カーブ〉のみが表示されます。広いスペースで編集作業ができるので、個々のカーブごとに調整でき、アニメーションの微調整に適しています。

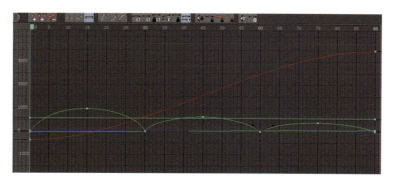

　〈F カーブ〉は通常、スプライン（ベジェ曲線）ですが、各〈キー〉のポイントを選択すると〈属性マネージャ〉で、「線形」や「ステップ」にも変更できます。

左: スプライン　　　　　　中: 線形　　　　　　右: ステップ

■ モーションモード

　モーションモードは、主にキャラクターアニメーションで使用する専門的な機能になります。

4 キーフレームボタンの使い方

4-1 キーフレームボタンについて

アニメーションを付けるためには、キーフレームを記録していくのが基本的な作り方になります。

キーフレームはアニメーションパレットのキーを記録アイコンをクリックすることでも記録できますが、Cinema 4Dにはほとんどのパラメータに対してキーを打つことができるようになっており、キーを打つことができるパラメータの左側には〈キーフレームボタン〉という二重マルが表示されています。

この〈キーフレームボタン〉を左クリックすることで、キーを記録することができます。キーが記録された時、ドットが赤く塗りつぶされます。この状態は現在のフレームに、キーが記録されていることを表します。

タイムラインルーラーを移動させると、ドットのアウトラインが赤い線になります。これは、現在のフレームにはキーはないが、どこかのフレームにキーが既にあることを意味します。

キーを記録してあるフレームで再度〈キーフレームボタン〉をクリックすると、キーが削除されます。Shift + Ctrl + 左クリックでそのパラメータのキーとトラックを全て削除します。

現在のフレームでトラックの値が変更されると、〈キーフレームボタン〉は黄色になります。そこで〈キーフレームボタン〉をクリックすれば記録されますが、記録せずに別のフレームに移動すると、その数値の変更は無効になります。

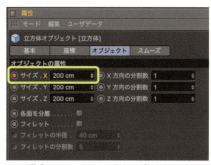

現在のフレームキーがあると赤いドットに

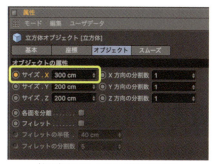

値を変更でドットの色が黄色に変化

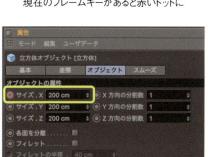

別のフレームでキーが存在すると赤いアウトラインに

値を変更でアウトラインの色が黄色に変化

5 キーを記録してUFOを動かしていく

5-1 キーフレームの記録

アニメーションの最初の時点でUFOがあるべき位置に「UFO-motion」を移動します。ヌルオブジェクトの子にUFOのポリゴンオブジェクトが入っていますが、このポリゴンオブジェクトにはキーは記録せず、「UFO-motion」にキーを記録していきます。

少し複雑なアニメーションを作る場合、オブジェクトに直接アニメーションをすべて記録すると、後から修正やモーションの追加が発生した場合、とてもやりにくくなります。ヌルの階層を作るとオブジェクト数は増えてしまいますが、それでもモデルとモーションの階層を別に分離させる癖をつけておきましょう。階層になっていると、オブジェクトの差し替えもとても簡単です。

最初は空中からスタートさせたいので、オブジェクトマネージャで「UFO-motion」を選択します。

〈属性マネージャ〉の〈座標〉タブの

〈P.Y〉‥‥‥「100」

〈P.Z〉‥‥‥「-100」

にします。

「地面」オブジェクトはこの世界の地面という設定です。「Y=0」の平面が地面です。

現在の時間がフレーム「0」（タイムラインルーラーの緑のカーソルが 0 の位置）になっていることを確認します。

ここで位置と角度のキーだけを記録したいので、スケールのアイコンをクリックしてオフにしてから、〈アニメーションパレット〉の〈記録〉ボタンを押します。

〈キー〉が記録されると、〈タイムラインルーラー〉の現在のフレームに〈キー〉が表示されます。〈タイムラインルーラー〉には現在選択されているオブジェクトに属する〈キー〉が表示されるので、ここだけを見てもおおまかにアニメーションの状態を把握することができます。

5-2 タイムラインの階層構造

タイムラインを見ると、「UFO-motion」にフレーム「0」でキーが記録され、「位置」と「角度」のトラックが作成されています。「位置」の下位には「X/Y/Z」、「角度」の下位には「H/P/B」のトラックがあります。実際に値が記録されているのはこの個々のパラメータのトラックです。

また、タイムラインの階層にはオブジェクトのパラメータだけでなく、その子オブジェクトも含まれているので、「UFO-motion」の「位置」「角度」と並んで子オブジェクトである「UFO」の階層があります。

タイムラインの階層もオブジェクトマネージャの階層と同様に、まとめて操作するなら親の階層を、個別に操作するなら子の階層を選択するという仕組みになっています。

タイムラインの階層構造

5-3 時間の移動

次のキーフレームを記録していきます。タイムスライダをフレーム「30」（1秒後）へ動かします。

UFO位置関係をわかりやすくするためにビューのメニュー：〈パネル〉/〈ビュー3〉を選択（もしくはF3キーを押す）して右面にし、UFOを横から見るようにします。

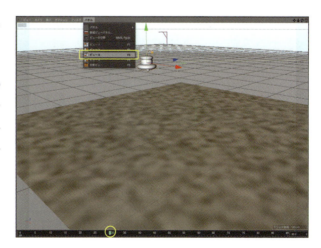

UFOの位置がわからなくなっている場合があるので、カーソルがビューポートにある状態にしてからHキーを押します。するとビューポートでシーン全体が見えるようになります。

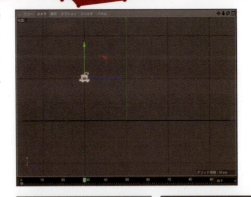

「UFO-motion」を〈移動〉ツールで前方斜め上に移動します。UFO-motionの位置がおおよそ

　　〈P.X〉‥‥‥0
　　〈P.Y〉‥‥‥180
　　〈P.Z〉‥‥‥-55

になるようにします。

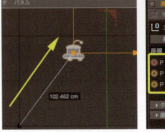

次に、〈回転〉ツールを選択します。

カーソルを赤い円に持って行き、白くなったところで、ドラッグで回転させて上向きに傾けます。30°くらいになったところで、〈記録〉ボタンを押してキーフレームを記録します。これで、「位置」と「角度」に新しいキーフレームが作成されます。

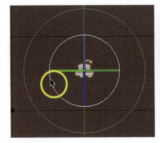
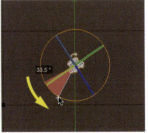

いったん記録したキーフレームを修正したいときは、状態を変更後にもう一度〈記録〉ボタンを押します。既にキーフレームのあるフレーム（時間）で〈記録〉ボタンを押すと、現在の値で既存のキーフレームの値が上書きされます。

新しいキーフレームを記録する前にタイムスライダを動かしたり、ビューを再描画（ショートカットA）すると、オブジェクトに対する〈移動〉や〈回転〉の操作はリセットされて、既存のキーフレームで記録された状態に戻ってしまいます。

ただし、タイムラインでは Shift キー、タイムラインルーラでは Alt キーを押しながらタイムスライダを動かすと、アニメーションを動かさずに時間（フレーム）を移動できるので、現在の状態を維持したまま異なる時間に移動し、そのままキーフレームを記録することができます。

続いて UFO を地面に落としましょう。時間をフレーム「60」にします。

地面＝「Y＝0」なので、UFO が地面に接地する位置でキーを記録します。

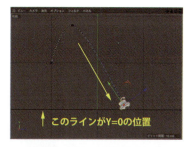

UFO-motion の位置が、おおよそ
　〈P.X〉‥‥‥0
　〈P.Y〉‥‥‥11
　〈P.Z〉‥‥‥58
になるようにします。

続いて同様の手順で、「UFO が一度バウンドしてから着地する」モーションを設定します。時間をフレーム「90」にして、UFO が地面から跳ね上がるように、UFO-motion の位置がおおよそ
　〈P.X〉‥‥‥0
　〈P.Y〉‥‥‥90
　〈P.Z〉‥‥‥125
になるようにしてから、記録キーを押します。

195

時間をフレーム「120」にして、再度降下して着地するように UFO-motion の位置がおおよそ

　〈P.X〉・・・・・0
　〈P.Y〉・・・・・13
　〈P.Z〉・・・・・184

にしてから、記録キーを押します。

5-4 アニメーションパス

オブジェクトに「移動」するアニメーションを設定すると、そのオブジェクトが選択されているときには〈アニメーションパス〉が表示されます。白〜青の線が移動の軌跡、大きなドット（選択されるとオレンジ色）がキーフレーム、小さなドットが1フレーム単位の目盛です。

アニメーションパスはスプライン曲線で、キーフレームのドットを直接マウスドラッグしてカーブを変更することができます。変更できるのはドットの位置、つまりそのキーフレームでのオブジェクトの「位置」だけで、オブジェクトの「角度」やキーフレームの「時間」は変更できません。

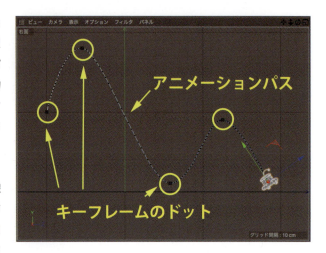

5-5 アニメーションを再生してチェックする

アニメーションを再生してチェックする前に、ビューでのアニメーションの再生速度が正しいかチェックしておきましょう。このシーンは非常に軽いのでおそらく問題ないですが、重いシーンでは処理に時間がかかるため、本来よりも遅い速度でしか再生できない場合があります。ビューでの再生速度が遅いと、アニメーションのテンポのチェックが正しくできません。

タイムラインの設定で「全てのフレーム」をオフにすると、処理が追い付かなければ途中のフレームをスキップして、本来の再生速度を維持するようになります。「全てのフレーム」がオンのときとオフのときとで再生速度が変わるようであれば、アニメーションの再生が追い付いていないことになります。

重いシーンでは、「全てのフレーム」をオフにするとフレームスキップが多過ぎてチェックにならないということもあります。その場合には、いったんプレビューレンダリングし、動画でチェックします。

6　テンポよくバウンドさせる

コンテを見ると地面にバウンドした時、ガツンと跳ね返っているのですが、どうも動きがバウンドしている感じではないのと、テンポもよくありませんので、図の黄色いラインのような動きに修正していきます。

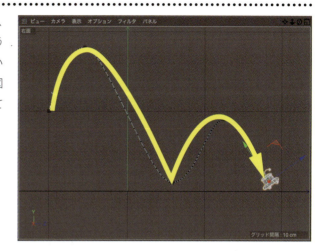

先に説明したように、キーフレームは階層構造になっています。このUFOのモーションに関しては、さしあたり「移動」と「回転」、つまり「位置」と「角度」のキーフレームを常に一緒に操作してかまいません。そこで、キーフレームの選択では「UFO-motion」のオブジェクト階層でキーフレームを選択し、「位置」と「角度」の全てのキーフレームをまとめて選択します。

キーフレームの移動は横方向のマウスドラッグでできます。情報表示バーには選択されているキーフレームの情報が出るので、そちらも時間的な移動の目安になります。

　キーフレームの時間を正確に数値で指定する場合は、キーフレームを選択した状態で〈属性マネージャ〉の〈キーの時間〉にフレーム番号を入力します。ただし、この手順で移動できるのは、選択されているキーフレームの〈キーの時間〉の値が同一、つまり全て同じ時間に存在するときだけです。

　テンポを変えて緩急をつけた状態こちらのようになります。

7　モーションを調整する

テンポは改善しましたが、UFOのモーションにはまだ不満があります。全体に動きがなめらかすぎ、特に3番目のキーフレームで地面に衝突する部分では、「衝突」ではなく「方向転換」のように感じられます。

7-1 スムーズな補間が適さないケース

これは、キーフレームの前後で「位置」の値の変化がスムーズに「補間」されているためです。デフォルトの設定でキーフレームを作成すると、キーの前後で「値がスムーズに変化する」ように属性が設定されます。アニメーションパスを見ても、軌道は折れずになめらかに曲がっているのがわかります。つまり、デフォルトで設定されるスムーズな「補間」は「衝突」を表現するのには適さないわけです。

7-2 デフォルトの〈キー補間〉設定について

キーが最初に記録される時点の「補間」のデフォルト設定は、〈プロジェクト設定〉の〈キー補間〉でカスタマイズできます。ここでの設定が、新規に作成されるキーの〈補間〉関係の設定になります。

プロジェクト設定で変更すると新規に作成される全てのキーに反映されます。

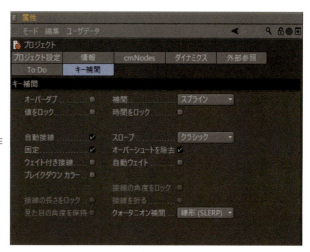

個別のキーの補間方法を変えたい場合は、トラックを選択して、キー設定で変更します。

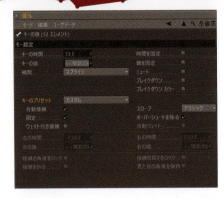

7-3 Fカーブを折る

キーフレーム間の値の変化は〈Fカーブ〉を見ると分かりやすいです。タイムラインが〈ドープシート〉モードのままでも、トラック名の三角マークを開くと小さな〈Fカーブ〉が表示されます。

この場合は高さの変化である「位置.Y」の〈Fカーブ〉を開きます。3番目のキーフレームでは「位置.Y」の値は完全にスムーズに補間され、なめらかに増減しています。

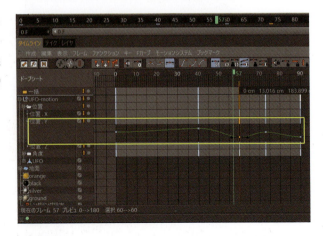

この〈Fカーブ〉はベジェ曲線なので、キーフレームにあるポイントから出ているハンドルを「折る」ことができます。操作はスプラインオブジェクトの〈ベジェ〉タイプと同じで、「shiftキーを押しながらハンドルをドラッグ」です。画像のように〈Fカーブ〉を折ると、アニメーションパスも同じように折れます。アニメーションを再生すると、モーションはここで「ガツン」と跳ね返るようになります。

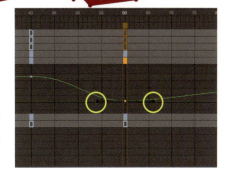

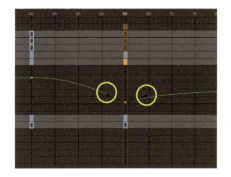

　今回の場合は〈Fカーブ〉を折る操作は「位置.Y」のみで用が足りましたが、動きの内容によっては「位置」の他の軸や、「角度」も調整する必要があるかもしれません。作業の手数が多くなるだけでなく、「角度」については、「H/P/Bの値」から実際の「オブジェクトの向き」を判断するのが非常に難しい場合があり、〈Fカーブ〉を手作業で調整するのは必ずしも得策でないこともあります。

7-4 自動接線をオフにする

　キーフレームのオプションを変更して、単に「スムーズにしない」という設定もできるので、次はそちらの方法をやってみます。〈Fカーブ〉を折る前の状態に戻ります。タイムラインの「UFO-motion」のオブジェクト階層で、「衝突」が起こる3番目のキーフレームを全て選択します。すると、そのフレーム時間にある「UFO-motion」のキーフレーム全てが選択されます。この場合は、「位置」のX/Y/Z「角度」のH/P/Bの計6つです。

そこで、選択した3番目のキーフレーム全体に対して〈長さをゼロに〉を実行します。〈長さをゼロに〉はタイムラインメニュー：キー / 長さをゼロに（接線）を選ぶか、タイムライン ツールバー右端のボタンから実行できます。

〈長さをゼロに〉を実行すると、選択されたキーの〈左の値〉と〈右の値〉がゼロになり、〈自動接線〉と〈固定〉がオフになります。

〈長さゼロ〉というのは、「ハンドルの長さがゼロ」という意味です。ベジェ曲線のコントロールポイントのハンドルの長さがゼロになると、ポイントの位置で〈Fカーブ〉が折れます。つまりトラックの値はそこで急激に変化するわけです。

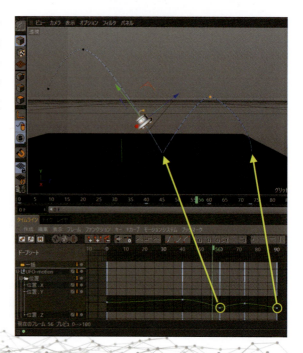

8　バウンドの角度を変えてみる

　バウンドするときの角度も変えてみましょう。タイムラインを「60」フレームに移動させます。回転ツールを選択して、赤いサークルをドラッグして、UFOを前のめりにします。

　さて、ここでキーを記録する前に、位置の修正はすでに終わっているので、回転だけを上書き記録します。

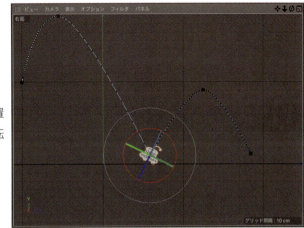

　それには、位置を記録機能をオフにしてから、記録アイコンをクリックします。

　このアニメーションの作成は完了です。

　ここまでが基本的なアニメーションの付けかたです。キーを記録して、タイミングやモーションをチェックして修正していきます。また、この作業と並行して、カメラの設定やマテリアルも設定し、アニメーションのチェックをして、最終レンダリングを行います。

　それでは、次のチャプターから、より実践的な方法でアニメーションを作成していきましょう。

完成ファイル：ch-4\4_UFO_finish.c4d

コラム　誘電体と導体について

〈反射〉チャンネルやノードマテリアルのBSDFノードなどで使用される〈フレネル〉反射を設定するには、「誘電体」と「導体」から選択します。〈フレネル〉は材質の反射係数を決める重要なパラメータで、基本的にはプリセットから選ぶだけで十分ですが、「誘電体」と「導体」の違いについて簡単に説明しておきます。

反射レイヤ内の〈レイヤフレネル〉

誘電体は基本的には電気を通しにくい材質で、水やガラス、樹脂、ゴムなど非金属の材質がこちらに属しています。プリセットを選択すると、物理的に正しい屈折率が適用され、反射係数の計算が行われます。誘電体はフレネル反射の変化率が大きいため、材質を正面から見た時と、浅い角度で見たときとで、反射率が変化していることに気が付きます。フレネル反射現象の一例としては、水は真上から見ると反射が弱く、水中がよく見えるのに、水平近くから見ると反射が強く、水中が見えなくなる現象が有名です。

コーティングされた木材。誘電体（PET）のレンダリング例

対して導体は電気をよく通す、金属が属します。導体はフレネル反射の変化率が少なく、どの角度から見ても光を強く反射する特性があります。金属そのものの材質を作る時には、〈導体〉からプリセットを選ぶようにします。

導体（鉄）のレンダリング例

Chapter
05

列車をレールに沿って動かす

1 スプラインに沿って列車を動かす
2 列車のスピードを変えるには
3 列車のオンボードカメラを作る
4 ターゲットカメラを作る
5 列車の蒸気をパーティクルで作る
6 列車を差し替える
7 〈プレビュ作成〉によるプレビューレンダリング
8 通常のレンダリングでもチェックしてみる
9 本番レンダリング用の設定をする

Chapter 05 列車をレールに沿って動かす

スプラインを使ったアニメーションを作成します。スプラインはモデリングだけではなく、アニメーションでも非常によく使います。Cinema 4D ではスプラインを使うことでキーフレームを一つ一つ作成していくよりも、効率よく、複雑な動きを作ることができます。このチャプターでは、主にスプラインを使ったアニメーション手法を解説していきます。

1 スプラインに沿って列車を動かす

1-1 スプラインに沿うタグ

シーンファイル：ch-5\1_列車.c4d

作業を始める前に〈レイアウト〉を「Animate」に変更します。サンプルシーンはすでにモデリングとマテリアル設定は完了していますので、これからアニメーションを付ける作業をしていきます。レールがあり、シーン中央に列車が配置されています。

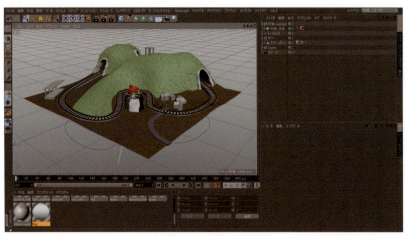

サンプルシーンを開いた状態

これからレールに沿って列車を動かしていきます。そのような場合、どのようにしてアニメーションを作成すれば良いでしょう。

前チャプターのように列車の位置や角度をタイムラインを変えながら調整してキーフレームを記録していけば作ることはできます。しかしそれでは大変な手間がかかってしまう上に、そのような方法で作成したタイムラインは、キーが沢山あるため後でアニメーションの修正をするのも大変になってしまいますので、現実的な手法とはいえません。

　このような場合、〈スプラインに沿う〉タグを使えば、最低でも2つのキーを記録するだけでレールに沿って走る列車を作れます。スプラインを使った基本的なアニメーション手法ですが、様々な場面で使われることが多いので、ぜひ覚えてください。

　〈スプラインに沿う〉という名前の通り、スプラインに沿って動かすため、スプラインオブジェクトが必要になります。サンプルシーンではレールを〈スイープ〉で作成した際のスプラインを流用できるので、そちらを使用します。「レールパス」というオブジェクトが列車が走っていくパスです。他のオブジェクトで見にくいので、「レールパス」を選択して、〈ソロビューシングル〉をして確認するとよいでしょう。

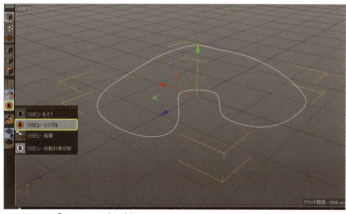

「レールパス」を確認してみる

　スプラインに沿って動かすためには、アニメーション対象のオブジェクトに、〈スプラインに沿う〉タグを適用します。このシーンでは「列車_motion」オブジェクトにタグを適用します。〈オブジェクトマネージャ〉で「列車_motion」を選択し、〈タグ〉メニュー /〈Cinema 4D〉/〈スプラインに沿う〉を選択するか、右クリックメニューから〈スプラインに沿う〉タグを選択し、適用します。

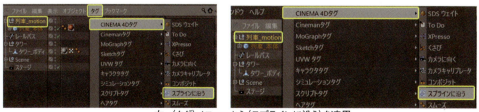

左:〈タグ〉メニューから〈スプラインに沿う〉を適用
右: 右クリックから〈スプラインに沿う〉を適用

「列車_motion」に適用した〈スプラインに沿う〉タグを選択し、〈パススプライン〉に「レールパス」をドラッグ＆ドロップします。

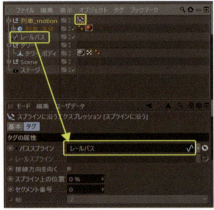

〈パススプライン〉に「レールパス」をドラッグ＆ドロップ

「列車_motion」オブジェクトが、子オブジェクトも含めて、「レールパス」の始点に移動します。

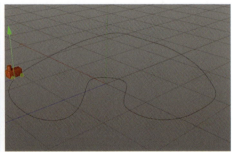

左：「列車_motion」が「レールパス」の始点に移動した
右：他のオブジェクトを非表示にした状態

1-2 スプラインに沿って動かす

　前チャプターのUFOでは位置、角度を調整しながらキーフレームを記録していきましたが、〈スプラインに沿う〉タグで動かす場合は、〈スプライン上の位置〉を記録していきます。〈タイムライン〉のフレームを「0」に合わせ、〈スプラインに沿う〉タグの〈スプラインの位置〉を「0%」でキーフレームを記録します。

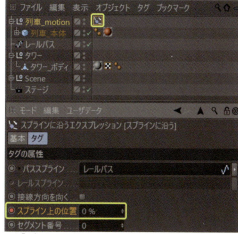

左: フレームを「0」にしておく
右: 〈スプライン上の位置〉を「0%」でキーを記録する

　〈タイムライン〉のフレームを「200」に合わせ、〈スプラインに沿う〉タグの〈スプラインの位置〉を「100%」でキーフレームを記録します。

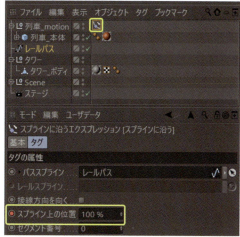

左: フレームを「200」にしておく
右: 〈スプライン上の位置〉を「100%」でキーを記録する

アニメーションを再生すると、「列車_motion」が「レールパス」に沿って移動していきます。しかし、列車の向きが変わっていません。これでは不自然なので修正します。〈スプラインに沿う〉タグの〈接線方向を向く〉にチェックを入れます。これにより、〈軸〉で指定した方向がスプラインの接線方向を向いてくれます。「列車_motion」オブジェクトのZ軸方向がスプライン接線方向に常に向いている状態になります。

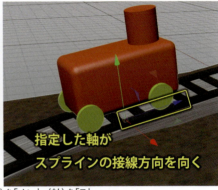

左:〈接線方向を向く〉を「オン」、〈軸〉を「Z」
右:「列車_motion」が「レールパス」の接線方向を向く

1-3 スピードを一定にする

アニメーションを再生させると、向きも「レールパス」の接線方向を向き、常に進行方向を向いて移動しています。しかし、「列車_motion」はスプラインに沿って動いていますが、スプラインの箇所によってはスピードが速くなったり遅くなったりしています。これはスプラインの〈補間方法〉が「最適」で内部的にポイントが作成されているのですが、スプラインのポイント同士の間隔が大きいと、その間は早く移動してしまうのです。

左:〈補間法〉が「最適」になっている状態

「レールパス」の〈補間法〉を「均等」にすることで、内部で作成されるポイントは均等になり、「列車_motion」が移動するスピードも均等にすることができます。

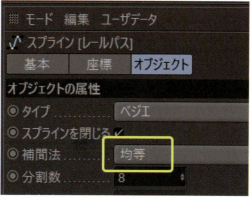

〈補間法〉を「均等」にする

2 列車のスピードを変えるには

〈スプラインに沿う〉タグを作ったアニメーションのタイムラインを見ると2つしかキーがないため、すっきりしています。列車の移動スピードを途中で変えたい場合は、〈スプラインに沿う〉タグの〈スプライン上の位置〉を〈Fカーブ〉を使い、数値を変えてキーを追加します。ひとつの〈Fカーブ〉で調整できるので修正も容易になります。シンプルに作る方法を考えるのが重要なステップです。

次の例では、「列車_motion」の移動スピードを〈スプラインに沿う〉タグの〈Fカーブ〉を編集して調整した例です。色々調整して、どのような変化が起きるか、試してみるのもよいでしょう。

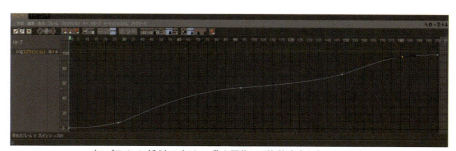

〈スプラインに沿う〉の〈Fカーブ〉を編集して移動速度を変えてみた例

〈スプラインに沿う〉タグを使って、〈接線方向を向く〉ようにすると、移動も回転も〈スプライン上の位置〉という一つのパラメータのアニメーションだけで作成できます。とはいっても、キーフレームで手付けでアニメーションさせた方が見栄えが良い場合もあり、場合により使い分けができた方が様々なケースに対応できるでしょう。

3 列車のオンボードカメラを作る

次はカメラのアニメーションを作成します。列車にオンボードカメラを設置しましょう。シーンにカメラオブジェクトを作成して、名前を「オンボードカメラ」にします。新規で作成したカメラはエディタビューの位置に作成されるので、次の手順でカメラの位置を「列車_motion」の軸と同じ位置に移動させます。

「オンボードカメラ」を「列車_motion」の子オブジェクトにします。〈オブジェクトマネージャ〉で「オンボードカメラ」を選択し、〈メッシュ〉メニュー /〈軸を中心〉/〈中心を親に〉を実行すると、親オブジェクトである「列車_motion」の軸の位置に「オンボードカメラ」が移動します。

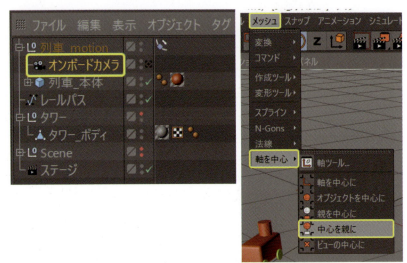

左: 新規作成したカメラを「列車_motion」の子オブジェクトにする
右: 「オンボードカメラ」を選択状態で〈中心を親に〉を実行

しかし、このままでは「列車_motion」の中にカメラが埋まっている状態ですので、〈移動〉ツールを選択して、Y軸とZ軸方向へ移動させ、列車の前方に配置します。この時、「オンボードカメラ」をY軸の矢印とZ軸の矢印をドラッグして軸を限定して移動します。X軸方向へは移動させないでください。

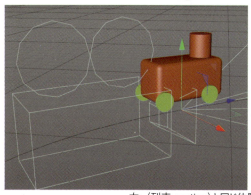
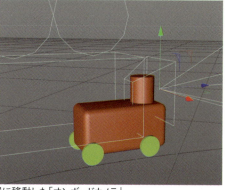

左:〈列車_motion〉と同じ位置に移動した「オンボードカメラ」
右: Y軸とZ軸の矢印をドラッグして列車の前方に「オンボードカメラ」を移動する

　「オンボードカメラ」の位置が定まったら、〈オブジェクトマネージャ〉で「オンボードカメラ」を選択して、〈タグ〉メニュー /〈Cinema 4D タグ〉/〈ロック〉タグを選択して〈ロック〉タグを適用します。〈ロック〉はオブジェクトの位置、スケール、角度をロックする役目があります。カメラは位置が決まった後に不意に操作してしまうことが多いので、それを防ぐためによく使われるタグです。

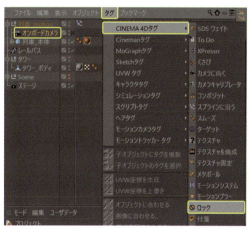
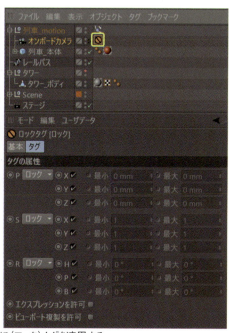

左:「オンボードカメラ」に〈ロック〉タグを適用する
右:〈ロック〉タグは座標の位置、スケール、角度をロックする

それでは、「オンボードカメラ」からの視点を確認してみます。作業中の透視ビューで「オンボードカメラ」に切り換えると〈ロック〉タグの影響で視点操作ができないので、作業用カメラとしては適切ではありません。Cinema 4D はビューをいくつでも表示させることができるので、〈ウィンドウ〉メニュー /〈新規ビューパネル〉を選択して、新規ビューを作成します。新規作成したビューウィンドウの〈カメラ〉/〈使用カメラ〉「オンボードカメラ」に切り替えます。こうすることで、作業用ビューとは別に、別のカメラからの視点を同時に確認することができます。「オンボードカメラ」から確認してみると、少し視野角が狭いようですので、「オンボードカメラ」の〈焦点距離〉を「広角（25mm）」に変えて、作成したビューはいったん閉じておきます。

〈新規ビューパネル〉を作成する

新規ビューパネルのカメラを変更する

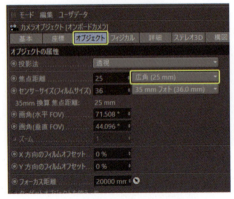

「オンボードカメラ」の〈焦点距離〉を「広角(25m)」にする

広角にしたオンボードカメラ

4　ターゲットカメラを作る

　続いて山の上から列車を見下ろすカメラを作成します。カメラをもう一つ作成して、名前を「タワーカメラ」としておきます。「タワー」オブジェクトの子オブジェクトにして、「タワーカメラ」を選択して、〈中心を親に〉を実行して軸の位置を親オブジェクトである「タワー」に合わせます。

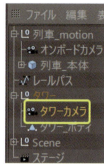 

左: 新規作成したカメラを「タワー」の子にする
右: 「タワーカメラ」を選択して〈中心を親に〉にする

　〈移動〉ツールを選択して、Y軸の矢印をドラッグして「タワーカメラ」の高さを「タワー」の上のあたりまで移動させておきます。

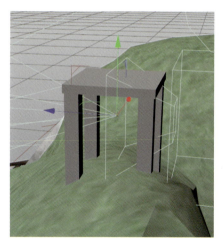 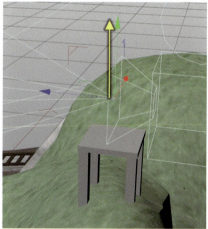

〈タワーカメラ〉の位置を少し上げておく

　「タワーカメラ」は常に移動する列車を追いかけるようにします。「タワーカメラ」を常に列車に向けるには、〈ターゲット〉タグを使います。「タワーカメラ」に〈ターゲット〉タグを適用して、〈ターゲットオブジェクト〉を「列車_motion」にします。これでこのカメラは常に「列車_motion」を追いかけてくれるようになります。

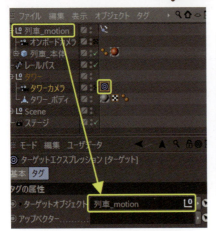
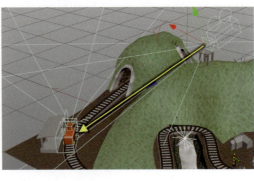

〈ターゲットオブジェクト〉を「列車_motion」に向ける

「タワーカメラ」も不意に動かしてしまわないように、〈ロック〉タグを適用しておきます。ただし、〈ロック〉タグを適用しただけでは、「タワーカメラ」自身が回転しなくなってしまうので、〈ロック〉タグの〈R〉は「なし」にしておきます。また、「タワーカメラ」の〈焦点距離〉も「広角（25mm）」に変更しておきます。

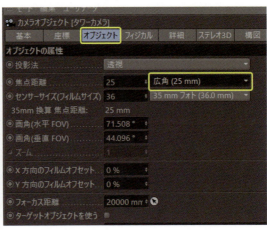

左:「タワーカメラ」のロックタグは〈R〉を「なし」
右:「タワーカメラ」の〈焦点距離〉は「広角（25mm）」とする

ここまでできたら、シーンを保存しておいてください。

完成ファイル：ch-5\4_列車_完成.c4d

5　列車の蒸気をパーティクルで作る

列車をもう少し見栄えのよいものにします。ここから別のシーンファイルで列車から出る蒸気を作成していきます。最後に先ほどのシーンの列車と差し替えます。

シーンファイル：ch-5\5_列車蒸気.c4d

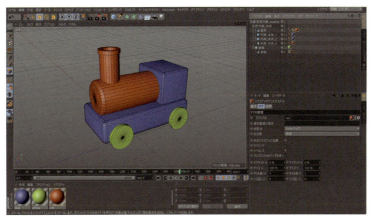

サンプルシーンを開いた状態

蒸気は〈パーティクル〉を使って作成します。〈パーティクル〉とは粒子のことで、〈エミッタ〉オブジェクトから放出することができます。〈シミュレート〉/〈パーティクル〉/〈エミッタ〉を選択して、〈エミッタ〉を作成します。

〈エミッタ〉を作成する

〈エミッタ〉のサイズが列車に対して大きすぎるので、〈エミッタ〉を選択して、〈属性マネージャ〉の〈エミッタ〉タブで、

　〈X方向の大きさ〉……「100mm」
　〈Y方向の大きさ〉……「100mm」

にします。

〈エミッタ〉のサイズを「100mm」にする

〈エミッタ〉の位置を変更します。〈移動〉ツールを使って「煙突」の上部に移動させます。〈エミッタ〉はZ軸方向に〈パーティクル〉を放出するので、〈回転〉ツールを選択して、〈R.P〉を「90°」回転させます。

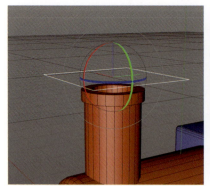 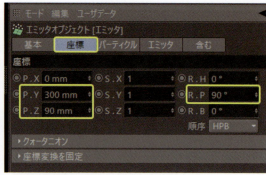

〈エミッタ〉の位置、角度をかえる

アニメーションを再生すると「エミッタ」から〈パーティクル〉が発生しているのが確認できます。ただし、「エミッタ」だけでは〈パーティクル〉自体は実体がなく、レンダリングもされませんので、〈パーティクル〉として飛ばすオブジェクト（ここでは蒸気）を作成する必要があります。

〈平面〉アイコンを選択して〈平面〉を作成します。名前を「蒸気」に変更しておきます。〈属性マネージャ〉で

　〈幅〉・・・・・・・・・・・・・・・「100mm」
　〈高さ〉・・・・・・・・・・・・・「100mm」
　〈幅方向の分割数〉・・・・「1」
　〈高さ方向の分割数〉・・「1」

としておきます。

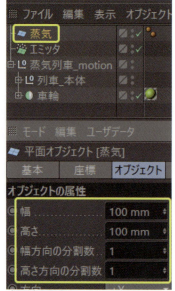

〈平面〉を作成する

続いて、「蒸気」のマテリアルを作成します。〈マテリアルマネージャ〉で〈作成〉/〈新規マテリアル〉/ を選択するか、〈マテリアルマネージャ〉の空いているスペースをダブルクリックでマテリアルを一つ作成し、名前を「煙」としておきます。「煙」マテリアルをダブルクリックして、〈マテリアル編集〉ウィンドウを開き、〈反射〉チャンネルは「オフ」にします。〈カラー〉チャンネルのテクスチャに、〈ノイズ〉を適用します。

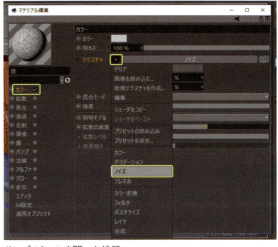

サンプルシーンを開いた状態

　〈ノイズ〉シェーダの名前かサムネイル画像をクリックして、〈ノイズ〉シェーダ設定を開きます。

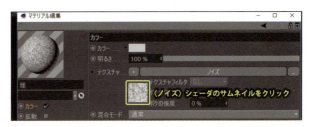

〈ノイズ〉シェーダのサムネイルをクリック

　〈ノイズ〉シェーダのパラメータを次のように変更します。

　　〈ノイズの種類〉‥‥‥‥「FBM」
　　〈全体スケール〉‥‥‥‥「200%」
　　〈上をクリップ〉‥‥‥‥「80%」
　　〈コントラスト〉‥‥‥‥「10%」
　とします。

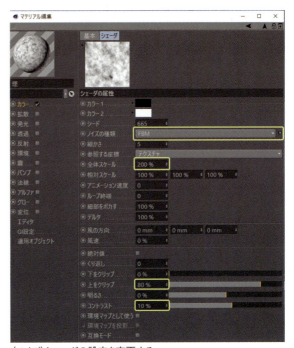

〈ノイズ〉シェーダの設定を変更する

次は〈アルファ〉チャンネルにチェックを入れます。〈アルファ〉チャンネルはマテリアルの一部をマスクして切り抜くことができます。ここでは「煙」のふちの部分を切り抜くために使います。〈アルファ〉チャンネルを選択し、〈テクスチャ〉に〈グラデーション〉シェーダを適用します。

〈アルファ〉チャンネルに〈グラデーション〉シェーダを適用する

〈グラデーション〉のサムネイル画像をクリックし、〈グラデーション〉設定を開き、〈グラデーション〉バーのマーカーをドラッグし、左側（0%）の位置を白、中間（50%）の位置に黒を配置します。

〈タイプ〉・・・・・・・・・・・「2D - 同心円状」

〈タービュランス〉・・・・・「10%」

に設定します。

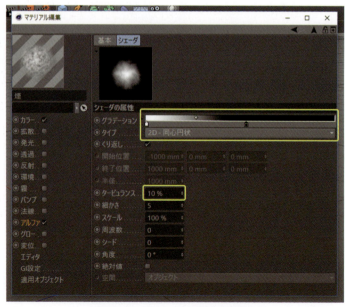

〈グラデーション〉シェーダの設定を変更する

先ほど作成した「蒸気」オブジェクトに「煙」マテリアルを適用します。ビュー上でも〈アルファ〉の状態は確認できますが、念のためレンダリングして、「蒸気」オブジェクトが〈アルファ〉で切り抜かれていることを確認してみます。

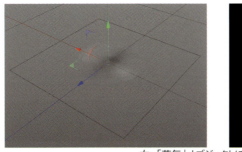 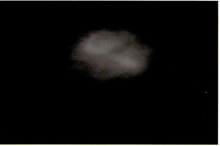

左:「蒸気」オブジェクトに「煙」マテリアルを適用
右: レンダリングして確認する

この「蒸気」を「エミッタ」の子オブジェクトにします。子オブジェクトにすると、そのオブジェクトを〈パーティクル〉として飛ばすことができます。ただし、「エミッタ」のデフォルト設定ではレンダリングしないと〈パーティクル〉が見えません。〈パーティクル〉オブジェクトをビューで確認するには、〈オブジェクトマネージャ〉で「エミッタ」を選択し、〈エディタにオブジェクトを表示〉を「オン」にする必要があります。

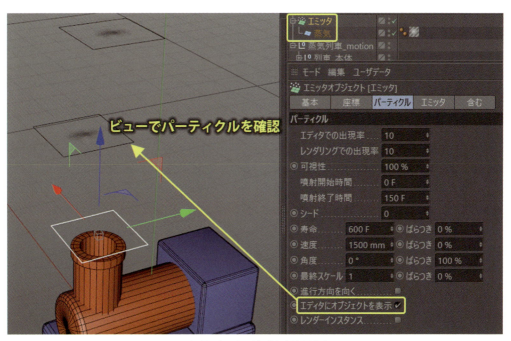

パーティクルをエディタにも表示する

続けて、〈パーティクル〉タブの設定を変更します。

〈噴射終了時間〉・・・・・・・・「200F」
〈寿命〉・・・・・・・・・・・・・・・「20F」
〈速度〉・・・・・・・・・・・・・・・「100mm」
〈最終スケール〉・・・・・・・・「3」

とします。〈寿命〉はパーティクルが噴射されてから消えるまでのフレーム数です。〈速度〉はデフォルトからかなり落とします。〈最終スケール〉はパーティクルが消えるまでの間にスケールさせるかどうかを調整できます。以上の設定でアニメーションを再生させると、列車の蒸気は次の画像のようになっているはずです。

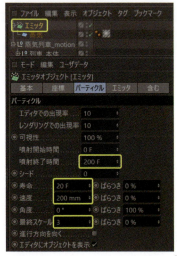 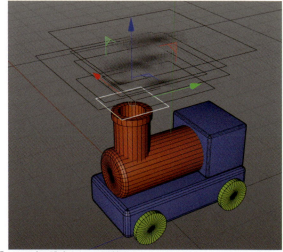

左:「エミッタ」の設定をさらに調整する
右: ビューでパーティクルの状態を確認する

現状では、パーティクルの「蒸気」は平面ですので、横から見ると不自然です。このような場合、どのアングルから見てもオブジェクトがカメラの方向を向いてくれるように、「蒸気」オブジェクトに〈カメラに向く〉タグを適用します。

〈オブジェクトマネージャ〉で「蒸気」を選択し、〈タグ〉メニュー /〈Cinema 4D タグ〉/〈カメラに向く〉のタグを適用します。〈カメラに向く〉タグを適用すると、オブジェクトの Z 軸の方向が常にカメラの方へ向きます。ただし、今の状態では次の図のように、「蒸気」は上手くカメラに向いてくれません。

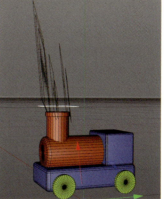

左:「蒸気」に〈カメラに向く〉タグを適用する
右: まだ上手く向いていない状態

　これは、カメラに向くのはオブジェクトのZ軸というルールに基づいてるためです。カメラに向いている「蒸気」オブジェクト〈平面〉はデフォルトで+Y方向に直交するように面が作成されます。よって、Z軸方向には面がありません。この方向がカメラに向いても「蒸気」の場合には望ましい結果が得られません。

平面のZ軸がカメラに向く

　そこで、〈オブジェクトマネージャ〉で「蒸気」を選択し、〈属性マネージャ〉で〈方向〉を「+Z」に変更します。これで、Z軸方向と直交する平面になります。

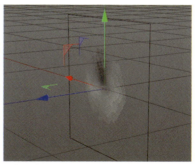

左:「蒸気」の〈方向〉を「+Z」にする
右: 平面がZ軸方向に直交する

これでパーティクルの「蒸気」もどこから見ても平面がカメラに向くようになります。いろいろなアングルから見て確認してください。

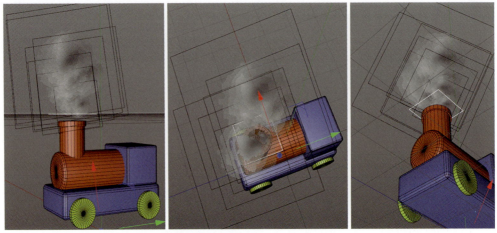

「蒸気」の向きを様々なアングルから見てみる

蒸気が出るようになったので、一旦ここまでで保存しておきます。

完成ファイル：ch-5\5_列車蒸気_完成.c4d

6　列車を差し替える

この列車をアニメーションシーンの列車と差し替えます。〈オブジェクトマネージャ〉で「エミッタ」を「蒸気列車_motion」の子オブジェクトにしてまとめます。「蒸気列車_motion」選択して、〈編集〉メニュー/〈コピー〉を選択するか、または ctrl+C でコピーします。

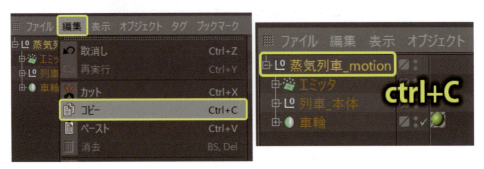

左：〈編集〉メニューからコピー
右：ショートカットでコピー

先ほど作成したシーンファイルを開き、〈オブジェクトマネージャ〉の〈編集〉メニュー /〈ペースト〉を選択するか、ctrl+V でペーストします。オブジェクトやマテリアルを別のシーンへコピーできます。

別のシーンファイルへペースト

補足ですが、複数シーンファイルを開いている場合は、〈ウィンドウ〉メニューから切り替えることができるほか、V キーメニューの〈プロジェクト〉からも切り替えができます。

左:〈ウィンドウ〉メニューからプロジェクトを切り替え
右: V キーメニューの〈プロジェクト〉から切り替え

ペーストした「蒸気列車_motion」に先に作った「列車_motion」の〈スプラインに沿う〉タグを移動させます。「オンボードカメラ」も「蒸気列車_motion」の子オブジェクトに変更します。先に作った「列車_motion」は不要になったので、〈エディタでの表示〉、〈レンダリングでの表示〉をともに「隠す」にしておきます。

〈スプラインに沿う〉タグと「オンボードカメラ」をドラッグして移動する

「タワーカメラ」の〈ターゲット〉タグを選択し、〈ターゲットオブジェクト〉を「蒸気列車_motion」に変更します。

「タワーカメラ」の〈ターゲットオブジェクト〉も変更する

仕上げに、アニメーションの途中で「オンボードカメラ」と「タワーカメラ」が切り替わるようにしてみます。複数のカメラを途中で切り替えるには〈ステージ〉オブジェクトを使います。〈床〉アイコンを長押しして、〈ステージ〉アイコンから〈ステージ〉オブジェクトを作成します。

左:〈作成〉メニューから〈ステージ〉を作成
右:〈ステージ〉アイコンから作成

〈オブジェクトマネージャ〉で〈ステージ〉を選択し、〈属性マネージャ〉の〈オブジェクト〉タブを開き、〈カメラ〉のリンクスロットに「オンボードカメラ」をドラッグ＆ドロップします。これにより、すべてのフレームが「オンボードカメラ」でアニメーションすることになります。

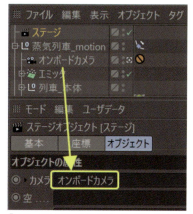

「ステージ」のカメラに「オンボードカメラ」をドラッグ＆ドロップする

タイムラインを「89」フレーム目に移動させ、「ステージ」の〈カメラ〉にキーフレームを記録します。

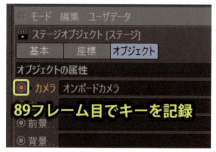

キーフレームを記録する

タイムラインを「90」フレーム目に移動させ、「ステージ」の〈カメラ〉のリンクスロットに「タワーカメラ」をドラッグ&ドロップします。そして、キーを記録します。すると「90」フレーム目から「タワーカメラ」からの始点でアニメーションが進行します。アニメーションを再生して、カメラが切り替わっているか確認します。

90フレーム目でカメラを切り換える

「ステージ」オブジェクトが機能している状態では、レンダリングするビューは必ず「ステージ」に設定したカメラからの視点になります。編集作業で作業がしにくい場合は、「ステージ」機能を「オフ」にしてから、〈デフォルトカメラ〉に切り替えます。

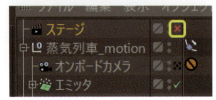

「ステージ」機能の「オン」「オフ」

完成ファイル：ch-5\6_列車蒸気_完成.c4d

7 〈プレビュ作成〉によるプレビューレンダリング

それでは、シーンのレンダリングに移ります。レンダリングでは最初から本番レンダリングをすることはまずありません。最初にプレビューレンダリングをして、アニメーションのタイミングなどをチェックします。また、実際の作業ではシーンの作成中にもプレビューレンダリングを行いながら進めるべきです。ビュー上で再生するアニメーションの再生速度と、実際にレンダリングしたアニメーションの再生速度が異なることもあるからです。

■プレビュー作成によるチェック

〈レンダリング〉メニュー /〈プレビュー作成〉を選択します。

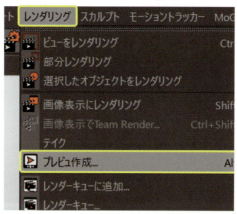

〈プレビュ作成〉作成

　〈プレビュ作成〉ウィンドウが表示されます。〈プレビュモード〉は「ハードウェアOpenGLプレビュ」にします。

「プレビュモード」を変更する

　「プレビュモード」は次のような違いがあります。

■〈フルレンダリング〉

　通常のレンダリング設定を反映したモードです。その分、プレビュ作成までの時間は通常のレンダリングと同じです。

■〈ソフトウェアOpenGLプレビュ〉

　ソフトウェアOpenGLにした状態のエディタビューでレンダリングしますが、描画の制約が多く、あまり綺麗とは言えないので、グラフィックスカードのOpenGLの性能が低い時などに使うようにします。

■〈ハードウェア OpenGL プレビュ〉

　ハードウェア OpenGL を使ったエディタビューの状態をレンダリングします。〈ハードウェア OpenGL プレビュ〉では〈拡張 OpenGL〉を使い、より綺麗な状態で高速に確認することができます。ただし、〈拡張 OpenGL〉有効にするには、あらかじめ〈レンダリング設定〉の〈レンダラー〉で〈ハードウェア OpenGL〉を選択して、〈ハードウェア〉セクションで、〈拡張 OpenGL〉と必要なオプションにチェックを入れておく必要があります。

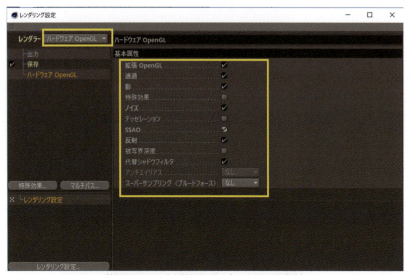

〈拡張OpenGL〉を使う場合の〈レンダリング設定〉

　〈OK〉ボタンを押すと、〈プレビュ作成〉が始まりますが、〈プレビュ作成〉では〈画像表示にレンダリング〉とは以下の点が異なります。

■ 出力過程が〈画像表示ウィンドウ〉に表示されません。

■ プレビュ動画は、「preview.mov」という一時ファイルとして作成され、履歴は残りません。

　プレビュ作成中は、画面左下に進捗バーが表示されます。また、〈プレビュ作成〉にはキャンセルコマンドがありません。途中で止めたい場合は、再度メニューから〈プレビュ作成〉を選択して、中止の警告ダイアログが出たら「はい」を選択すればキャンセルになります。

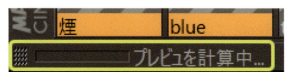

プレビュ作成中を示す進捗バー

■〈画像表示〉ウィンドウによるプレビュ再生

　〈プレビュ作成〉でレンダリングされた画像は、〈画像表示〉ウィンドウですぐに確認することができます。ただし、動画をスムーズに再生するには RAM にキャッシュする必要があるため、動画のサイズ（解像度とフレーム数）やメモリの状況などによっては、動画がカクツクことがあります。そういった場合は、ヒストリのプレビュを右クリックして、〈エクスプローラー /Finder で動画ファイルを表示〉を選択すれば、動画ファイルをすぐに見つけることができます。これを外部の動画プレイヤーで再生すれば、スムーズに再生できるはずです。

画像表示での再生か、外部の動画プレーヤーによる再生

8　通常のレンダリングでもチェックしてみる

　〈プレビュ作成〉によるレンダリングでは履歴が残らないので、修正前、修正後などの差分を確認したい時などには不便です。そこで、通常のレンダリングを使ったプレビューも行います。

　〈レンダリング〉メニュー /〈レンダリング設定を編集〉を選択して、〈レンダリング設定〉を開きます。〈出力〉タブを選択し、

　　〈幅〉‥‥‥「640」

　　〈高さ〉‥‥「480」

　とします。また、〈フレームレンジ〉も変更します。

■フレームレンジ

　「全てのフレーム」にします。もし、任意のフレームをレンダリングしたい場合には、〈開始〉フレームと〈終了〉フレームのボックスにそれぞれのフレーム番号を入力します。アニメーションのある一部分だけレンダリングしたい場合に使います。

■ フレームステップ

　スレームステップに数値を設定すると、その数値の分だけフレームを飛ばしてレンダリングします。例えば 200 フレームのアニメーションで 10 ステップとすると、20 枚のレンダリングをすることになります。レンダリング時間を抑えて、全体のアニメーションをおおまかに確認することができます。ここでは「1」にしておきます。

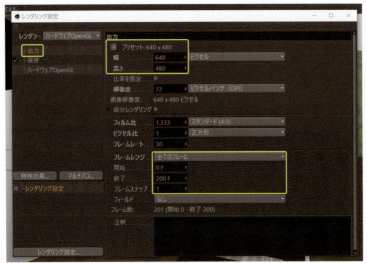

出力設定を変更する

　〈保存〉にチェックを入れ、ファイル名を指定しておきます。〈フォーマット〉を「QuickTime ムービー」か「AVI ムービー」とします。

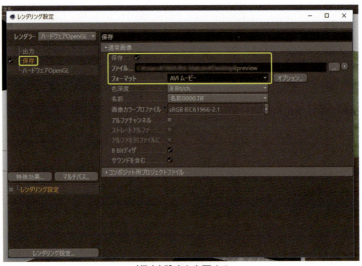

〈保存〉設定を変更する

　確認用のレンダリングなので、〈レンダラー〉を〈ハードウェア OpenGL〉にします。必要であれば、〈拡張 OpenGL〉にチェックを入れて使うことができます。

〈レンダラー〉を「ハードウェアOpenGL」にする

　〈画像表示でレンダリング〉を選択すると、レンダリングが開始されます。〈プレビュ作成〉とは異なり、レンダリング過程も表示され、フレームも連番で出力されていきます。フレーム単位でレンダリング画像におかしな箇所がないか確認できます。動画ファイルも保存されるので、履歴も残せます。

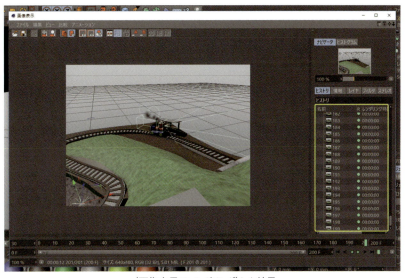

〈画像表示でレンダリング〉した結果

　問題がなければ、本番レンダリングの設定をしていきます。

9 本番レンダリング用の設定をする

本番用のレンダリング設定を作成します。〈レンダリング設定〉を開き、〈レンダリング設定〉ボタンをクリックし、〈新規〉を選択します。新しくレンダリング設定が作られるので、こちらを「本番」と名前を変更し、左のアイコンを「オン」にします。

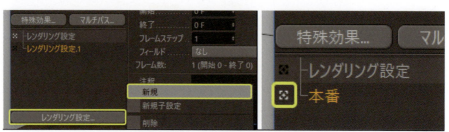

「本番」用のレンダリング設定を新規作成する

〈出力〉を選択し、レンダリング解像度を指定します。ここでは〈幅〉を「640」、〈高さ〉を「480」にします。〈フレームレンジを〉を「全てのフレーム」に変更します。〈保存〉にチェックを入れ、ファイル名を「final」とし、〈フォーマット〉は〈QuickTime ムービー〉か〈AVI ムービー〉にします。本番レンダリングを静止画の連番ファイルで出力したい場合は、静止画フォーマットを指定します。

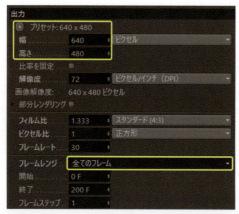

上:「本番」レンダリング設定の出力を変更する
下: 保存ファイル名、フォーマットを変更する

本番レンダリングでは〈グローバルイルミネーション〉（GI）を使ってレンダリングします。〈レンダリング設定〉の〈特殊効果〉ボタンをクリックし、メニューから〈グローバルイルミネーション〉を選択して、〈グローバルイルミネーション〉を追加します。

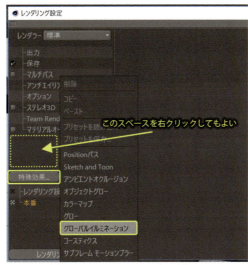

〈グローバルイルミネーション〉を追加する

　〈グローバルイルミネーション〉を使うと、間接照明効果を表現することができます。〈グローバルイルミネーション〉については深く理解しようとするとかなり専門的な知識が必要になりますので、ここではシンプルな設定にしていきます。

　グローバルイルミネーションの設定は〈プライマリの方式〉、〈セカンダリの方式〉の両方とも「イラディアンスキャッシュ」にします。〈サンプル〉は「中」にします。

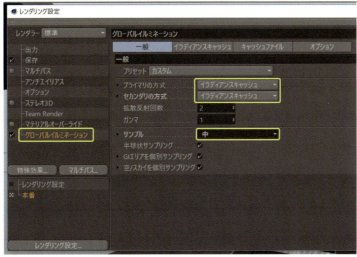

〈グローバルイルミネーション〉の設定を変更する

〈イラディアンスキャッシュ〉はCinema 4Dのグローバルイルミネーションの設定で要となるものです。簡単に言うと、間接照明の計算を間引いて計算して明るさの平均値を作成し、短時間でノイズの少ない画像を生成するものです。計算を間引く量を小さくすればするほど、精度の高い陰影描写になりますが、計算時間は増加します。

この計算を間引く量は、〈イラディアンスキャッシュ〉タブの〈レコード密度〉で調整します。ここは「中」にしておきます。プリセットで登録されており、基本的には「プレビュー」、「低」がチェック用、「中」、「高」が本番用となります。

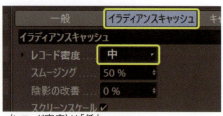

〈レコード密度〉は「低」

〈グローバルイルミネーション〉の設定値についてはヘルプによく目を通すことをおススメします。

〈アンチエイリアス〉の設定を変更します。レンダラーが「標準」か「フィジカル」でアンチエイリアスのアルゴリズムが異なる点に注意してください（Primeは〈標準〉のみ使用可）。

■「標準」レンダラーでレンダリングをする場合

〈レンダリング設定〉の〈アンチエイリアス〉セクションで調整する必要があります。アニメーションの本番レンダリングでは〈アンチエイリアス〉を「ベスト」、〈フィルタ〉を「ガウス（アニメーション）」にすることをお勧めします。これにより、フリッカー（ちらつき）の軽減ができます。

〈標準〉レンダラーの〈アンチエイリアス〉設定

■「フィジカル」レンダラーでレンダリングする場合（Broadcast、Visualize、Studio のみ）

　レンダラーを「フィジカル」にした場合は、〈アンチエイリアス〉の精度は、〈フィジカル〉セクションの〈サンプリング品質〉で調整します。「低」はデフォルトの設定で、「標準」レンダラーの「ベスト」の品質に相当します。通常、「低」で十分な品質が出せます。

〈フィジカル〉レンダラーの〈アンチエイリアス〉設定

　「フィジカル」レンダラーは、「標準」レンダラーよりも高速でモアレが出にくいなどメリットは多いので、おススメします。

　以上の設定で、〈画像表示でレンダリング〉します。全てのフレームがレンダリングできたら、〈保存〉した動画ファイルを再生してチェックしてみましょう。

「画像表示でレンダリング」をする

レンダリング結果はダウンロードしたサンプルファイルにもありますので、合わせてチェックしてみてください。

完成ファイル：ch-5\9_レンダリング_標準レンダラ_完成.c4d

完成ファイル：ch-5\9_レンダリング_フィジカルレンダラ_完成.c4d

完成ムービー：ch-5\render\final.mov、final.avi

以上で本チャプターは終了となります。お疲れさまでした。

Chapter 06

XPressoを使ったアニメーション

1 XPresso について
2 ユーザデータの意味と使い方
3 XPresso のサンプルファイルについて

Chapter 06 XPressoを使ったアニメーション

1 XPresso について

1-1 XPressoを使うメリット

　Xpresso は、ユーザーが独自のエクスプレッションを作成することができるシステムです。〈ノード〉という単位の部品を連結してプログラムを書くことなくユーザー独自の機能をプログラミングができるものです。
　Xpresso の拡張性はユーザー次第で無限に広がりますが、特にアニメーション制作において非常に重要な機能であり、単純な繰り返し動作から複雑な精密動作まで、自動化させることで作業効率を大幅に改善できます。

　次の図のように、ノード同士をワイヤで連結してデータの受け渡しをすることができ、プログラムを組むことができなくても使う事ができます。
　また、XPresso は Cinema 4D において大変重要な仕組みの一つでもあります。XPresso を使うことができれば、前述のように自動化や、さらに複雑な仕組みを作成することができるようになります。

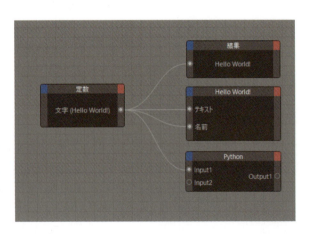

1-2 XPressoの作り方

　Xpresso はタグという性質上、最低でもオブジェクトが一つ必要になります。適用するオブジェクトは基本的に自由ですが、Xpresso と関連性が強いオブジェクトに適用した方が分かりやすく、ベストです。

XPresso 編集ウィンドウ

XPresso タグをダブルクリックすると、〈XPresso 編集〉ウィンドウが開きます。XPresso のノードの追加や編集はここで行います。〈XGroup〉内で右クリックするとノードの追加が行えます。〈XGroup〉にオブジェクトやマテリアルを直接ドラッグアンドドロップすることもできます。

XPresso マネージャ

作成した〈ノード〉の一覧を表示します。

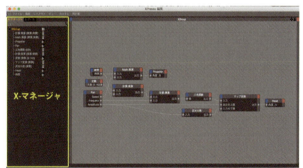

X プール

〈ノード〉のライブラリで、ユーザーが作成した XPresso を部品として登録しておけば、いつでもすぐに利用することが可能です。

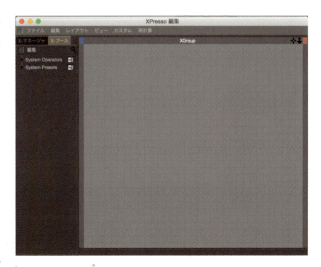

〈ノード〉の属性

作成した〈ノード〉をクリックすると、〈属性マネージャ〉でパラメータなどを変更できます。

〈ノード〉には〈出力ポート〉と〈入力ポート〉があり、左側青色が〈入力ポート〉、右側赤色が〈出力ポート〉となっています。XPressoは左側から右側へ向かってデータのやり取りが行われます。〈出力ポート〉から〈入力ポート〉へドラッグすると、ワイヤが連結されます。データタイプが異なるポート同士ではワイヤは連結できないので注意してください。

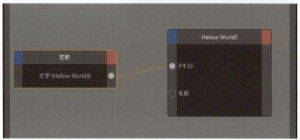

また、〈ノード〉の青色部分、赤色部分をクリックすると、〈ノード〉の種類によっては新たにポートを追加することができます。

連結されたワイヤはシングルクリックで消去、ポートはダブルクリックで消去することができます。ポートの並び順はドラッグ&ドロップで変更できます。

〈オブジェクト〉ノード

〈オブジェクト〉ノードはシーン内にあるオブジェクト等の持つパラメータを他の〈ノード〉との間で入出力します。後述の〈ユーザデータ〉を使用する際にも〈オブジェクト〉ノードが必要になります。

〈オブジェクト〉ノードが扱えるのは、オブジェクト、タグ、マテリアル、シェーダです。扱う対象は〈オブジェクト〉ノードの〈参照〉リンクに登録されています。

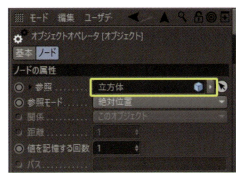

〈オブジェクト〉ノードは〈属性マネージャ〉の参照リンクへのドラッグ＆ドロップで行えるほか、既存ノードへドラッグ＆ドロップで変更することもできます。

〈オブジェクト〉ノードの作成

〈オブジェクト〉ノードを作成するには、オブジェクト等を各マネージャから〈XPresso編集〉ウィンドウへドラッグ＆ドロップします。複数のオブジェクトを同時にドラッグ＆ドロップすれば、複数の〈オブジェクト〉ノードを一度に作成することができるので便利です。

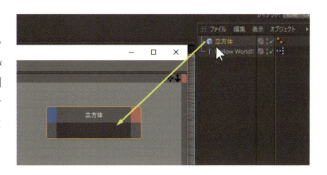

〈オブジェクト〉ノードは作成直後はポートがありませんので、追加する必要があります。入出力の赤青の〈ドック〉をクリックしてポートを追加していきます。

他に、〈属性マネージャ〉のパラメータをポートに直接ドラッグ＆ドロップすることでポートを追加することもできます。

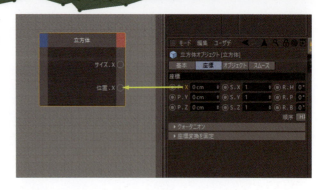

2 ユーザデータの意味と使い方

2-1 ユーザデータを追加する

〈ユーザデータ〉とは、任意のオブジェクト等に独自のパラメータを追加できるインターフェイスです。追加したインターフェイスとパラメータをXPressoを介して他のオブジェクトのパラメータをコントロールしたりすることもできる便利な機能です。

それでは、サンプルファイルで、自動ドアの開閉をユーザデータでコントロールするXPressoを作成します。

シーンファイル：ch-6\2_自動ドア.c4d

「door_R_root」オブジェクトを選択し、〈属性マネージャ〉の〈ユーザデータ〉メニューから〈ユーザデータを追加〉をクリックします。

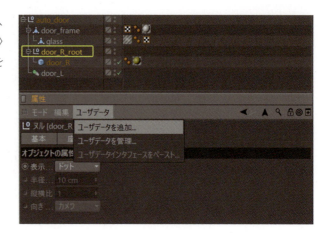

〈ユーザデータを管理〉ウィンドウが開くので、名前を「door_ctrl」とし、インターフェースを「ボックスとスライダ」にします。

ここでは〈ユーザデータ〉の名前や扱うデータタイプ、インターフェースや単位、最小値や最大値を定義することができます。必要に応じて設定を変更して、様々なデータを扱うことができます。ユーザデータの数が多くなった時は〈グループを追加〉を使ってまとめることもできます。

ここでは、「door_ctrl」を 0% の時に、自動ドアは閉まっている状態、100% で全開の状態にしたいので、パーセントで設定します。

〈ユーザデータ〉を追加すると、〈属性マネージャ〉に〈ユーザデータ〉タブが追加され、数値を調整することができます。ただし、〈ユーザデータ〉だけでは何も機能しないので、これを XPresso と組み合わせて動作するようにしていきます。

〈オブジェクトマネージャ〉で、「door_R_root」オブジェクトを選択して、〈オブジェクトマネージャ〉メニュー /〈タグ〉/〈Cinema 4D タグ〉/〈XPresso〉を選択して適用します。

ユーザデータと XPresso の準備が整いました。

2-2 自動ドアのXPressoを作成する

XPressoタグをダブルクリックしてXPresso編集ウィンドウを開き、door_R_rootとdor_Rオブジェクトをドラッグ＆ドロップして追加します。

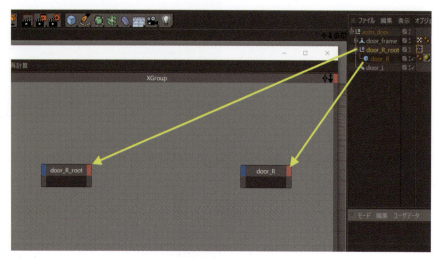

door_R_rootとdoor_RをXPresso編集ウィンドウに追加する

「door_R_root」の赤い出力ポートをクリックして、〈ユーザデータ〉/〈door_ctrl〉を選択して、ポートを追加します。

次に、「door_R」の青い入力ポートをクリックして、〈座標〉/〈位置〉/〈位置.X〉を追加します。

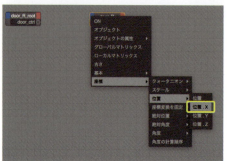

「door_ctrl」のパラメータを使って「door_R」の〈位置 .X〉を動かしますが、そのまま直結しても上手く動作しません。なぜなら、door_ctrl はパーセントですので、100% の時、〈位置 .X〉に値「1」が渡されてしまいます。そのため、パーセントの値を〈マップ変換〉というノードを使うことによって、正しい数値を〈位置 .X〉に渡すためのノードを作成します。

「door_R_root」のノードと「door_R」のノードの間で右クリックして、ポップアップメニュー：〈新規ノード〉/〈XPresso〉/〈計算〉/〈マップ変換〉を選択して、〈マップ変換〉ノードを作成します。

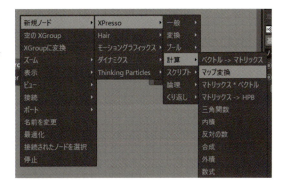

マップ変換とは、入力された値を異なる範囲や単位の値に変換して出力するためのノードです。このケースでいうと、0% の時にドアが閉まっている位置情報を出力し、100% の入力があったとき、ドアが全開する位置情報に値を変換します。

「マップ変換」を選択して〈属性マネージャ〉で働きを調整することができます。

〈マップ変換〉ノードを選択し、〈属性マネージャ〉で〈入力範囲〉を「パーセント」にします。

〈パラメータ〉タブで、入出力の範囲を設定します。〈出力の上限〉を「100」に設定します。つまり、入力に「100%」が入ったとき、「100」cmという値を出力することになります。

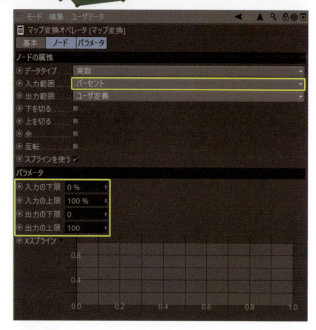

設定ができたら、それぞれのポートをつなぎます。これで片側のドアの設定ができました。

それはドアを動かしてみましょう。オブジェクトマネージャで「door_R_root」オブジェクトを選択して、〈ユーザデータ〉タブにある「door_ctrl」の値を「0%」から「100%」に変えてみます。

「door_ctrl」の数値を変更すると、パーセントの数値がマップ変換により変換され、「door_R」の〈位置.X〉へ渡され、ドアが動きます。
しかし、「door_R」のインスタンスである「door_L」は動いていません。

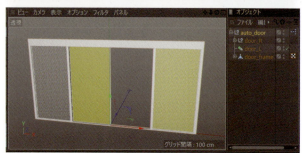

対称オブジェクトにしてしまう方法もありますが、テクスチャや法線が反転してしまうので、ここでは XPresso のノードで回避しましょう。

対称だとマテリアルまで反転してしまう

「door_L」を XPresso 編集ウィンドウにドラッグ&ドロップで追加します。

次に、右クリックで〈新規ノード〉/〈XPresso〉/〈計算〉/〈反対の数〉のノードを追加します。

「door_L」の青い入力ポートをクリックして、〈座標〉/〈位置〉/〈位置.X〉を追加します。

後は〈マップ変換〉ノードから〈反対の数〉を通して「door_L」の〈位置.X〉ポートへつなぎます。

〈反対の数〉は文字通り、入力された値の反対の値（プラスの値はマイナス、マイナスの値はプラス）を出力するノードです。「door_R」と反対方向にドアが動くようになり、これで「door_ctrl」の値を変更するだけでドアの開閉ができるようになりました。

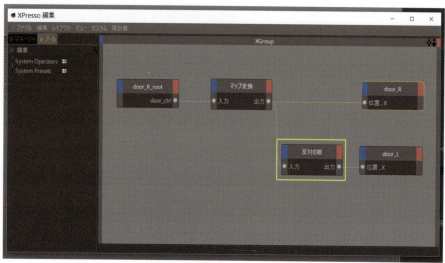

door_Lの位置.Xに反対の数ノードを通した値を入力する

〈ユーザデータ〉は〈HUD〉（ヘッドアップディスプレイ）としてビュー上に配置することもできます。〈door_ctrl〉をビューまでドラッグ＆ドロップすると、ビュー上で〈ユーザデータ〉の調整を行うこともできます。

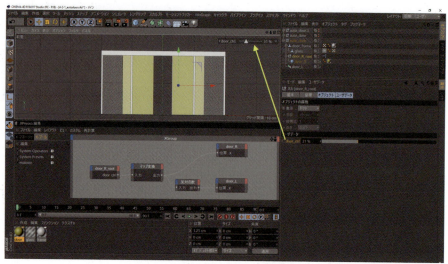

ユーザデータをHUDとして配置

ユーザデータをアニメーションさせるには、パラメータの「door_ctrl」にキーフレームを打つことで設定できます。

パラメータにキーを打つ場合は、パラメータ名の前にある丸をクリックします。

キーフレームドットの形状が変わっているのは、そのパラメータの値がXPressoで値を出力しているためです。

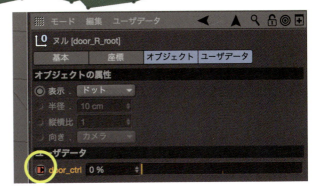

完成ファイル：ch-6\2_自動ドア_完成.c4d

3 XPressoのサンプルファイルについて

いくつかXPressoを使ったシーンファイルをサンプルとして収録しています。それぞれどのような働きをしている解説しますので、参考にしてください。

シーンファイル：ch-6\sample_3枚戸.c4d

3枚戸のように、複数枚のドアが連動して動くようなものもXPressoを使えば、ひとつの〈ユーザデータ〉の値をマップ変換して、それぞれのドアの〈位置.X〉につなげることで、各ドアの動く範囲を限定しています。

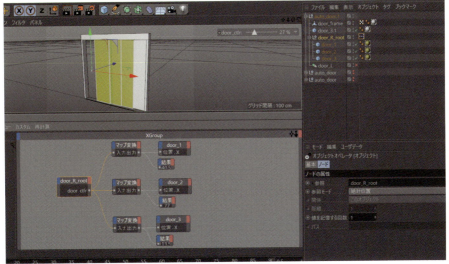

3枚の戸が連動して動くXPresso

シーンファイル：ch-6\sample_ ライト .c4d

「フィギュア」が各ライトの下を通り抜ける時、「フィギュア」と「ライト」の距離を比較し、ある距離より近くなればライトが点灯するという XPresso です。

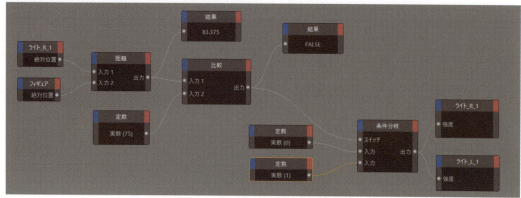

距離を比較してその結果によって異なる動作をさせる

〈距離〉ノードに「ライト_R_1」と「フィギュア」の〈絶対位置〉をつないで 2 つのオブジェクトの距離を計算させます。

〈距離〉ノードの〈出力〉を〈比較〉ノードの〈入力 1〉へつなぎます。〈比較〉ノードの〈入力 2〉は、〈定数〉ノードに設定した「75」をつなぎます。〈比較〉ノードをクリックすると、〈属性マネージャ〉で比較演算子が設定できます。このサンプルでは〈入力 1〉＜〈入力 2〉という比較を行っています。〈比較〉ノードはその結果を「TRUE」(真)、または「FALSE」(偽) の 2 値で出力します。

その結果を〈条件分岐〉ノードの〈スイッチ〉ポートへつなぎます。2 つの〈定数〉ノードにそれぞれ「0」と「1」を設定し、〈入力〉につなぎます。

〈条件分岐〉の〈スイッチ〉ポートに〈比較〉ノードの「FALSE」が入力されたとき、〈定数〉「0」が出力され、「ライト_R_1」と「ライト_L_1」の〈強度〉へ渡され、ライトが消灯します。つまり「ライト_R_1」と「フィギュア」の距離が〈定数〉「75」より離れている時です。

〈条件分岐〉の〈スイッチ〉ポートに〈比較〉ノードの「TRUE」が入力されたとき、〈定数〉「1」が出力され、「ライト_R_1」と「ライト_L_1」の〈強度〉へ渡され、ライトが点灯します。つまり「ライト_R_1」と「フィギュア」の距離が〈定数〉「75」より近い時です。

このような設定を設定を XPresso で組んでおくと、キーフレームでライトを点けたり消したりする必要もなくなります。たくさんのオブジェクトを自動で処理することができるので、間違いも少なくなります。

XPresso を活用すると、作業の効率化向上だけでなく、Cinema 4D の機能を拡張することもできます。たとえば〈Python〉ノードを使えば自分でプログラムを書くこともできます。XPresso についてはある程度 Cinema 4D に慣れてきたころに必要になる機能ともいえますので、はじめの内はこんなことができるんだなという程度に覚えておけばよいでしょう。

シーンファイル：sample_ 踏切 .c4d

　こちらのファイルは、「ポール _root」に「遮断器 _Ctrl」という名前の 0 〜 100% の値を出力する〈ユーザデータ〉を作成して、その値を〈マップ変換〉で〈入力範囲〉を「パーセント」から〈出力範囲〉で「度」に変換して、「ポール _root」の〈角度 .B〉に渡しています。

〈ユーザデータ〉の値をマップ変換を通して自分の別のパラメータに渡す

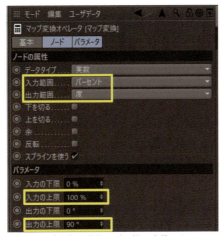

マップ変換で単位の違う値に変換できる

シーンファイル：sample_ リップスティック .c4d

　「stick」オブジェクトに〈ユーザデータ〉「Stick_popup」を設定して、マップ変換で変更した値を「stick」の〈角度 .H〉と〈位置 .Y〉を同時に入力しています。これにより、一つのユーザデータをアニメーションさせるだけで、2 つのパラメータが動かせるので、アニメーションのコントロールが簡単になります。

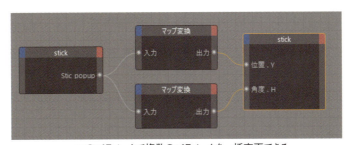

一つのパラメータで複数のパラメータを一括変更できる

コラム　ビューのアニメーション再生速度を軽く

アニメーションシーンが複雑になってくると、ビューでの再生処理が追い付かず、本来のフレームレートで再生できなくなります。その場合、表示する要素を簡略化すれば速度は改善します。

ビューの表示モード

〈グーローシェーディング〉では表示するライトの数が少ない方が軽くなります。性能の低いビデオカードの場合、〈拡張OpenGL〉を「オフ」にした方が軽い場合があります。〈詳細レベル〉を下げると、〈ジェネレータ〉や〈サブディビジョンサーフェイス〉の表示が簡略化され、軽くなります。

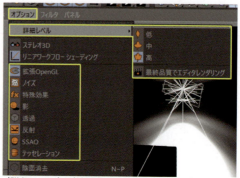

〈詳細レベル〉と〈拡張OpenGL〉表示のオンオフ

サブディビジョンサーフェイスの表示

〈サブディビジョンサーフェイス〉を「オフ」にするか、〈エディタでの分割数〉を「0」にします。

不要なオブジェクトは非表示にする

アニメーションでチェックする必要のないオブジェクトは非表示にします。また。簡易化したダミーモデルなどに置き換える方法も有効です。

不要なエクスプレッションはオフにする

シーン内に複雑なエクスプレッションがある場合、アニメーション再生に影響がでます。不要な場合には、エクスプレッションをオフにします。

動画とサウンド

テクスチャに動画を使用している場合は、動画の解像度が小さい方が再生が軽くなります。チェックの時には低解像度の動画にして、本番レンダリングの際に高解像度の動画と差し替えるとよいでしょう。サウンドを使用している場合もアニメーション再生速度に影響があります。不要な時はオフにしておきます。

Chapter 07

MoGraphアニメーション

1 キーフレームで作ったフライングロゴ
2 MoGraph の基本的な使い方
3 フライングロゴアニメーションを作る
4 MoGraph カラーシェーダについて
5 MoGraph マルチシェーダについて
6 Illustrator データを MoGraph でアニメーションさせる

Chapter 07 MoGraphアニメーション

BroadcastとStudioには〈MoGraph〉という機能が搭載されています。〈MoGraph〉は大量のオブジェクトを少ないキーフレームで効率よくアニメーションさせることができる強力な機能です。モーショングラフィックスをはじめとした映像表現の他、多数のオブジェクトを均等またはランダムに配置することもできるので通常のモデリングや建築用途としても活用されています。このチャプターでは、MoGraphの基本的な使い方を学習し、ロゴアニメーションを作成していきます。

1 キーフレームで作るフライングロゴ

はじめに、前チャプターまでで学習してきたキーフレームでオブジェクトをアニメーションさせたロゴアニメーションファイルを見てみましょう。

サンプルファイル：ch-7\1_1_textanimation_keyframe.c4d

サンプルファイルのアニメーションは、ひとつひとつの文字が手前から回転しながら移動してきて整列するというアニメーションです。このアニメーションは位置と回転のキーフレームが一文字ずつに対して記録されています。タイムラインを見ると、それぞれの文字に記録されたキーフレームが確認できます。一目見ても作るのが大変そうだと感じるでしょう。

MoGraphを使わずに作ると文字ごとにキーフレームを記録して作成した

では、次のファイルを開いてタイムラインを見てみましょう。

サンプルファイル：ch-7\1_2_textanimation_mograph.c4d

こちらは MoGraph を使って再現したデータです。MoGraph を使用すると、二つのキーフレーだけですべての文字の位置と回転のアニメーションを制御することができます。タイムラインを見るととてもすっきりしているのが分かります。文字の位置や角度はすべてパラメータで設定しているため、後からの変更に対しても柔軟にすばやく対処できるのが強みです。はじめに、この MoGraph を使ってアニメーションを作るための最も基本的な使い方を学習します。

MoGraphを使うと二つのキーフレームだけで作成できる

2　MoGraph の基本的な使い方

2-1　クローナーで複製する

　　MoGraph の基本は、〈クローナー〉というものを使って、オブジェクトを複製することです。クローナーはオブジェクトを複製するためのもので、複製されたオブジェクトをクローンと呼びます。

　　立方体を作成し〈サイズ〉XYZ をそれぞれ「20cm」にしておきます。〈MoGraph〉メニューから〈クローナー〉を作成して、立方体をクローナーの子オブジェクトにします。クローナーを選択し、設定を次のように変更します。

〈モード〉‥‥‥‥‥‥「グリッド配列」
〈複製数〉‥‥‥‥‥‥「20、1、20」
〈終点〉‥‥‥‥‥‥‥「500、0、500」

これで立方体が正方形状に複製されました。立方体はクローナーによって複製され、クローンになりました。これらクローンにはエフェクタを使って様々な効果を与えることができます。

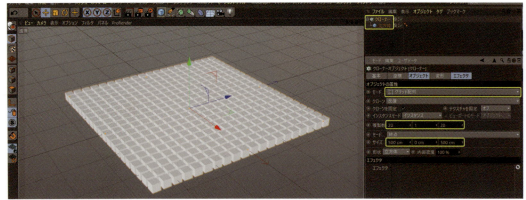

立方体をクローナーで複製してクローン化した

2-2 エフェクタとフィールド

オブジェクトマネージャでクローナーを選択した状態にして、MoGraphメニューからエフェクタの簡易エフェクタを作成します。エフェクタ作成時に、クローナーが選択されていれば、自動的にエフェクタが適用されます。また、クローナーの〈エフェクタ〉タブに、手動でドラッグアンドドロップしてシーン内のエフェクタを適用することもできます。

クローナーを選択したままエフェクタを作成すると適用する手間が省ける

簡易エフェクタが適用されると、そのクローナが生成した各クローンに効果を与えます。簡易エフェクタのデフォルト設定では、〈位置〉が「オン」になっており、〈P.Y〉が「100cm」になっています。これは、各クローンに対して、Y軸に+100cm移動させる、という命令がエフェクタから与えられ、それに従って各クローンが一斉にY軸に移動した、という結果になっています。

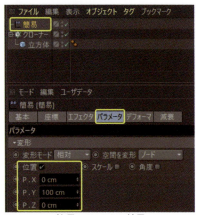

簡易エフェクタの効果

簡易エフェクタを適用した時はすべてのクローンに簡易エフェクタの効果がかかっていますが、各エフェクタにはフィールドというものを使って、効果がかかっている場所を制限することができます。フィールドとはマスクのように振舞うものです。

　フィールドは簡易エフェクタの〈減衰〉タブから作成できます。フィールドボタンを長押しして、〈球体フィールド〉を作成すると、オブジェクトマネージャに球体フィールドが追加され、簡易エフェクタのフィールドリストに球体フィールドが登録されます。すると、簡易エフェクタの効果は球体フィールドの中にあるクローンに適用された状態になります。オブジェクトマネージャで球体フィールドを選択してビュー上で移動させると、簡易エフェクタの効果がかかる場所が変化します。

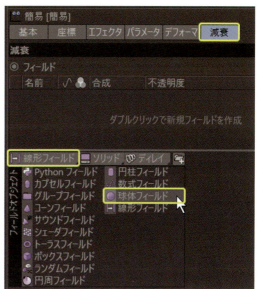

球体フィールドを作成する

フィールドはエフェクタの効果をマスクする場のようなもの

フィールドリストは、2D 画像処理ソフトウェアと同じようにレイヤー構造になっています。新たに〈線形フィールド〉を作成してみます。線形フィールドは方向に対して効果がかかるフィールドで方向と距離を持つベクトルのようなものです。2 つの平面は開始と終了の距離を表し、方向を示す矢印が線形フィールドの中心にあります。

　線形フィールドは A 地点の範囲に入ったクローンから効果がかかり始め、B 地点に到達するとエフェクタの効果が最大になります。A から B の距離が大きさにあたります。デフォルトではリニアな変化ですが、〈リマップ〉タブの〈等高モード〉を変更することで調整できます。

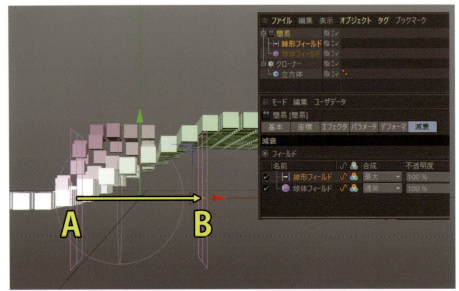

A地点の線形フィールドに入ったら効果がかかり始める

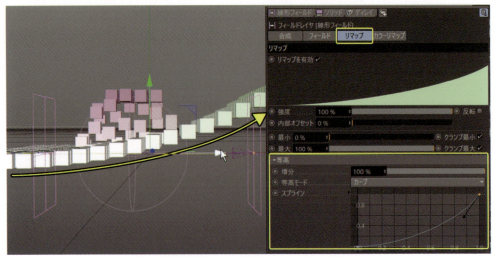

リマップを使ってスプラインカーブで効果のかかり具合を調整した例

フィールドリストの線形フィールドの〈合成〉を「通常」に変更すると、球体フィールドの効果が見えなくなります。線形フィールドの不透明度を下げると球体フィールドの効果が見えるようになります。このようにフィールドレイヤの合成は 2D 画像処理ソフトのレイヤー構造とよく似ています。

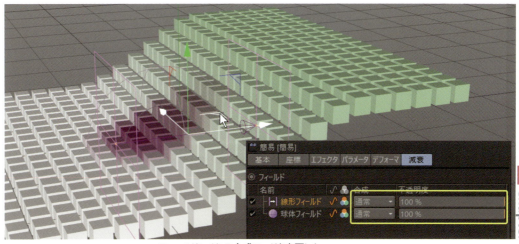

フィールドレイヤの合成モードを変更した

また、各フィールドは色を持っています。色も〈合成〉モードに従って下のフィールドレイヤに合成されます。各フィールドレイヤは効果と色（エフェクタによっては向きを示す矢印アイコンもある）のオンオフをすることができます。例えば線形フィールドの色だけが欲しい時には、波形アイコンをクリックして効果をオフにします。

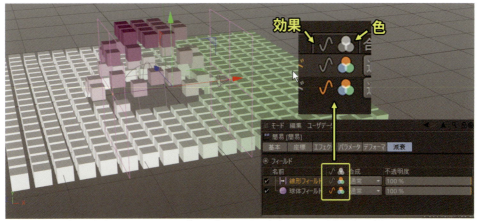

フィールドは動きの効果と色（ターゲットエフェクタ等では向きを示すは矢印のマークが表示される）をオンオフできる

2-3 ランダムエフェクタを追加してフィールドを共有させる

クローナーを選択して、〈ランダム〉エフェクタを作成します。クローナーには複数のエフェクタを適用できます。ランダムエフェクタは、クローンの位置、スケール、角度、色をランダムにできます。

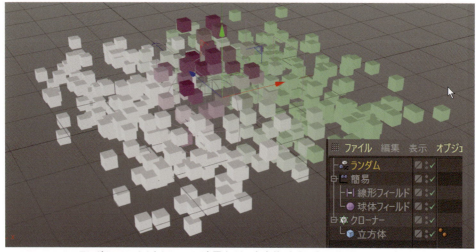

ランダムエフェクタをクローンに適用すると、立方体がバラバラになる

　ランダムエフェクタも〈減衰〉タブからフィールドを作ることができますが、ここでは既に簡易エフェクタで作成済みの線形フィールドをランダムエフェクタのフィールドリストにドラッグ＆ドロップして追加します。フィールドは3Dオブジェクトとして独立して存在しているので、複数のエフェクタで共有することができます。線形フィールドの外側でランダムエフェクタの効果が消えました。この時、簡易エフェクタとランダムエフェクタは同じ線形フィールドを共有しているため、ひとつの線形フィールドを移動させると同時に2つのエフェクタの効果をコントロールできます。

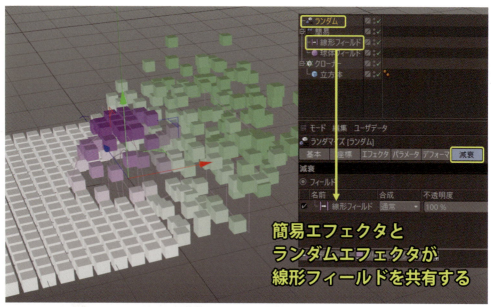

フィールドは複数のエフェクタで共有できる

クローナーは簡易エフェクタとランダムエフェクタの2つのエフェクタが適用された状態になっています。どのエフェクタが適用されているかは、クローナーを選択して〈エフェクタ〉タブを開くと確認できます。エフェクタは上から順に効果がかかります。エフェクタを追加する時はこの欄にドラッグ＆ドロップすることもできます。削除は選択して「delete」キーを押します。また、一時的にエフェクタの機能を消したい時にはチェックマークをクリックして「×」マークにします。MoGraphには他にも様々なクローナーやエフェクタ、フィールドが使えるので、組み合わせ次第で面白いアニメーションを作成できます。

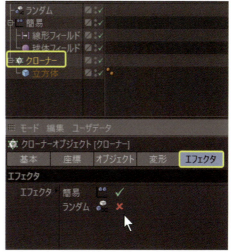

クローナーに適用されているエフェクタを確認する

3 フライングロゴアニメーションを作る

3-1 テキストロゴとカメラのアニメーション

テキストアニメーションをMoGraphを使わずに作成すると、ひとつひとつの文字に位置と角度のキーフレームを記録してアニメーションを作成することになりますが、MoGraphを使えば簡単に作成できます。テキストアニメーションを作成してみましょう。

新規ファイルを開き、プロジェクト設定の〈プロジェクトスケール〉を「cm」にしておきます。〈一般設定〉から〈表示単位〉も「cm」、で作業していきます。〈作成〉メニュー /〈スプライン〉/〈テキスト〉を選択するか、〈ペン〉アイコンを長押しして、〈テキスト〉スプラインを作成します。〈フォント〉は「Arial」の「bold」としています。作例のようなものの場合、太めのフォントの方が適しています。〈行揃え〉は「中央」にします。

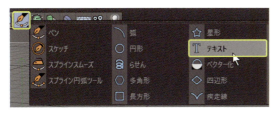
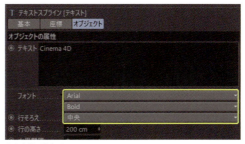

テキストオブジェクトを作成する

〈作成〉メニュー /〈ジェネレータ〉/〈押し出し〉をクリックして、〈押し出し〉を作成し、〈テキスト〉を〈押し出し〉の子オブジェクトにして3Dジオメトリにします。〈押し出し量〉はZ方向に「30cm」にしておきます。

テキストをZ方向に「30cm」押し出す

押し出したテキストをクローン化します。クローンにするためには、クローナーというオブジェクトを使用すると書きましたが、クローナーにはいくつか種類があり、ここでは〈破砕〉というオブジェクトを使います。〈MoGraph〉メニュー /〈破砕〉を作成します。「押し出し」を破砕の子オブジェクトにすると文字が白くなります。これで「押し出し」はクローンになりました。

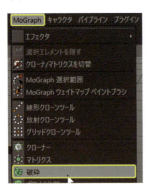 

押し出しを破砕の子オブジェクトにするとクローンになる

破砕

　クローナーの仲間で、複製機能はありませんが、自身の子オブジェクトをクローナーのクローンのように扱います。複数の異なるオブジェクトを個別にクローン化させたいときに使います。

　押し出したテキストをクローンにしたら、〈エフェクタ〉を使ってコントロールしていきます。オブジェクトマネージャで、「破砕」を選択したまま、〈MoGraph〉メニュー /〈エフェクタ〉/〈ランダム〉をクリックし、ランダムエフェクタを作成すると、オブジェクトの位置がランダムに変わります。

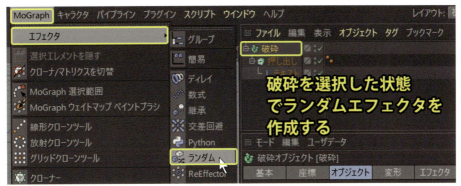

破砕を選択したままランダムエフェクタを作成する

　ランダムエフェクタは、各クローンの位置、スケール、角度をランダムに変更するエフェクタですが、今は文字全体が一つのクローンになっているため、文字ごとにランダムな位置にはなりません。そこで、破砕を選択して〈モード〉を「セグメントを接続して破砕」に変更します。これで、文字の一つ一つが個別のクローンになり、それぞれの位置がランダムな場所に移動します。

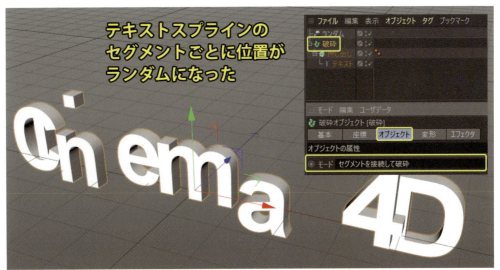

破砕モードを「セグメントを接続して破砕」に変更する

　ランダムエフェクタを選択し、〈パラメータ〉タブを開きます。デフォルトでは、〈位置〉が「オン」で〈P.X〉〈P.Y〉〈P.Z〉がそれぞれ「50cm」なので、クローンの位置がXYZに50cmの範囲でランダムな位置に移動しています。

そこで、

〈P.X〉・・・・・・・・・・・・・「0cm」
〈P.Y〉・・・・・・・・・・・・・「300cm」
〈P.Z〉・・・・・・・・・・・・・「500cm」

とします。

〈角度〉を「オン」にして、それぞれに「180°」と入力しておきます。テキストオブジェクトがより広範囲にランダムになり、回転角度もバラバラになりました。

ランダムエフェクタのパラメータを変更する

ランダムエフェクタの〈強度〉にキーフレームを記録してアニメーションを作成します。タイムラインを「0」フレームに合わせて、ランダムエフェクタの〈エフェクタ〉タブを開き、〈強度〉を「100%」でキーフレームをボタンをクリックして記録します。

ランダムエフェクタの強度に対してキーを記録する

タイムライン「90」フレームに移動して、ランダムエフェクタの強度「0%」でキーを記録します。

「90」フレーム目で強度0%でキーを記録する

アニメーションをプレビューすると、各クローンにかかっていたランダムエフェクタの効果が徐々に消えていくアニメーションになります。これだけではあまりにシンプルですが、カメラアニメーションを加えると少し印象が変わってきます。では、〈カメラ〉アイコンをクリックして新規にカメラオブジェクトを作成します。カメラを選択し、〈オブジェクト〉タブを開き、〈焦点距離〉を「標準レンズ（50mm）」に変更します。

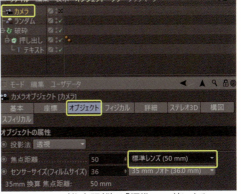

カメラの〈焦点距離〉は「標準レンズ」にする

〈座標〉タブを開き、位置、角度を変更します。

　〈位置〉
　　〈P.X〉・・・・・・・・・・・・・・・「0cm」
　　〈P.Y〉・・・・・・・・・・・・・・・「200cm」
　　〈P.Z〉・・・・・・・・・・・・・・・「0cm」

　〈角度〉
　　〈R.H〉・・・・・・・・・・・・・・・「0°」
　　〈R.P〉・・・・・・・・・・・・・・・「0°」
　　〈R.B〉・・・・・・・・・・・・・・・「-90°」

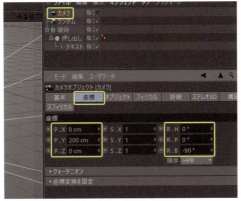

カメラの〈座標〉と〈角度〉を変更する

カメラを選択したまま、「0」フレームに移動して、〈選択オブジェクトを記録〉アイコンをクリックしてキーを記録します。この時、キーを記録する対象として、位置、スケール、角度がすべてアクティブになっていることを確認してから記録します。このアニメーションではカメラのX軸移動、回転のキーフレームは不要なので、必要なパラメータだけにキーを記録してもよいですが、すべてにキーが記録されていると、後で誤ってカメラを回転操作してもカメラがずれないようになります。（必要なパラメータのみキーを記録して、ロックタグでキーがない軸をロックしても良いです。）

カメラの位置、スケール、角度にキーを記録しておく

「90フレーム」に移動して、カメラの座標、角度を下記に変更します。

〈位置〉

〈P.X〉・・・・・・・・・・・・・「0cm」

〈P.Y〉・・・・・・・・・・・・・「0cm」

〈P.Z〉・・・・・・・・・・・・・「-1600cm」

〈角度〉

〈R.H〉・・・・・・・・・・・・・「0°」

〈R.P〉・・・・・・・・・・・・・「0°」

〈R.B〉・・・・・・・・・・・・・「0°」

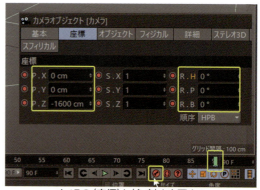

カメラの〈座標〉と〈角度〉を変更する

カメラを選択したまま、〈選択オブジェクトを記録〉をクリックしてキーを記録します。これで、テキストのアニメーションに関してはランダムエフェクタのキーフレームで文字単位に位置と角度のアニメーションを設定できました。文字の位置や角度を変更したい場合は、ランダムの位置や角度の数値を変更すれば済みます。カメラから見たアニメーションを確認するには、ビューの〈カメラ〉メニュー /〈使用カメラ〉/〈カメラ〉を選びます。

ここまでのファイル：ch-7\3_1_flyinglogo_random.c4d

3-2 エフェクタとフィールドでテキストにディテールを加える

ベースとなるアニメーションはできましたが、テキストの形状がシンプルなのでディテールを追加します。ここでもエフェクタを使用します。エフェクタはクローンに対して効果を付けると前述しましたが、デフォーマとしての機能も備えています。〈使用カメラ〉を〈デフォルトカメラ〉に戻して作業を続けます。

ここでは、簡易エフェクタをデフォーマとして活用し、テキストを変形させてディテールを追加します。その前に、エフェクタをデフォーマとして使用するために、階層を整理します。〈ヌル〉オブジェクトを作成し、「押し出し」を子オブジェクトにします。名前は適宜変更してください。

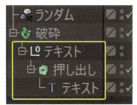

ヌルに押し出しを入れる

デフォーマで変形させるにはオブジェクトの分割数を細かくする必要があるので、先にテキストが持っている内部のポリゴンを細かく分割します。「テキスト」オブジェクトを選択し、〈補間法〉を「均等」に変更します。「最適」ではスプラインを構成するポイントの距離が一定ではないので、場所によっては綺麗に変形ができません。

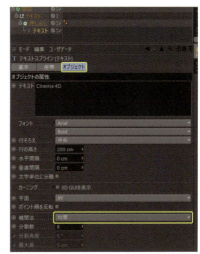

テキストの補完法を「均等に」

さらに「押し出し」を選択し、〈オブジェクト〉タブの〈分割数〉を「5」に変更します。続けて〈キャップ〉タブの〈タイプ〉を「四角ポリゴン」にして、〈正方形分割〉を「オン」、〈幅〉を「2cm」にします。これで、テキストオブジェクトが持つポリゴンはかなり細かくなりました。エディタビューの〈表示〉から「グーローシェーディング（線）」などとすると、内部のポリゴンが確認できます。

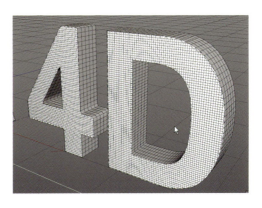

押し出しを「四角ポリゴン」に分割する

〈MoGraph〉メニュー /〈エフェクタ〉/〈簡易〉をクリックして、簡易エフェクタを作成します。さらに、デフォーマとして使うため、「押し出し」と同じ階層に配置します。簡易エフェクタを選択し、〈デフォーマ〉タブを開き、〈変形〉を「ポイント」にします。これで簡易は押し出しのポイントを変形させるデフォーマとなります。テキストは無茶苦茶な形状になりますが、これから修正していきます。

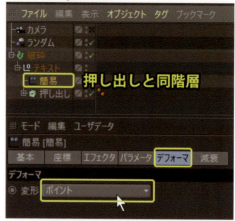

簡易を押し出しと同じ階層に配置する

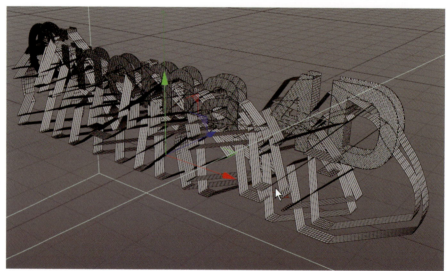

簡易をデフォーマとして適用した時の状態

デフォーマ用の簡易を選択し、〈パラメータ〉タブを開き、〈位置〉を変更します。

〈P.X〉・・・・・・・・・・・・・・「0cm」
〈P.Y〉・・・・・・・・・・・・・・「0cm」
〈P.Z〉・・・・・・・・・・・・・・「15cm」

に変更します。

簡易のパラメータを変更する

今は簡易エフェクタは押し出しテキストのすべてのポイントに対して Z 方向に +15cm 移動させる設定になっています。ここから、〈フィールド〉を使って、〈P.Z〉の効果がかかる場所をすべてのポイントではなく、「押し出し」のキャップ内のポイントのみに限定していきます。〈減衰〉タブを開き〈フィールドレイヤ〉を長押しして、〈スプラインオブジェクト〉を選択します。アイコンに「?」マークが表示されるので、オブジェクトマネージャのテキストスプラインをクリックします。すると、テキストスプラインがフィールドリストに追加されます。このほか、テキストスプラインを直接フィールドリストにドラッグ＆ドロップしても同じ操作となります。

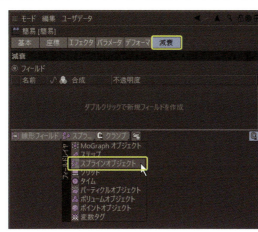

簡易エフェクタのフィールドにテキストスプラインをスプラインフィールドとして追加する

フィールドリストに追加されたテキストを選択します。スプラインオブジェクトをフィールドリストに追加すると、スプラインの開始点から終了点にかけて徐々に効果をかけたりスプラインの外部または内部に向かって効果をつけることができます。

〈レイヤ〉タブを選択し、
　〈スプライン形状〉‥‥‥「マスク」
　〈マスク減衰〉‥‥‥‥‥「内部」
　〈距離〉‥‥‥‥‥‥‥‥「30cm」
にすると、画像の状態になります。

この状態は、テキストスプラインを Z 方向から見て、内側に向かって 30cm の範囲に〈P.Z〉「15cm」移動させる効果を徐々にかける、ということになります。従って、側面にはマスクされて効果がかかっていません。

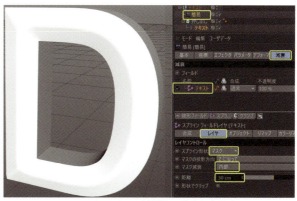

フィールドのテキストを選択し、設定を変更する

それでは、マテリアルを適用していきます。〈マテリアルマネージャ〉の〈作成〉メニューから、〈新規ノードベースマテリアル〉を作成し、〈マテリアル .1〉ノードの〈追加〉ボタンをクリックして新しく〈BSDF〉ポートを作成します。〈拡散反射 .1〉ノードを複製し、〈BSDF〉タイプを「Beckmann」に変更し、〈表面粗さ〉は「30%」程度にあげます。二つの BSDF ノードをマテリアルノードの〈BSDF レイヤ〉に接続し、Beckmann ノードは「30%」程度で重ねます。

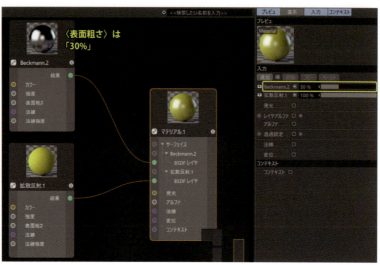

押し出しオブジェクト用マテリアルをノードベースマテリアルで作成する

作成した「Node」マテリアルを〈マテリアルマネージャ〉で複製し、それぞれの拡散反射ノードの色を変更します。二つのマテリアルを押し出しに適用します。キャップ用マテリアルは右側に配置して、テクスチャタグを選択して、〈選択範囲に限定〉欄に「C1」と入力して、表側のキャップのみに限定します。

左: 押し出しに2つのマテリアルを適用した　右: キャップに限定してマテリアルを貼り分ける

マテリアルを適用したら、新規ヌルを作成し、ランダムと破砕をオブジェクトにして、名前を「フライングロゴ」に変更しておきます。

オブジェクトをまとめる

ここまでのファイル：ch-7\3_2_flyinglogo_chisel.c4d

3-3 背景プレートを作成する

ロゴの背景を作成していきますが、テキストオブジェクトを細かく分割しているので、ビューのレスポンスが少し遅くなっています。軽くするために、「押し出し」ジェネレータをオフにしておきます。

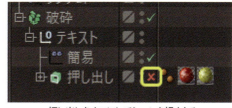
押し出しをオフにしてシーンを軽くする

〈長方形〉スプラインを作成し、

〈座標〉タブを開き、
〈P.Y〉・・・・・・・・・・・・・・・「70cm」
にします。

〈オブジェクト〉タブを開き、
〈幅〉・・・・・・・・・・・・・・・・「1100cm」
〈高さ〉・・・・・・・・・・・・・「300cm」
に変更します。

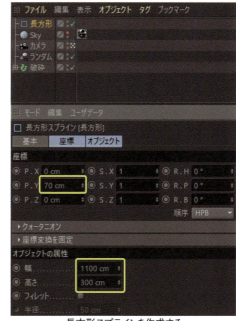
長方形スプラインを作成する

〈円形〉スプラインを作成し、〈半径〉を「50cm」にしたものを4つに複製し、それぞれ画像の座標位置に配置していきます。前面ビューで頂点スナップを使って、それぞれの円形を頂点スナップを使って配置してもよいです。

273

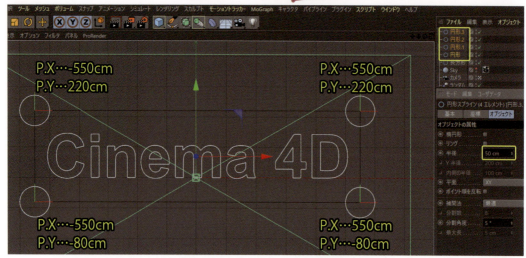

円形スプラインを長方形の四隅に配置する

　4つの円形スプラインを選択し、〈オブジェクトマネージャ〉メニュー/〈オブジェクトを一体化+消去〉を実行し、ひとつのスプラインにまとめます。

　結合した円形と長方形スプラインの二つを選択した状態でペンアイコンを長押しして、〈スプライン型抜き〉を実行し長方形から円形を型抜きします。

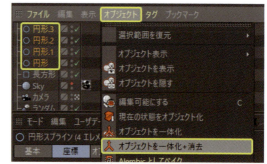

4つの円形を〈オブジェクトを一体化+消去〉する

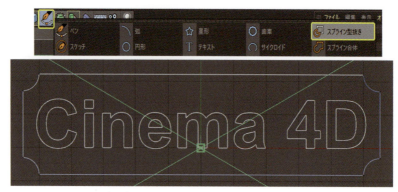

〈スプライン型抜き〉で長方形から円形をくり抜く

型抜きしてできたスプラインを〈押し出し〉で押し出します。〈押し出し量は〉Z 方向に「50cm」とします。

背景プレートにも少しだけディテールを追加していきます。方法は何種類もありますが、作例では R20 から搭載されたボリュームモデリングの機能を使ってみましょう。〈ボリューム〉メニュー /〈ボリュームビルダー〉を作成します。「押し出し」をボリュームビルダーの子オブジェクトにします。ボリュームビルダーを選択し、〈オブジェクト〉タブを開き、〈ボクセルサイズ〉を「7 cm」にします。〈ボクセルサイズ〉を小さくしすぎると計算負荷が大きくなるので注意が必要です。

〈ボリュームビルダー〉を作成し、押し出しを子にする

ボクセル

ボリューム (volume) とピクセル (pixel) を組み合わせた合成語で、小さな立方体の最小単位とすることで、その集合体をポリゴン化させたり、煙などのボリュームレンダリングに使われています。

さらに〈ボクセルサイズ〉の左側の三角マークからサブパラメータを開き、〈内部ボクセル範囲〉を「10」に変更します。これは〈ボリュームタイプ〉が「符号付き距離フィールド」の時、オブジェクトの内部にどれだけの距離でボクセルを生成するかを決めるものです。数値を大きくすることで、内部の体積を作ります。(〈ボリュームタイプ〉を「フォグ」にすると最初から内部にボリュームができますが、作例では「符号付距離フィールド」を使用しています。)

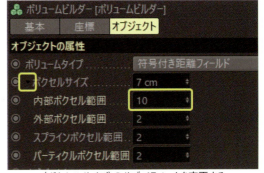

〈ボクセルサイズ〉のサブパラメータを変更する

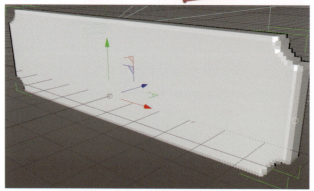

ボクセルになった押し出しオブジェクト

ボリュームビルダーを使うと押し出したオブジェクトはボクセルに変換されます。ボクセルにすることで、オブジェクト同士をくっつけたり、型抜きしたり複雑な形状のモデリングも簡単に作成できるので、これをつかってディテールを追加します。

押し出しの子になっている長方形スプラインを選択したまま、〈インスタンス〉オブジェクトを作成します。

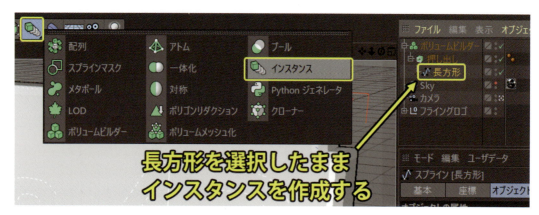

長方形スプラインのインスタンスを作成する

そのインスタンスをボリュームビルダーの子オブジェクトにします。インスタンスもボクセル化され、先ほど作ったボクセルと合体した状態のものが出来上がります。

ボリュームオブジェクトのリストに追加された「長方形 インスタンス」を選択し、〈モード〉を「型抜き」に変更し、さらに

〈半径〉・・・・・・・・・・・・・「20cm」
〈密度〉・・・・・・・・・・・・・「1」

にすると、長方形スプラインのラインが型抜きされたようなボクセルになります。

長方形スプラインで型抜きしたボクセルになった

　作成したのはインスタンスなので、長方形スプラインのポイントを移動させるとインスタンスの形状も変わります。後でスプライン形状を修正したいといった場合に、型抜きの形状も自動的に変更することができます。

　ボリュームビルダーはボクセルを作る機能ですが、まだメッシュになっていません。〈ボリュームメッシュ化〉を作成し、ボリュームビルダーごと子オブジェクトにすると、ボクセルで作成した形状をポリゴン化させることができます。

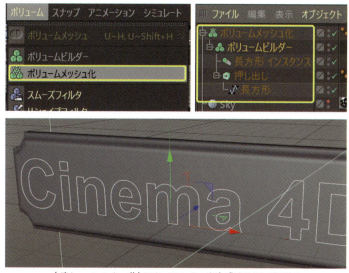

〈ボリュームメッシュ化〉によってメッシュを生成することができる

ここまでのファイル：ch-7\3_3_flyinglogo_backplate.c4d

3-4 背景プレートのアニメーションを作る

背景プレートは何もない状態から徐々に形が形成されていくようなアニメーションにしていきます。ボリュームとフィールドの組み合わせで作成してみましょう。

〈作成〉メニュー /〈フィールド〉/〈グループフィールド〉を作成します。フィールドは単体の 3D オブジェクトとして新規に作成することができます。

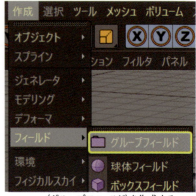

〈グループフィールド〉を作成する

〈グループフィールド〉は自身の中に複数のフィールドを保持して、その合成結果をフィールドとして利用することができます。作例ではグループフィールドを使って、背景プレートが中心から徐々に生成されていくようなアニメーションを作ります。作成したグループフィールドを選択し、〈フィールド〉タブを開き、フィールドリストから〈球体フィールド〉を作成し、続けて〈ランダムフィールド〉も作成します。ランダムフィールドは〈合成〉を「オーバーレイ」にして球体フィールドに重ねておきます。

〈グループフィールド〉に球体とランダムフィールドを作成する

オブジェクトマネージャでは、グループフィールドの子オブジェクトに、ランダムフィールドと球体フィールドが作成されているので、ランダムフィールドを選択し、

〈モード〉…………「ノイズ」
〈スケール〉………「300%」

に変更します。

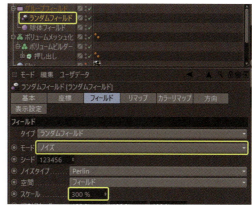

ランダムフィールドのモードとスケールを変更する

次にグループフィールドごと、ボリュームビルダーの子オブジェクトにしてボリューム化させます。ボリュームビルダーのリストからグループフィールドを選択し、

〈モード〉…………「交差」
〈生成空間〉………「オブジェクト」

に変更します。

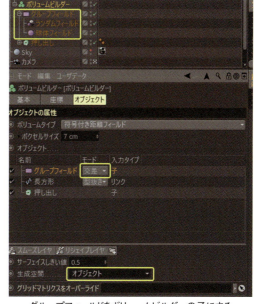

グループフィールドをボリュームビルダーの子にする

これにより、押し出したプレートと球体フィールドの交差している場所だけがボリューム化されることになります。球体フィールドの内部にボリュームが生成され、さらにランダムフィールドが「オーバーレイ」されるので、その輪郭にノイズの形状が現れます。

グループフィールドもボリュームにできる

では、徐々に背景プレートが出現していくアニメーションを作成します。タイムラインは「45」フレームに合わせておきます。

背景プレート自体も移動アニメーションさせるので、「ボリュームメッシュ化」を選択し、〈座標〉タブの〈P.Z〉に「300cm」と入力して、キーを記録します。

45フレームでボリュームメッシュ化のP.Zにキーを記録する

「45」フレームのまま、続いてフィールドのキーフレームを記録します。球体フィールドを選択し、〈フィールド〉タブを開き、〈サイズ〉を「0cm」でキーを記録します。

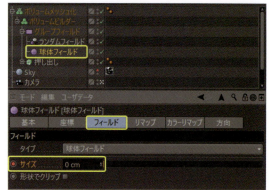

45フレームで球体フィールドのサイズにキーを記録する

タイムラインを「90」フレームまで移動させます。

「ボリュームメッシュ化」の〈P.Z〉は「15cm」でキーを記録します。

90フレームでボリュームメッシュ化のP.Zにキーを記録する

球体フィールドの〈スケール〉を「900cm」でキーを記録します。

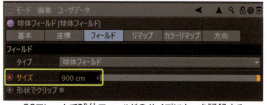

90フレームで球体フィールドのサイズにキーを記録する

これで背景のボリュームが出現してくるようなアニメーションができました。ただし、ボリュームは比較的メッシュが細かくなるので、アニメーション再生スピードは遅くなります。他の作業時にビューの処理が遅すぎる場合には、ボリュームビルダーを「オフ」にするなどして対処してください。

背景のマテリアルは、ノードベースマテリアルのプリセットを使用してみましょう。マテリアルマネージャの〈作成〉メニュー/〈ノードマテリアル〉から、数種類のプリセットを作成できます。あらかじめ設定が済んでいるので、あとはパラメータを調整すればすぐに使用できます。作例では「金属」マテリアルを作成し、ベースカラーを変更しています。

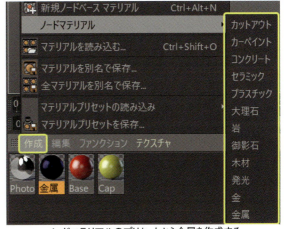

ノードマテリアルのプリセットから金属を作成する

金属のような鏡面反射素材を使用する時は、空オブジェクトを作成し、周囲の環境を用意します。マスクのチャプターで使用したように、ここでもコンテンツライブラリから、

プリセット \Prime\Presets\Light Setups\HDRI

の中にあるマテリアルを読み込み、空オブジェクトに適用しておきます。この状態ではレンダリングすると空が見えてしまうので、空には〈コンポジット〉タグを適用して、〈カメラから見える〉を「オフ」にしておきます。

これでレンダリング時には見えないけれど、反射からは見える空になります。

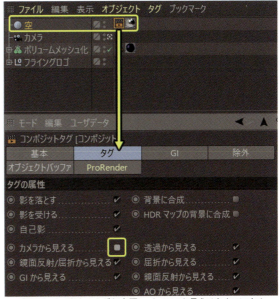

空にはコンポジットタグを適用し、カメラから見えるをオフにする

〈レンダリング設定〉を開き、動画用の設定に変更します。〈出力〉を選択し、〈フレームレンジ〉は「すべてのフレーム」に変更します。〈保存〉を選択し、ファイル名を指定しておきます。〈フォーマット〉は静止画フォーマットを選択していれば連番画像で出力されますが、作例では動画フォーマットの「MP4」にしておきます。通常は連番画像での書き出しをおすすめします。動画フォーマットで書き出すと、もし途中でソフトウェアやハードウェアにトラブルがあった場合、最初からレンダリングをやり直しになりますが、連番画像で保存していれば、途中のフレームからレンダリングを再開できるなど、多数のメリットがあります。

〈アンチエイリアス〉は仕上げ用なら「ベスト」がよいですが、テストレンダリングでは「ジオメトリ」にしておくとレンダリング時間を短縮できます。

レンダリング設定で〈フレームレンジ〉は「全てのフレーム」としておく

画像表示にレンダリングを実行します。90フレームありますので、少し時間がかかります。

MoGraphはエフェクタによって様々な効果をつけることができ、フィールドで効果のかかる場所を簡単にコントロールできますが、この作例ではロゴの位置と回転アニメーションをランダムエフェクタで作成しただけでなく、簡易エフェクタをデフォーマとして使い、フィールドで押し出しのキャップ部分にだけ効果をつけるということも行いました。

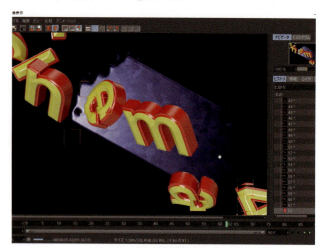

レンダリング中の画像表示ウィンドウ

さらにボリュームアニメーションのコントロールにもフィールドを使いました。このようにMoGraphではクローナー、エフェクタ、フィールドを使用してアニメーションを作成する以外に、モデリングにも活用できる便利な機能ですのでぜひ活用してみてください。

完成ファイル：ch-7\3_4_flyinglogo_finish.c4d

4　MoGraph カラーシェーダについて

　エフェクタはクローンのカラーをコントロールすることもできます。エフェクタ自身もカラーを持っていますが、フィールドもそれぞれカラーを持っています。これらのカラーをマテリアル側に呼び出して使ってみましょう。

サンプルファイル :ch-7\4_1_colorshader.c4d

　サンプルシーンでは、「電球」が「クローナ」によって「パススプライン」に沿って複製されている状態です。レンダリングすると「電球」はすべて発光しています。ここでは、簡易エフェクタのフィールドにアニメーションをつけ、フィールド範囲にある電球のみを発光させてみましょう。

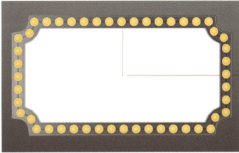

サンプルシーンを開く

　「クローナー」を選択した状態で、〈MoGraph〉メニュー /〈エフェクタ〉/〈簡易〉を選択し、簡易エフェクタをクローナーに適用します。また、簡易エフェクタの〈パラメータ〉タブにある〈位置〉、〈スケール〉、〈回転〉はすべてチェックをはずします。

クローナーに簡易エフェクタを適用し、〈パラメータ〉を変更する

　簡易エフェクタの〈減衰〉タブを開き、球体フィールドを作成します。

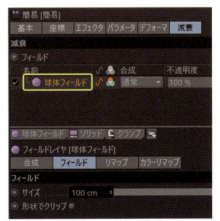

球体フィールドを作成する

球体フィールドに〈スプラインに沿う〉
タグを適用し、〈パススプライン〉の欄に
「電球_パス」をドラッグ&ドロップします。

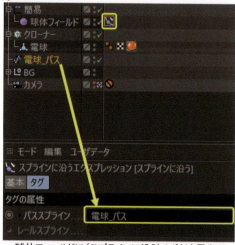

球体フィールドに〈スプラインに沿う〉タグを適用する

〈スプラインに沿う〉タグの〈スプライン上の位置〉
を
　「0」フレームで「0%」
　「90」フレームで「100%」
としてキーを記録して、球体フィールドをスプラインに沿って移動させるアニメーションをつけま

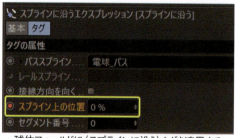

球体フィールドに〈スプラインに沿う〉タグを適用する

マテリアルマネージャから作成済みの
「light」マテリアルの〈発光チャンネル〉
のテクスチャスロットの右側にある矢印
をクリックして、〈MoGraph〉/〈カラー
シェーダ〉を選択します。

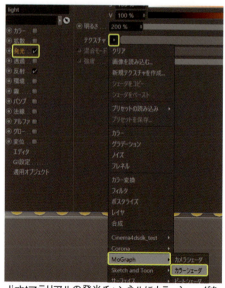

lightマテリアルの発光チャンネルにカラーシェーダを
適用する

すると、球体フィールドの部分だけ発光します。
（環境によりデフォルトのカラーは異なります）

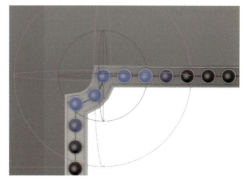

球体フィールドの場所だけ発光する

マテリアルにカラーシェーダを適用したことで、テクスチャのカラーにフィールドカラーが出てきます。

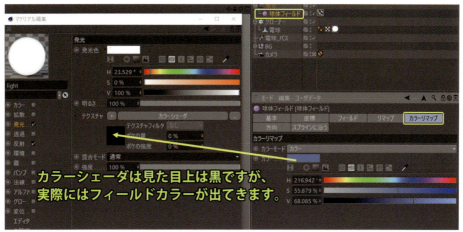

フィールドカラーがカラーシェーダから出てくる

カラーシェーダはクローンにカラーを渡すために使用するので、マテリアルを適用しているオブジェクト（ここでは電球）はクローンになっている必要があります。

クローナーに適用している簡易エフェクタの〈パラメータ〉タブにある〈カラーモード〉が「フィールドカラー」になっているので、簡易エフェクタにある球体フィールドのカラーがカラーシェーダに渡されます。

球体フィールドの中にしか簡易エフェクタの効果がかかっていないので、フィールドカラーも球体の中にしか出てきません。

各フィールドはそれぞれが異なる色を持てるので、異なる色をカラーシェーダに渡すこともできます。例えば次の画像のようなことも簡単にできます。簡易エフェクタの減衰にもうひとつ球体フィールドを作成し、位置を変更すると、その球体フィールド内もカラーが変わります。

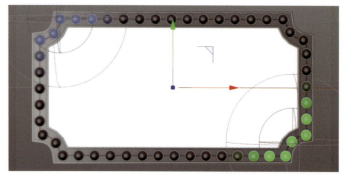

二つの球体フィールドを配置して発光色を変えた例

light マテリアルの〈発光〉のパラメータを
〈明るさ〉…………「200%」
〈混合モード〉………「乗算」
にします。元の明るさ 200% にカラーシェーダのカラーを乗算することになります。

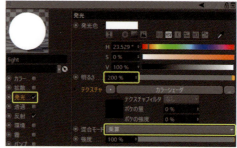

発光の明るさに対してカラーシェーダを乗算させる

モディファイアレイヤを使って球体フィールドの効果をコントロールすることもできます。〈ディケイ〉モディファイアレイヤを追加します。球体フィールドのカラーに対して効果をつけるため、ディケイレイヤのカラーモードを「オン」にします。ディケイの〈エフェクタ強度〉を高くすれば、発光した後から消えるまでの時間を長くすることができます。

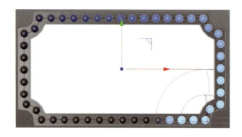
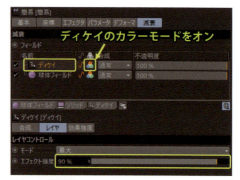

ディケイモディファイアの効果例

次のサンプルファイルでは2つのトーラスと円周フィールドを組み合わせたカラーアニメーションです。

サンプルファイル：ch-7\4_3_colorshader_sample.c4d

ひとつのエフェクタと複数フィールドの組み合わせで複雑なことを簡単に行うことができます。補足ですが、ループアニメーションを作成したい時は、タイムラインからトラックを選択し、〈属性マネージャ〉で〈後〉を「繰り返し」にして、回数を指定します。

複数フィールドによるカラーアニメーション

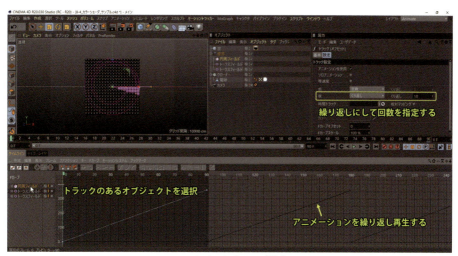

アニメーションのループ設定

MoGraphカラーシェーダを使うことで大量のクローンのマテリアルも効率よくアニメーションさせることができます。このようなアニメーションはMoGraphが大変得意とするもので、これをMoGraphを使わずに作るのはかなり困難です。

MoGraphカラーシェーダは、透過チャンネル、アルファチャンネルをはじめ、様々なテクスチャスロットで使うことができるため、作例のような発光チャンネル以外の場所からも取り出すことができるので、複雑なマテリアルのアニメーションも少ない手間で作成できます。

5 MoGraph マルチシェーダについて

MoGraph マルチシェーダーを使うと、個々のクローンに異なるカラーやテクスチャを効率よく貼る事ができます。サンプルシーンを使って使い方を学習しましょう。

サンプルフファイル :ch-7\5_1_multishader.c4d

サンプルファイルにはモバイルフォンオブジェクトとカメラオブジェクトがあります。表示単位は〈一般設定〉を開いて〈単位〉を「mm:ミリメートル」にしてください。

サンプルファイルを開く

最初に MoGraph を使ってアニメーションを作成します。モバイルフォンが扇状に広がってカラーバリエーションが見える、というアニメーションにしてみます。クローンの複製にはスプラインを使うことにします。

スプラインプリミティブの中から〈弧〉スプラインを作成します。〈オブジェクトマネージャ〉で「弧」を選択し、〈属性マネージャ〉の〈オブジェクト〉タブで

〈半径〉・・・・・・・・・・・・・「150mm」
〈開始角度〉・・・・・・・・・・「145°」
〈終了角度〉・・・・・・・・・・「35°」

とします。

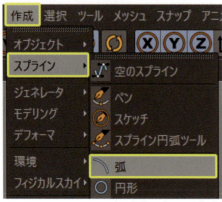
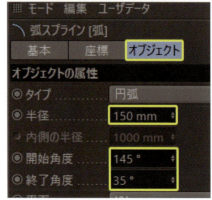

〈弧〉スプラインを作成し、パラメータを変更する

モバイルフォンをクローナーを使って弧スプラインに沿って複製します。〈MoGraph〉メニュー /〈クローナー〉を選択し作成後、モバイルフォンを子オブジェクトにします。

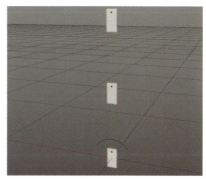

「クローナー」で「モバイルフォン」を複製する

クローナーを選択し、〈オブジェクト〉タブを開き、〈モード〉を「オブジェクト」に変更します。

〈オブジェクト〉のリンク欄が表示されるので、「弧」をドラッグ＆ドロップで登録します。

スプライン用パラメータが下部に表示されるので、〈複製数〉を「5」にして、〈ループ〉のチェックを「オフ」にします。作例ではスプラインに沿って複製していますが、クローンをオブジェクトモードを使って複製すると、対象となるオブジェクトの表面に沿って複製したり、ポイント位置にクローンを複製できます。

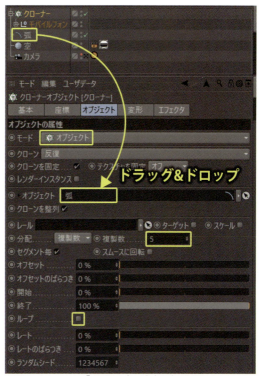

「クローナ」の設定を変更する

これで「モバイルフォン」が「弧」スプラインに沿って複製されました。しかし、ボディ面がスプラインと直交しているため、カラーバリエーションを見せるには不向きといえます。このようになるのは、スプラインに沿って複製した場合、複製したオブジェクト（ここではモバイルフォン）のZ軸の方向がスプラインの接線方向を向いて複製されるからです。

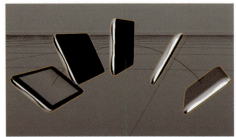 

スプラインに沿って複製した場合、Z軸方向が接線方向を向く

ボディ面をスプラインと平行にさせるためには、モバイルフォンの軸の向きだけを変えていきます。クローナの機能を一旦オフにしておきます。オブジェクトマネージャでモバイルフォンを選択し、〈モデル〉モードにして、〈軸を有効〉モードにします。〈軸を有効〉モードではオブジェクトの軸の位置や向きを変更できます。

〈モデル〉モードと〈軸を有効〉モードにする

〈座標マネージャ〉で〈H〉と〈B〉を「90°」と入力して「適用」します。（ここでは〈属性マネージャ〉の〈座標〉タブで変更しないこと）これで「モバイルフォン」の軸の向きだけが変わりました。軸の向きを変更したら、〈軸を有効〉アイコンを「オフ」にしてモードを抜けておきます。

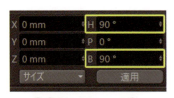 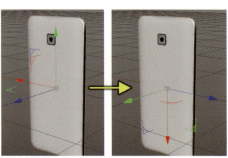

左:〈座標〉マネージャで数値を変える
右:「モバイルフォン」のローカル軸の向きが変わった

この状態で、クローナを「オン」にしてみると、「モバイルフォン」の軸の向きを変えたことでスプラインの接線方向に向く方向が変わります。

今のままではクローン同士が重なっているので、修正します。ここでは〈ステップ〉エフェクタを使用します。〈ステップ〉エフェクタは〈パラメータ〉の設定数値が最後のクローンに適用され、その間のクローンは中間値を補間して適用されます。後の工程で、〈マルチシェーダ〉を使用する際にも〈ステップ〉エフェクタを使用します。

複製した時の向きが変わった

〈軸を有効〉を「オフ」にしたら、クローナを選択した状態で、〈MoGraph〉メニュー /〈エフェクタ〉/〈ステップ〉を作成します。ステップエフェクタを選択し、〈属性マネージャ〉の〈パラメータ〉タブを開き、デフォルト設定の〈スケール〉のチェックを「オフ」にします。〈位置〉のチェックを「オン」にして、〈P.Y〉を「-40mm」に設定します。(先ほどモバイルフォン」の軸の向きを変更したので、〈P.Y〉を変更します。)

最後のクローンに〈P.Y〉の「-40mm」が適用され、それ以外のクローンには中間値が適用されます。つまり、徐々にクローンが〈P.Y〉に設定した数値に向かって移動しているようになります。しかし、下側から見てみると、最初と2番目のクローンが重なっています。

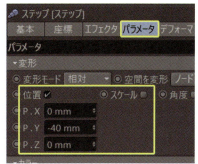 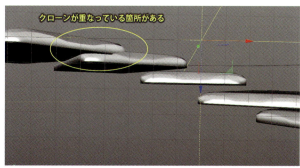

左:〈ステップ〉エフェクタの〈パラメータ〉を変える
右: クローン同士が重なっている箇所

これはステップエフェクタの効果のかかり具合をスプラインによって定義しているためです。ステップエフェクタの〈エフェクタ〉タブを開くと、スプラインの形状がS字カーブになっています。S字カーブになっていると、変化がゆるやかな箇所が生じますが、今回は均等間隔にモバイルフォンを移動させたいので、スプラインを線形にする必要があります。

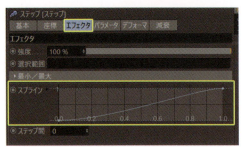

ステップエフェクタのスプラインがカーブになっている

　スプラインの右にある三角マークをクリックして、サブメニューを開きます。スプラインのポイントを ctrl（または shift）キーを押しながら二つ選択します。〈補間〉を「線形」に変更します。これで、最初のクローンから最後のクローンまで均等に補間されて移動するので、クローン同士の重なりがなくなりました。

 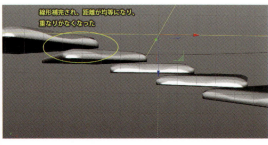

左:〈ステップ〉エフェクタのスプラインを線形にする
右: クローン同士が重なっている箇所が解消された

　アニメーションを先につけておきます。〈タイムライン〉を「0」フレームに合わせます。

　クローナーを選択し、〈オブジェクト〉タブの、〈スムーズに回転〉にチェックを入れておきます。これでアニメーションの時にクローンをなめらかに回転させることができます。

　〈オフセット〉を「50%」でキーを記録します。

　〈終了〉を「0%」でキーを記録します。

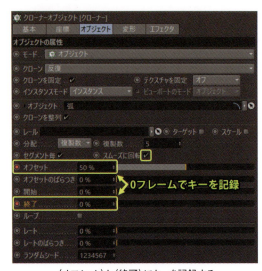

〈オフセット〉と〈終了〉にキーを記録する

タイムラインを「60」フレームに移動して、〈オフセット〉を「0%」、〈終了〉を「100%」にしてそれぞれにキーを記録します。

「60」フレームでキーを記録する

作成済みのカメラに切り替えて、アニメーションを再生して「モバイルフォン」が扇状に展開していくか確認します。

ここから〈マルチシェーダ〉を使ってクローンのモバイルフォンそれぞれに対してカラーバリエーションを設定していきます。

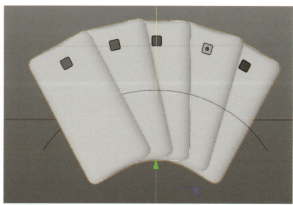
アニメーションを確認する

〈マテリアルマネージャ〉の「Phone_Body」というレイヤを開き、「モバイルフォン」のボディカラーである「Phone Surface」というマテリアルをダブルクリックし、マテリアルエディタを開きます。

モバイルフォン背面パネル用マテリアルを編集する

「Phone Surface」マテリアルのカラーチャンネルのテクスチャの三角マークから、〈MoGprah〉/〈マルチシェーダ〉を選択し適用します。

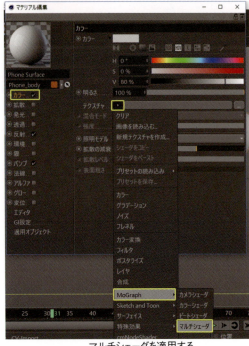

マルチシェーダを適用する

マルチシェーダのテクスチャ画像をクリックするとシェーダ設定画面に切り替わります。デフォルトではテクスチャスロットが2つあります。〈テクスチャ〉の三角マークを選択し、〈カラー〉を適用します。

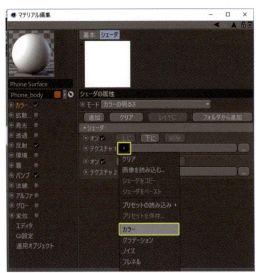

マルチシェーダのテクスチャにカラーを適用する

カラーテクスチャのサムネイル画像をクリックして、カラーを設定します。ここでは好きなカラーに設定して構いません。元の画面に戻るときは右上にある上向きの矢印をクリックします。

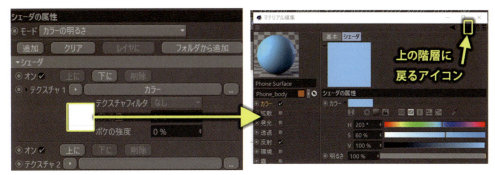

カラーシェーダのカラーを決める

モバイルフォンは5つ複製したので、マルチシェーダの〈追加〉をクリックしてテクスチャスロットを5つにして、それぞれに〈カラーシェーダ〉で好きなカラーを設定します。すると、すべてのモバイルフォンのカラーがマルチシェーダの最後に設定したカラーになります。

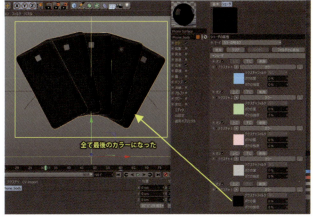

マルチシェーダで5台分のカラーシェーダを設定する

マルチシェーダで設定したカラーをクローンに順番に適用させるためにステップエフェクタを使います。先に位置調整用に作成したステップエフェクタを選択し、〈エフェクタ〉タブを開き、〈カラーモード〉を「エフェクタカラー」にします。

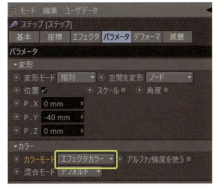

ステップエフェクの〈カラーモード〉を「エフェクタカラー」にする

ステップエフェクタをカラーモードとして使うことでマルチシェーダのカラーがクローンに順番に適用されました。先ほどステップエフェクタのスプラインを「線形」に変更しましたが、S字カーブのままだと、同じカラーが重複するので、ひとつひとつのクローンに順番に適用したい場合は、スプラインを「線形」にする必要があります。

それぞれのクローンに異なるカラーを設定できた

完成ファイル：ch-7\3_4_flyinglogo_finish

マルチシェーダとステップエフェクタのカラーモードを使うと、クローナに対して順番にカラーを変化させることができます。マルチシェーダはカラーだけではなく、大量のクローンにテクスチャを貼りつけたい時にも便利です。〈フォルダから選択〉ボタンでフォルダ内にある画像ファイルを自動ですべて読み込めるので、数百、数千のテクスチャを一枚ずつ読み込む必要はありません。例えば次の画像ではトランプクローンにトランプの連番画像を読み込んで順番に適用しています。こちらもステップエフェクタの〈カラーモード〉を「エフェクタカラー」にして、〈エフェクタ〉タブの〈スプライン〉を「線形」にすれば順番にテクスチャが適用されていきます。ランダムエフェクタの〈カラーモード〉と〈マルチシェーダ〉を組み合わせると、各クローンにランダムにシェーダやテクスチャを適用することができます。

大量のクローンにトランプのテクスチャをマルチシェーダで適用したもの

6 IllustratorデータをMoGraphでアニメーションさせる

6-1 Illustratorデータの読み込みと整理

Cinema 4D はIllstratorで作成したデータを読み込めます。この作例ではIllstratorファイルを読み込み3D化して、MoGraphを使ってホログラムのようなアニメーションを作成します。新規ファイルを作成して、〈ファイル〉/〈マージ〉から下記のIllustratorファイルを読み込みます。

完成図

Illustratorファイル:ch-7\Illustrator_v8.ai

Illustratorデータの注意点

Cinema 4Dで読み込むためにはIllustratorデータを「Illustrator 8」形式で保存してください。また、テキストなどはアウトライン化しておきます。

インポートダイアログが表示されるので、作例では単位を「m: メートル」に変更し、〈スプラインを一体化〉も「オン」にして読み込みます。

Illustratorインポートダイアログ

〈Illustratorのパスはスプラインとして読み込まれます。この時、ヌルの子オブジェクトになっているので、親のヌルを選択して、座標値を原点（X,Y,Z = 0）に移動させておきます。

グループごと原点に移動させる

ヌルの子にはスプラインが入っているので、文字と両サイドのスプライン、ハートのスプラインごとに選択して、オブジェクトマネージャの〈オブジェクト〉メニュー/〈オブジェクトを一体化＋消去〉して整理しておきます。それぞれ名前をCOFFEE STAND、Leaf、Heartに変更しておきます。

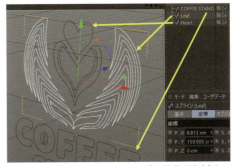

中のスプラインを各パートに分けて〈一体化＋消去〉をおこなう

6-2 ボロノイを使ったアニメーション

「Leaf」を押し出しジェネレータで押し出しします。〈押し出し量〉はZ方向に「40cm」とします。〈キャップ〉タブを開いて、〈シングルオブジェクトで生成〉を「オン」にしておきます。オンにしておけばキャップと押し出しの側面のポイントが結合された状態になります。この後ボロノイ分割を使うので、その時に綺麗に分割させるためです。

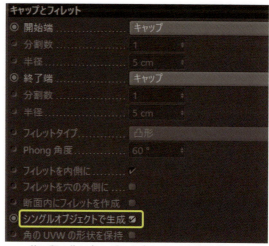

後工程の為に〈シングルオブジェクトで生成〉を「オン」

〈MoGraph〉メニュー/〈ボロノイ分割〉を作成します。「押し出し」を「ボロノイ分割」の子オブジェクトにすると、ランダムに分割された状態になります。ボロノイ分割はクローナーの仲間で、分割された一つ一つの破片がクローンになります。エフェクタを使ってアニメーションさせる前に、分割方法を調整します。ランダムではなく、水平に細切り状に分割してみます。

ボロノイで分割された押し出しオブジェクト

まず、〈らせん〉スプラインを作成し、

〈P.Y〉・・・・・・・・・・・・・・・・・・・「-100cm」
〈開始半径〉〈終了半径〉・・・・・「0」
〈平面〉・・・・・・・・・・・・・・・・・・・「XZ」

しておきます。〈開始半径〉、〈終了半径〉を「0」にすると、らせんは直線のスプラインになります。

ボロノイ分割を選択し、〈ソース〉タブを開き、デフォルトの〈ポイント生成〉を「オフ」にして、らせんをそのリスト内にドラッグ&ドロップして追加します。追加したら、リストのらせんを選択し、下の〈ポイント数〉を「50」に増やします。これで、スプラインと直行するラインで分割することができました。

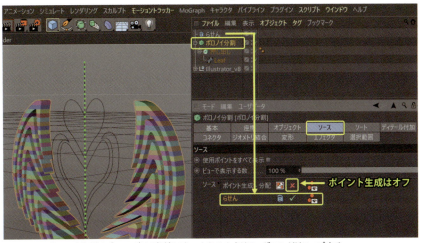

ボロノイ分割の〈ソース〉に直線になったらせんをドラッグアンドドロップする

アニメーションを作成します。ボロノイ分割を選択した状態で、簡易エフェクタを作成します。簡易の〈減衰〉タブを開き、〈線形フィールド〉を追加して、

　　〈サイズ〉・・・・・・・・・・・「20cm」
　　〈方向〉・・・・・・・・・・・・「+Y」

に変更します。

簡易エフェクタの〈パラメータ〉タブを開き、

　　〈スケール〉・・・・・・・・・「オン」、「-1」
　　〈均等スケール〉・・・・・・「オン」

に変更します。

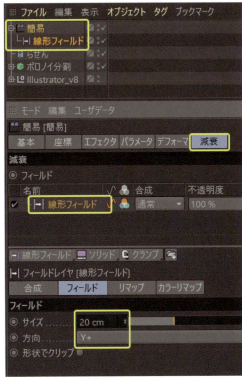

ボロノイ分割に簡易エフェクタを適用する

線形フィールドにキーフレームを記録してアニメーションさせます。タイムラインが全体で「90」フレームしかないので、「150F」に変更します。

フレーム数を150に変更する

では、線形フィールドの〈P.Y〉にキーを記録していきます。

「0」フレームで、〈P.Y〉に「-100cm」でキーを記録します。
「15」フレームで、〈P.Y〉に「-100cm」でキーを記録します。
「60」フレームで、〈P.Y〉に「500cm」でキーを記録します。
「75」フレームで、〈P.Y〉に「500cm」でキーを記録します。

レイアウトを〈animate〉に切り替えて、タイムラインで線形フィールドを選択します。〈属性マネージャ〉にトラックのパラメータが表示されるので、

　〈後〉‥‥‥‥‥‥‥「往復」
　〈くり返し〉‥‥‥‥「10」

にすると、線形フィールドは75フレーム目から最初の位置に戻ってくる、往復動作になります。タイムラインを増やしてもキーを追加することなく、線形フィールドは〈くり返し〉の数だけアニメーションを繰り返します。

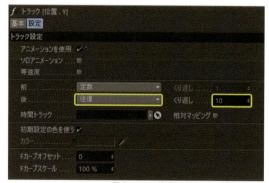

フレーム数を150に変更する

簡易エフェクタの減衰に〈ディレイ〉モディファイアフィールドを追加して余韻を追加しておきます。

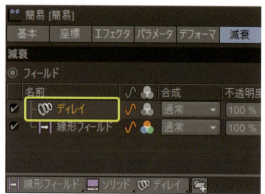

線形フィールドの上にディレイを追加する

Heartスプラインも押し出しを使ってジオメトリ化します。押し出しのパラメータは、Leafと同様に

〈押し出し量〉…………「40cm」
〈シングルオブジェクトで生成〉「オン」

にしておきます。「Heart」は〈破砕〉を使ってクローンにして、破砕の〈モード〉は「セグメントを接続して破砕」に変更します。

　破砕には先ほどボロノイ分割用に作成した簡易エフェクタを適用します。破砕を選択し、〈エフェクタ〉タブを開き、簡易をドラッグ＆ドロップして追加します。

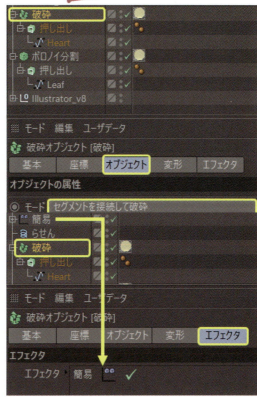

破砕に先に作った簡易エフェクタを適用する

　さらに、破砕を選択して、〈タイム〉エフェクタを作成、適用します。タイムエフェクタは時間経過に応じて自動的にアニメーションをおこなってくれる便利なエフェクタです。設定したパラメータのアニメーションを一秒間ごとに自動で行うので、ループ用素材には活用できます。

　デフォルト設定では一秒間に〈R.H〉が「90°」回転していきますが、少しスピードが速いので、〈パラメータ〉タブの〈R.H〉を「30°」にして秒あたりの回転角度を落としておきます。

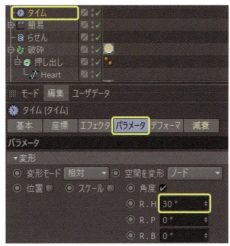

タイムエフェクタのパラメータを変更する

ある程度できたので、一度シーンを整理しておきます。各オブジェクトが把握しやすいように名前を変更し、エフェクタの名前も役割に応じて変更しておくと後でシーンを見直したときに理解しやすくなります。基本的なことですが、Cinema 4Dは階層の管理は特に気を配っておくことをオススメします。また、ヌルを作成して名前をLogoに変更して、ここまで作成したオブジェクトをまとめて子オブジェクトにしておきます。

シーンを整理する

6-3 テキストロゴのアニメーション

テキストの押し出しを作成していきます。このテキストは後でデフォーマで曲げるので、内部にある程度の分割数が必要になってきます。

COFFEE STANDスプラインを選択し、
　〈補間法〉・・・・・・・・・・・「均等」
にして、押し出し作成して押し出しします。

押し出しを選択し、
　〈押し出し量〉・・・・・・・・「50cm」
　〈分割数〉・・・・・・・・・・・「5」
　〈開始端〉と〈終了端〉「キャップとフィレット」にして、
　〈分割数〉・・・・・・・・・・・「1」
　〈半径〉・・・・・・・・・・・・・「3cm」
　〈タイプ〉・・・・・・・・・・・「四角ポリゴン」
　〈正方形分割〉・・・・・・・・「オン」
　〈幅〉・・・・・・・・・・・・・・・「5cm」
とすると、画像のような状態になります。

COFFEE STANDスプラインと押し出しのパラメータを調整しておく

〈屈曲〉デフォーマを作成し、押し出しと同じ階層に入れます。屈曲のパラメータは、

　〈座標〉タブでは、

　　〈P.X〉‥‥‥‥‥‥‥「125cm」

　（原点から曲げるため、サイズの半分の数値をいれておきます）

　　〈R.P〉‥‥‥‥‥‥‥「90°」

　　〈R.B〉‥‥‥‥‥‥‥「90°」

　〈オブジェクト〉タブでは、

　　〈モード〉‥‥‥‥‥‥「無制限」

　　〈強度〉‥‥‥‥‥‥‥「45°」

　　〈Y方向の長さを維持〉‥‥「オン」

　に変更します。

　屈曲の〈P.X〉をサイズの半分の数値にしておくと、この場合はちょうど原点から曲げることができます。さらに無制限にすることで反対側も同じ角度で曲がります。

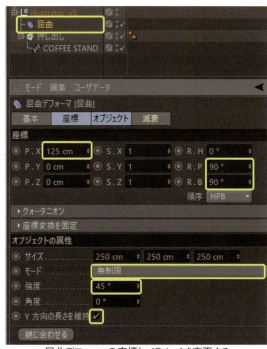

屈曲デフォーマの座標とパラメータを変更する

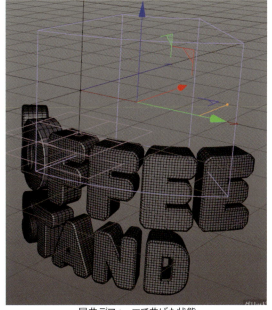

屈曲デフォーマで曲げた状態

続いて、親の Illustrator_v8 を選択して、〈座標〉タブの〈P.Z〉を「-300cm」に移動させておきます。

押し出しの親をZ方向に-300cm移動させておく

新規にクローナを作成し、Illustrator_v8 を子オブジェクトにします。クローナーの〈オブジェクト〉タブを開き、設定を次のように変更します。

  〈モード〉…………「放射」
  〈クローンを固定〉…「オフ」
  〈複製数〉…………「1」
  〈半径〉……………「0cm」
  〈平面〉……………「XZ」

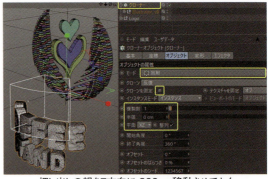

押し出しの親をZ方向に-300cm移動させておく

クローナーの〈エフェクタ〉タブを開き、先に作成したタイムエフェクタをドラッグ＆ドロップします。これで文字も回転するようになります。この時、回転軸はクローンの軸位置（半径を0にしたので原点にクローンが複製されている状態）になるのですが、〈クローンを固定〉をオフにすると、クローン自体はZ方向に-300cmオフセットした複製前の位置になります。

押し出しの親をZ方向に-300cm移動させておく

6-4 マテリアル

ホログラム用マテリアルを新規ノードベースマテリアルから作成します。

カラーと発光のためのベースとなるグラデーションノードを作成し、グラデーションの色を調整し、〈角度〉を「90°」にします。〈投影〉（コンテキスト）ノードを作成し、

　〈投影〉‥‥‥‥‥‥**「平行」**
　〈参照サイズ〉‥‥‥‥**「1000cm」**

にしておきます。

〈投影〉ノードの〈結果〉ポートをコンテキストにつなぐと、グラデーションが〈投影〉ノードで指定した投影法で上書きされます。

ベースとなるグラデーションノードに投影ノードを並行にしてコンテキストポートへ繋げる

〈アンビエントオクルージョン〉（ジェネレータ）を作成し、〈向きを反転〉を「オン」にします。アンビエントオクルージョンは面と面が交差する奥まった箇所に汚れのようなシェーディングを描画するためのものですが、向きを反転させると、出っ張った部分に効果が適用されます。

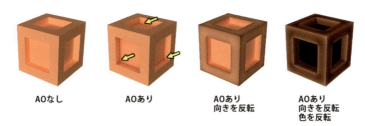

アンビエントオクルージョンの効果

〈反転〉(数式) ノードを作成し、〈データタイプ〉を「Color」に変更してカラーを反転させるようにします。
〈アンビエントオクルージョン〉の〈オクルージョン〉ポートを〈反転〉の値へ繋ぎます。

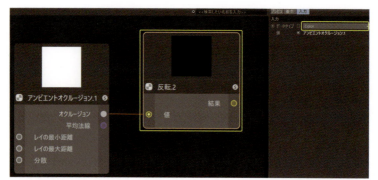

アンビエントオクルージョンの効果を反転させ、さらに反転ノードで色を反転させる

〈合成〉(カラー) ノードを作成し、

〈合成モード〉………「**乗算**」

〈Blend〉…………「**70%**」

にして〈グラデーション〉の〈結果〉ポートを〈背景〉ポートに接続します。
また、〈反転〉の〈結果〉ポートを〈前景〉ポートに接続します。

〈露出〉(カラー) ノードを作成し、

〈露出〉……………「**1.5**」

に変更して、〈合成〉の〈カラー〉ポートを〈露出〉の入力〈カラー〉ポートへ接続します。
〈露出〉の出力〈カラー〉ポートから〈マテリアル〉の〈発光〉へ接続します。

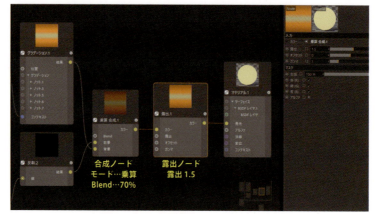

アンビエントオクルージョンの効果を使って出っ張りだけ強く発光させる

〈色補正〉（カラー）ノードを作成し、

〈値〉・・・・・・・・・・・・・・「-50%」

にして、〈アンビエントオクルージョン〉の〈オクルージョン〉ポートから〈色補正〉の入力〈カラー〉ポートに接続します。

〈色補正〉の出力の〈カラー〉ポートをマテリアルの〈透過〉へ繋ぎますが、マテリアルの〈透過〉ポートはデフォルトで隠れているので、ワイヤをマテリアルノードの上にドラッグ＆ドロップして、隠れているポートから〈透過〉を選択して繋ぎます。

マテリアルノードを選択し、〈透過〉を「オン」にします。アンビエントオクルージョンの効果から出っ張りの部分以外が少し透明になります。マテリアルをオブジェクトに適用します。

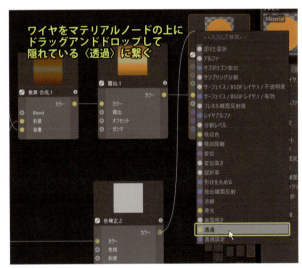 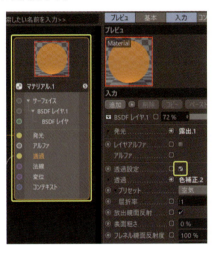

色補正ノードの結果マテリアルノードの透過へ繋ぐ

6-5 ライティング

ライティングはシンプルにロゴの下からスポットライトで照らします。また、可視照明を使って光のスジを表現します。

ライトを作成し、〈座標〉を

〈P.Y〉・・・・・・・・・・・・・・「-700cm」

〈R.P〉・・・・・・・・・・・・・・「90°」

に変更します。

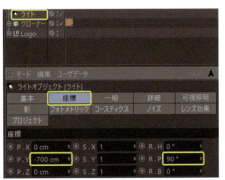

ライトの座標と角度を変更する

ライトの〈一般〉タブを開き、
〈**カラー**〉H・・・・・・・・・・「**200°**」
〈**カラー**〉S・・・・・・・・・・「**45%**」
〈**カラー**〉V・・・・・・・・・・「**100%**」
〈**強度**〉・・・・・・・・・・・・・・「**100%**」
〈**放射タイプ**〉・・・・「**スポット(丸)**」
〈**可視照明**〉・・・・・・「**ボリューム**」
に変更します。

強度、放射タイプ、可視照明を設定する

〈詳細〉タブを開き、
〈**外側の角度**〉・・・・・・・・「**90°**」
に変更します。

スポットの角度を調整する

〈可視照明〉タブを開き、
〈**内側の大きさ**〉・・・・・・「**500cm**」
〈**外側の大きさ**〉・・・・・・「**2000cm**」
にします。

　通常、なにも無い空間を進む光は見ることできませんが、可視照明を使うと、空気中のチリや埃の中を光がすすむ様子を表現できます。上手く活用すると立体感のある光を表現できます。

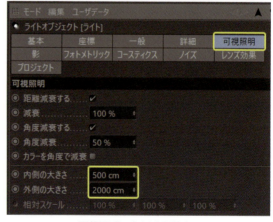
可視照明の大きさを調整する

308

6-6 レンダリング

　カメラアングルを調整してレンダリングして完成です。レンダリングに関してはフライングロゴのレンダリング設定を参照してください。

　この作例ではIllustratorデータを読み込み、MoGraphを組み合わせてアニメーションをさせました。ボロノイ分割の〈ソース〉には、スプライン以外のさまざまなオブジェクトを登録できます。また、各破片はクローンとして扱うことができるので、エフェクタとフィールドを組み合わせてアニメーションも簡単にコントロールできるのが特徴です。この作例では、マテリアルにノードマテリアルを使用しましたが、標準マテリアルでも同じことはできます。

　アンビエントオクルージョンはマテリアル内で使用していますが、シーン全体に効果を付けたい時は、〈レンダリング設定〉の〈特殊効果〉からアンビエントオクルージョンを追加することができます。ただし、レンダリング設定とマテリアル両方にアンビエントオクルージョンがある場合は、効果が2重にかかるので注意が必要です。

完成した映像の一コマ

完成ファイル：ch-7\6_1_Illustrator_mograph_finish.c4d

コラム　ライトの種類について

Cinema 4D で扱える比較的使用頻度の高いものを紹介します。

全方向ライト

あらゆる方向に同じ強さの光を放射する電球のようなライトです。物理的な大きさはありません。スペキュラは描画しますが、ライト自体が鏡面反射として映り込むことはありません。

全方向ライトによる照明

スポットライト（丸）

任意の方向に対して円錐状に光を放射するライトです。照射範囲は調整することができます。スポットライト（角）を使用してテクスチャを設定すればプロジェクターのような表現ができます。物理的な大きさはありません。

スポットライト（丸）による照明

無限遠ライト

平行に降りそそぐ太陽光のようなライトです。ライトの位置に関係なく常に一定の明るさで照明されます。物理的な大きさはありません。

エリアライト

ジオメトリから光を放射するライトです。ジオメトリ形状は指定できます。オプションで物理的な大きさを持てます。

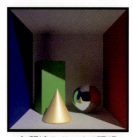

無限遠ライトによる照明

ポリゴンライト

エリアライトと似ていますが、発光マテリアルをポリゴンに適用して作成するライトです。グローバルイルミネーションを使用することが必要で、ライトオブジェクトのパラメータはなく設定が簡単です。物理的なサイズがあり、鏡面反射に映り込みはしますが、ライトオブジェクトと異なり、スペキュラは描画しません。

IES ライト（Visualize、Studio のみ）

IES データ（配光データ）を使用するライトです。照明器具を正しくモデリングしなくても、ライトオブジェクトだけで表現力のあるライトを作成できます。簡易的に大きさを持たせることができます。

エリアリライトによる照明

イメージベースドライティング（IBL）

マテリアルの〈発光〉チャンネルの〈テクスチャ〉に照明輝度の情報を含んだHDR画像などを読み込み、〈空〉オブジェクトに適用してグローバルイルミネーションを使うと、〈空〉を照明として使うことができます。

ポリゴンライトによる照明

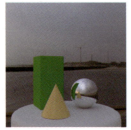

IBLライトによる照明

IESライトによる照明

Chapter 08

背景画像からウォークスルーアニメーションを作成

1 　静止画を 3D として動かすカメラマッピング
2 　マッピングする背景の準備
3 　カメラキャリブレータを使う
4 　マッピング用モデルの制作
5 　教会のマッピングを行う
6 　地面の作成
7 　背後の林と建物の作成
8 　樹木の作成
9 　空の作成
10 　アニメーションの設定
11 　アニメーションのレンダリング
12 　カメラを大きく動かす場合
13 　最後に

Chapter 08 背景画像からウォークスルーアニメーションを作成

1 静止画を3Dとして動かすカメラマッピング

アニメの背景のような静止画や写真を元にカメラが動くシーンを作りたい場合があります。しかし、詳細な背景のモデリング、マッピング、レンダリングを行うのはとても時間がかかります。それよりも簡易的なモデルにカメラマッピングすることで、すばやく背景のアニメーションを作ることができます。このチャプターでは、背景素材として教会の絵（イラスト：ヤクモレオ）を使い、教会を見る角度が変わるアニメーションを作ります。

カメラが移動するアニメーションを作る

2 マッピングする背景の準備

今回教会を見る角度を変えるわけですが、角度が変わるということは、絵に描かれていない部分がどうしても出てきます。この教会には4つの塔がありますが、後ろの塔の一つは手前の塔に隠れています。また、2つの入り口は奥まっているため、右の扉が隠れています。

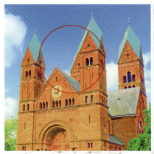 

カメラの移動により後ろの塔が見えるようになる

この隠れた部分もマッピングできるように、背景素材の制作をお願いしたヤクモレオさんには、各パーツをレイヤで分けて、見えない部分を描いていただくように依頼し、Photoshop のレイヤ形式で保存してもらいました。

パーツごとにレイヤ別に描かれた教会

　また、背景をオブジェクトにカメラマッピングするには、カメラの画角やカメラの角度を描かれている背景画像と一致させる必要があります。Cinema 4D Visualize と Studio にあるカメラキャリブレータという機能を使うことで、静止画からカメラの画角と撮影位置を 3D シーンに再現できます。ただ、カメラキャリブレーションでは、画像のパースを XYZ で指定する必要があります。はっきりと分かる画像なら良いのですが、分かりづらい場合は、Photoshop などで事前にパースのアタリの線を引いておくことで、Cinema 4D 上で作業がやりやすくなります。アタリのラインは別レイヤにしておくか、アタリ入りの画像を別画像として保存しておきます。今回は、こちらで用意した画像データを使って作成します。

見えていない部分もある程度わかるようにしておくと、あとでモデリングの参考になる

3　カメラキャリブレータを使う

　背景をオブジェクトにカメラマッピングするには、カメラの画角やカメラの角度を描かれている背景画像と一致させるため〈カメラキャリブレータ〉という機能を使って、静止画からカメラの画角と撮影位置を3Dシーンに再現します。

　まず、〈作成〉メニュー /〈カメラ〉/〈カメラ〉を作成します。〈オブジェクトマネージャ〉でカメラを右クリックして、〈カメラキャリブレータ〉を選びます。

　次に、〈属性マネージャ〉の画像タブでアタリ線を入れた次の画像を読み込みます。

ファイル：ch-8\tex\ 背景データ _ アタリ.psd

　今回の画像は、これからの作業には明るすぎるので、明るさを30%にします。この明るさは作業に応じて変更してください。画像を読み込むとビューポートに画像が配置されます。

アタリ用の画像を読み込む

　〈属性マネージャ〉の〈キャリブレート〉タブを選び、〈グリッドを追加〉ボタンを押してグリッドを作成します。これは画像のXYZの各面を指定するためのものです。

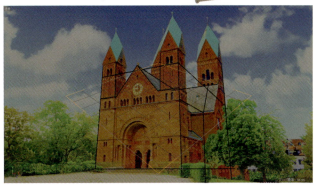

〈グリッドを追加〉でグリッドが現れる

作成されたグリッドの各角のオレンジのポイントを教会の前面のアタリの角に合わせます。

水平と垂直にあたる部分に合わせる

　オレンジのポイントをドラッグすると、四角いルーペが表示され、拡大してくれるので、ポイントに合わせます。ルーペのサイズや拡大率は〈設定〉タブで編集できるので、お使いのモニタ解像度に合わせて調整してください。

ポイントを合わせたら、グリッドのエッジが XYZ のどれに当たるを指定します。指定するには、エッジを Shift キーを押しながらクリックすると、赤（X）、緑（Y）、青（Z）に切り替ります。Cinema 4D は横が X 軸、縦が Y 軸なので、今回の場合は横が赤、縦を緑になるようにします。また、グリッドのサイズが分かれば〈属性マネージャ〉の〈既知の距離 Y〉値を入れます。今回は「3000cm」にします。〈既知の距離 X〉も自動的に計算され、ここでは「2787.17cm」になっています。（数値は異なることがあります）

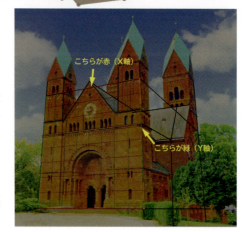

もう一つグリッドを作成して、今度はポイントを側面のアタリ線に合わせます。グリッドは奥行方向と縦方向に合わせたので、グリッドのエッジは青と緑を指定します。

〈属性マネージャ〉の〈既知の距離 Y〉値を入れます。今回は「3000cm」にします。

〈キャリブレート〉タブを見ると、〈補正ステータス〉が〈カメラ位置〉以外は緑と黄色の解析済みになっており、パースの計算がうまく行っているようです。

こうしたパースペクティブを決めるには、今回使ったグリッドだけでなく、ラインも使えるので、パースをラインで指定もできます。より正確にするには、できるだけ画面の広い範囲が指定されていると良い結果が得られます。

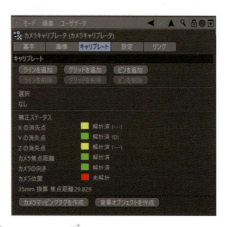

最後に、〈ピンを追加〉ボタンを押して、シーンの原点を位置を指定します。指定できる場所は、グリッドやラインのポイントだけになります。今回モデリングがしやすいように教会の前面右下にピンをスナップさせます。これで、〈カメラ位置〉も緑になりました。

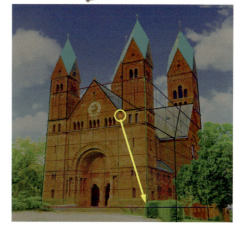

最後に、〈属性マネージャ〉の〈キャリブレート〉タブの〈カメラマッピングタグを作成〉ボタンと〈背景オブジェクトを作成〉ボタンを押して、背景オブジェクトを作成します。

以上で、カメラキャリブレータの設定は完了です。

ここまでのサンプルファイル：ch-8\anime_background_01.c4d

4　マッピング用モデルの制作

4-1　教会のモデリング

まずは、教会をモデリングしていきます。〈立方体〉を作成して、横のサイズはグリッドの〈既知の距離 X〉が「2911.117cm」だったので、次のサイズにします。

〈サイズ .X〉 2911 cm
〈サイズ .Y〉 3000 cm
〈サイズ .Z〉 600 cm

座標は次のように入力します。

〈P.X〉‥‥‥ -1455.5 cm
〈P.Y〉‥‥‥ 1500 cm
〈P.Z〉‥‥‥ 300 cm

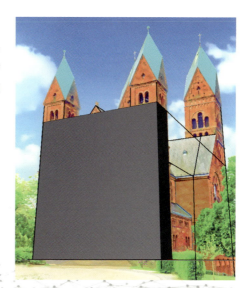

横幅はピッタリと一致しました。〈オブジェクトマネージャ〉でカメラに付いている〈テクスチャタグ〉を〈立方体〉にドラッグ＆ドロップして、マテリアルを適用します。〈テクスチャタグ〉を選択して、〈貼る面〉を「表だけ」にします。こうすることで、裏面の見えない部分がグレーになりモデリングがしやすくなります。

立方体にカメラに適用されていたテクスチャタグを割り当てる

背景があると分かりづらいので、教会に割り当てられているマテリアルを少し暗くします。〈マテリアルマネージャ〉で明るい方の「背景データ_アタリ」を選択して、〈属性マネージャ〉で〈明るさ〉を「70%」、〈混合モード〉を「乗算」にします。

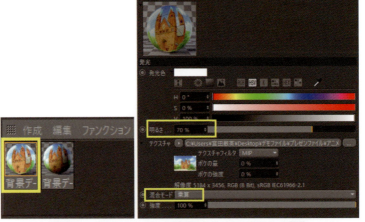

発光チャンネルにテクスチャが適用されているマテリアルを編集

立方体の部分が暗くなる

ここから「立方体」を〈オブジェクトマネージャ〉で選択して〈編集可能にする〉を実行しポリゴンに変換します。
　グリッドが作業のジャマなので、〈フィルタ〉メニュー /〈グリッド〉をオフにします。

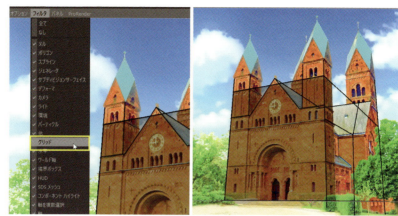

グリッドがなくなり見やすくなった

　〈ポリゴンモード〉に切り替えてから〈ループ / パスカット〉ツールを選び、塔になっている部分と三角屋根の始まっている部分にカットを入れ、下図の黄色いラインのようになるようにします。

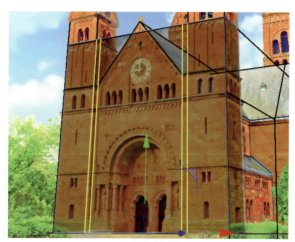

カットする位置

　一発でカットが決まらない場合は、カットした後に〈ループ / パスカット〉ツールのスライダで微調整するか、エッジを選択して移動します。

スライダでカット位置を調整。数値入力で指定もできる

上部の帯状装飾のコーニス部分とモデルの高さが一致していないので、一番上のポリゴンを選択して高さを調整します。現在のカメラアングルでは、ポリゴンが選択しにくいので、ビューポートの〈カメラ〉メニュー /〈使用カメラ〉/〈デフォルトカメラ〉に切り替え、見やすいアングルにしてから選択します。

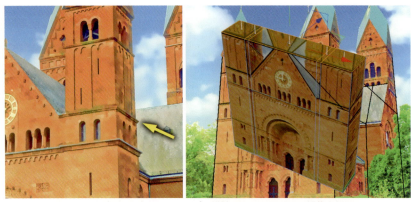

左: コーニス部分 / 右: カメラマップは維持されるのでこのまま編集を行える

上部ポリゴンを選択して、Y軸をドラッグで高さをコーニスの位置に合わせます。

装飾のコーニスに合わせる

三角屋根の部分を作成するため、中心のポリゴンを選択して〈押し出し〉ツールで屋根の高さまで押し出しします。今回の場合、〈押し出し量〉は「960cm」でした。

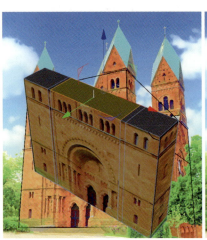
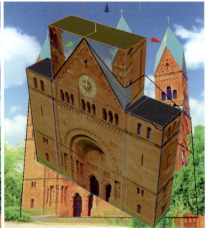

屋根に合わせて押し出す

三角屋根にするため、中心にエッジを追加します。〈ループ選択〉ツールを使い、屋根に続くポリゴンを選択します。それから、〈ループ/パスカット〉ツールで中心をカットします。適当な位置でカットしても、三本線のアイコンをクリックすると50%の位置に直してくれます。

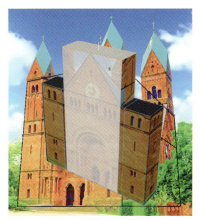
〈ループ選択〉で選択

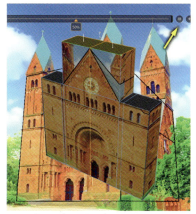
〈ループパスカット〉ツールでカット

　〈ポリゴンペン〉に切り替え、上部の頂点をドラッグして、三角屋根の中心のポイントと結合します。

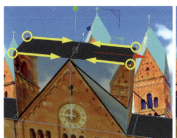

結合することで三角屋根に

　カメラのアングルを変えて背面を表示し、中心のポリゴンを選択して〈押し出し〉ツールで「3000cm」押し出します。

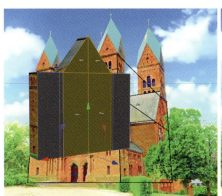
後ろへ押し出す
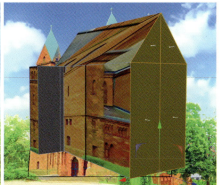

321

4-2 教会の側面部を作る

カメラメニューから〈使用カメラ〉を「カメラ」に変えて、押し出した反対側のポリゴンを選択します。この選択部分を使って、側面のモデリングを行います。

似ているパーツを再利用する

選択したら、〈メッシュ〉メニュー/〈コマンド〉/〈別オブジェクトに分離〉を実行すると、そのポリゴンが別オブジェクトとして複製されます。なお、元のオブジェクトのポリゴンはそのまま残っています。

オブジェクトマネージャでは元のオブジェクトが選択されままになります

オブジェクトマネージャには、「立方体.1」という名前の別オブジェクトが作成されます。名前が同じだと間違えやすいので、名前をダブルクリックして「側面」に変更します。

「側面」を選択して、〈エッジモード〉に切り替えて、三角の底辺に当たるエッジを選択します。〈移動ツール〉にして緑色のY軸をドラッグして、エッジを下のコーニスのところに合わせます。これは側面の三角屋根がこの高さと同じだからです。

エッジモードでエッジを移動

〈ポリゴンモード〉に切り替え、全てのポリゴンを選択して、〈スケールツール〉で屋根の傾斜が一致するように赤の X 軸をスケールします。

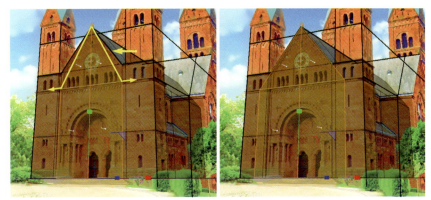

屋根の傾斜に合わせる

向きを変えるために〈モデルモード〉に切り替え、〈軸を有効〉と〈スナップ〉をオンにします。そして、〈移動ツール〉に切り替えて、軸を左下に合わせます。最後に、〈軸を有効〉をオフにします。

ポリゴンモードのままだと軸の変更が反映されないので注意

〈回転ツール〉に切り替え、Shift キーを押しながら回転バンドの緑をドラッグして、HUD で「90°」になるまで回転します。

Shiftキーを押すことで10°ずつに制限できる

〈移動ツール〉に切り替え、立方体の右下前方部分にスナップさせます。赤い軸をドラッグして、側面の屋根のアタリ線に合わせます。

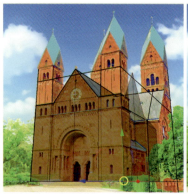 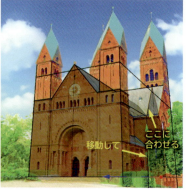

同位置になるところにアタリ線を引いておくと作業が楽になる

〈ポリゴンモード〉に切り替え、〈押し出しツール〉を選んでビューポートをドラッグして、背景画像の壁面まで押し出します。

 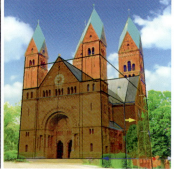

押し出し量は目視で合わせる

ビューの〈パネル〉メニューから〈ビュー4〉（正面ビュー）に切り替え、教会全体が見えるように調整してます。〈ポイントモード〉に切り替え、〈長方形選択〉ツールを選び、〈可視エレメントのみ選択〉をオフにして左側面ポイントを全て選択します。〈移動〉ツールにして、教会オブジェクトの中心にスナップします。

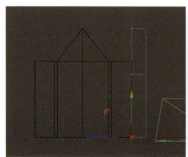 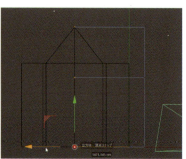

ポイントを選択

〈対称〉オブジェクトを作成して、同じく教会オブジェクトの中心にスナップします。オブジェクトマネージャで「側面」オブジェクトを対称オブジェクトにドラッグして対称化します。

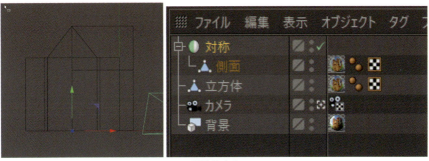

対称化する

4-3 塔を作る

〈透視〉ビューに戻し、〈使用カメラ〉も〈デフォルトカメラ〉にします。「立方体」を選択して、ポリゴンモードにして塔が接続する部分のポリゴンを選択します。

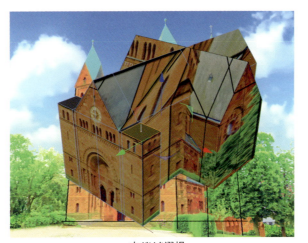

一方だけを選択

選択したら、〈メッシュ〉メニュー／〈コマンド〉／〈別オブジェクトに分離〉を実行します。また、「立方体.1」ができるので、名前を「右塔」に変更しオブジェクトマネージャで選択します。

〈使用カメラ〉を「カメラ」にして、ポリゴンを選択して〈押し出し〉ツールで屋根の始まりまで押し出します。押し出す前に、〈キャップを作成〉オプションはオフにしておきます。さらにほんの少し押し出し、スケールツールで屋根のサイズに調整します。

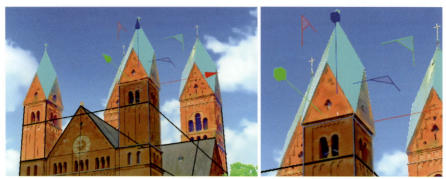

背景画像を見ながら合わせる

さらに三角の頂点まで押し出し、そして屋根より少し高いところまでもう一度押し出します。

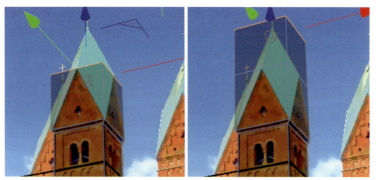

絵に合わせて押し出し量を調整

屋根を三角にするため、すべてのポリゴンを選択してから〈ループ/パスカット〉ツールで前面と側面の中心にエッジを追加します。

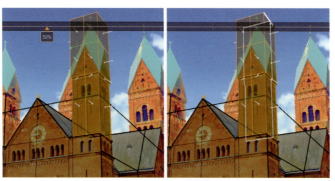

中心をカットするには、50%の位置でカットする

〈ラインカット〉ツールで、屋根の形状に合わせて頂点にスナップさせながらポリゴンをカットします。視点を変えて裏面も同じようにカットしておきます。

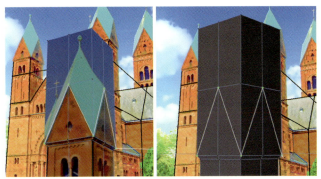

見えていない部分も同じようにカットする

〈ポイント〉モードに切り替え、〈ポリゴンペン〉で不要なポイントを結合して屋根の形状に合わせます。

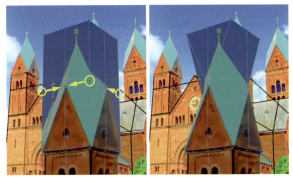

〈ポリゴンペン〉はポイントをスナップすると結合する

一番上のポイントをすべて選択して、〈結合〉ツールで中心で結合させます。

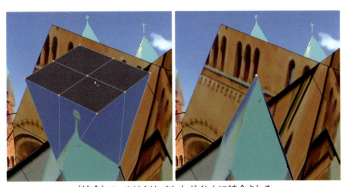

〈結合〉ツールはクリックしたポイントに結合される

〈使用カメラ〉をカメラに切り替え、形状と背景画像にズレがあれば微調整します。スナップがオンだと作業しにくいと思うので、スナップはオフにしておきます。

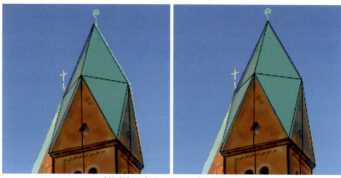

〈移動〉や〈ポリゴンペン〉で微調整

塔が完成したので、〈モデル〉モードにして、〈軸を有効〉と〈スナップ〉を有効にして、塔の左下に軸をスナップさせます。オブジェクトマネージャで、「右塔」をコピー／ペーストして、オブジェクトを複製し名前を「左塔」に変えます。

右塔を複製して左塔にする

〈軸を有効〉をオフにして、〈移動〉ツールで赤いX軸を選択して左端にスナップさせます。横幅があっていないようなので、〈スケール〉で塔の幅を合わせました。微妙なズレも画像に合わせて調整します。

手描きなのでズレが有る場合は、画像を優先

後ろの塔を作るため、もう一度「右塔」オブジェクトを複製し名前を「右塔後ろ」にします。そして、〈軸を有効〉をオンにして、右奥の角にスナップさせます。〈スナップ〉をオフにしてから、奥行きのZ軸方向に移動して塔の右側面に沿うようにします。

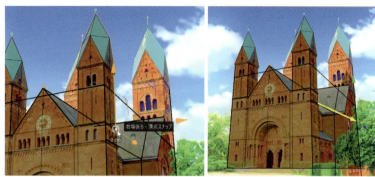

右下に軸を合わせることで後で〈スケール〉での調整が楽になる

移動したら、奥の塔のほうが大きいので、〈スケール〉ツールで塔の幅を一致させます。軸を右側面の角に合わせていたので、側面の位置は変わらずスケールが行えます。それから高さも合わせます。必要に応じてポイントの調整も行います。

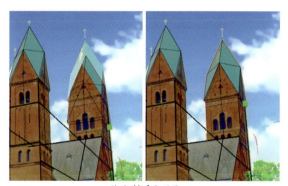

サイズを合わせる

塔が宙に浮いているので、〈長方形選択〉ツールで底辺のポイントを選択して、教会の底辺に合わせます。

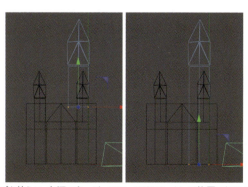

スナップを使うか、座標マネージャでワールドにセットして位置Yをゼロにする

オブジェクトマネージャで「右塔後ろ」を複製して、名前を「左塔後ろ」にします。X軸方向に移動して背景画像に合わせます。

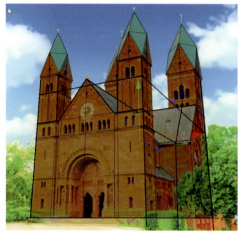

塔のモデリングが完了

4-4 塔の下を伸ばす

この教会はアタリ線より下に構造物があるので、オブジェクトマネージャですべてのポリゴンオブジェクトを選択した状態で、〈ポリゴンモード〉に切り替えます。〈長方形選択〉ツールで底辺部分のポリゴンを選択して、構造物が見えているところまで〈押し出し〉ツールで押し出します。このとき、〈キャップを作成〉はオフにしておきます。

矢印のようにドラッグして選択　　　　　　〈押し出し〉ツールで押し出し

4-5 教会の玄関を作成

正面部分が「立方体」のままだったので、オブジェクトマネージャで「教会メイン」に変更します。

玄関はアーチ状になっているので、〈ディスク〉オブジェクトを作成して、〈属性マネージャ〉の〈オブジェクト〉の〈方向〉を「-Z」、〈放射方向の分割数〉を「1」にします。そして、「教会メイン」の中心にスナップします。

ディスクを中心にスナップ

〈ディスク〉をスケールと移動で、玄関のアーチに合わせます。〈ディスク〉を編集可能にして、ポリゴンモードにして下半分のポリゴンを削除します。中心がずれている場合は、背景画像に合わせます。

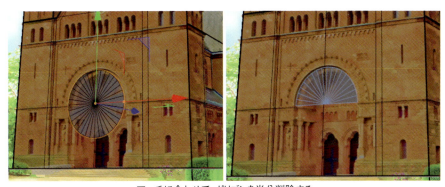

アーチに合わせて、ポリゴンを半分削除する

〈エッジ〉モードにして、半円の底辺エッジを選択します。Ctrlキーを押しながら〈移動〉ツールで教会の底辺まで移動します。〈座標マネージャ〉で位置Yを0にして、適用ボタンを押します。

Ctrl+ドラッグで押し出しになる

〈ポリゴン〉モードにして、全てのポリゴンを選択、少し手前Z方向に移動します。〈押し出し〉ツールで〈キャップを作成〉をオンにして、手前に「800cm」程度押し出します。

ブールで調整するので押し出し量は厳密でなくても良い

〈ブール〉オブジェクトを作成して、「教会メイン」と「ディスク」順で、「ブール」の子にします。〈モデル〉モードにして、Z方向に動かすとブールされます。このままだとディスクでブールした部分にマテリアルがは反映されないので、「教会メイン」に適用されているテクスチャタグをCtrl+ドラッグ&ドロップして複製します。

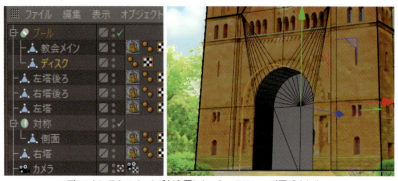

ディスクにテクスチャタグを適用しないとマテリアルが反映されない

テクスチャが反映された状態で、ブールの位置を調整します。「ブール」の〈一体化〉にチェックを入れた状態で編集可能にします。

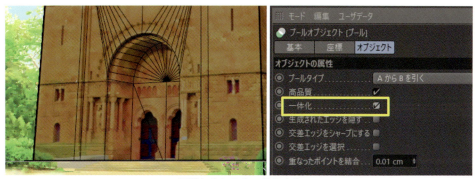

画像に合わせて、一体化する

入口のポリゴンを選択して、〈別オブジェクトに分離〉を実行します。元の教会から選択してたポリゴンを削除し、新しくできたポリゴンオブジェクトの名前を「入口」に変更してモデリングが完了です。

入口はマッピングを分けるため別オブジェクトにする

4-6 教会のモデルを整理する

教会のモデリングが完了したのでオブジェクトマネージャで、オブジェクトを整理します。ヌルになったブールの名前を「教会」に変えて、その中にモデリングしたものを入れます。

ここまでのサンプルファイル：ch-8\anime_background_02.c4d

5 教会のマッピングを行う

　教会のモデルができたのでマッピングしていきます。〈使用カメラ〉を「カメラ」にします。背景オブジェクト用のマテリアルと、カメラマップのマテリアルに適用しているテクスチャをアタリ線のない「背景データ.psd」（ch-8\tex にあります）に差し替え、カメラマップ用のマテリアルの〈合成モード〉は「乗算」から「通常」に戻しておきます。また、背景オブジェクトは、非表示の状態にしておきます。

　この状態だと、樹木や植木など建物以外もマッピングされているので、背景画像のレイヤごとにマテリアルを割り当てます。

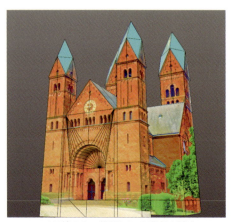

アタリ線のない状態にして、背景も隠す

5-1 教会メインのマテリアル

　次に、発光チャンネルにテクスチャが割り当てられている「背景データ_アタリ」というマテリアルを複製します。複製方法は、マテリアルマネージャの〈編集〉メニューの〈コピー〉と〈ペースト〉を実行します。コピーしたマテリアルは、教会の建物のメイン部分に使用するため名前を「教会メイン」に変えます。

名前をダブルクリックして、名前を変える

テクスチャのボタンを押して、テクスチャの属性を表示して〈レイヤセット〉の〈選択 ...〉をクリックします。これは、PSD や TIFF などレイヤを持った画像ファイルがテクスチャとして割当られている場合、特定のレイヤだけを使うことができます。

レイヤセットでPhotoshopの特定のレイヤのみテクスチャにできる

　レイヤリストが表示されるので、「教会メイン」レイヤを選んで OK を押します。〈レイヤの内容を表示〉にチェックを入れておくとレイヤの画像が確認できます。レイヤ画像は複数のレイヤを選択できます。
　次に、アルファチャンネルを有効にして、同じ「背景データ .psd」を割り当てて〈レイヤセット〉の〈選択 ...〉をクリックします。〈レイヤ アルファ〉を選択して、「教会メイン」レイヤを選んで OK を押します。〈レイヤ アルファ〉を選ぶとレイヤの不透明なところをアルファ画像にすることができます。

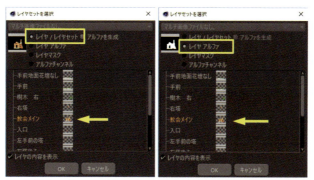

　発光チャンネルのレイヤセット　　　アルファチャンネルのレイヤセット

　〈教会メイン〉マテリアルが設定できたので、「教会メイン - ディスク」、「側面」、「右塔後ろ」オブジェクトのテクスチャタグに、ドラッグ＆ドロップで割り当てます。テクスチャタグの〈貼る面〉は、「両面」に戻します。

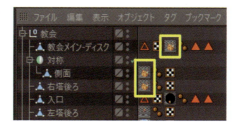

5-2 入口のマテリアル

　　もう一度「背景データ_アタリ」というマテリアルを複製して、名前を「入口」にします。〈発光〉チャンネルで〈レイヤセット〉で「入口」レイヤを選び、入口オブジェクトのマテリアルに割り当てます。このとき2つあるテクスチャタグの一つを削除し、残ったテクスチャタグの〈選択範囲に限定〉はクリアして、〈貼る面〉は、「両面」に戻します。

アルファチャンネルの設定は不要

5-3 左塔後ろのマテリアル

　　またマテリアルを複製して、名前を「左塔後ろ」にします。〈発光〉チャンネルで〈レイヤセット〉で「左塔後ろ」レイヤを選びます。アルファでは〈レイヤセット〉を〈レイヤ アルファ〉にして「左塔後ろ」レイヤを選びます。「左塔後ろ」オブジェクトに割り当てます。テクスチャタグの〈貼る面〉は、「両面」に戻します。

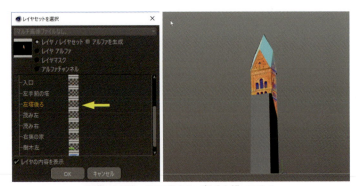

画像では別レイヤで見えない部分も描いてある

5-4 左塔のマテリアル

またマテリアルを複製して、名前を「左塔」にします。〈発光〉チャンネルで〈レイヤセット〉で「左塔」レイヤを選びます。アルファでは〈レイヤセット〉を〈レイヤ アルファ〉にして「左塔」レイヤを選びます。「左塔」オブジェクトに割り当てます。テクスチャタグの〈貼る面〉は、「両面」に戻します。

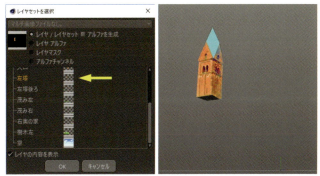

手前側の左塔

5-5 右塔のマテリアル

またマテリアルを複製して、名前を「右塔」にします。〈発光〉チャンネルで〈レイヤセット〉で「右塔」レイヤを選びます。アルファでは〈レイヤセット〉を〈レイヤ アルファ〉にして「右塔」レイヤを選びます。「右塔」オブジェクトに割り当てます。テクスチャタグの〈貼る面〉は、「両面」に戻します。これでマテリアル設定が完了です。教会がきれいにマッピングされました。カメラの動きや必要に応じてより細かいモデリングを追加する場合もあります。

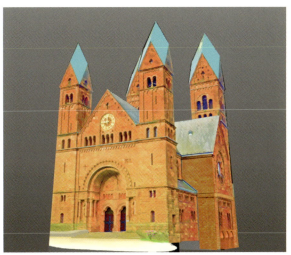

これですべてマテリアルが割り当てられた

6 地面の作成

6-1 地面のモデリング

次は、地面を作成します。まず〈平面〉オブジェクトを作成し、サイズを図の大きさまで変更します。〈幅方向の分割数〉と〈縦方向の分割数〉をそれぞれ「5」にします。

平面オブジェクトの名前は「地面」に変更しておきます。

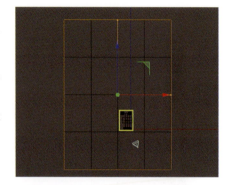

平面を編集可能にして、〈エッジモード〉に切り替えてエッジを教会の手前までスライドします。スライドは、スライドさせたいエッジをダブルクリックしてループ選択します。選択後〈移動〉ツールで移動するか、〈スライド〉ツールで移動してください。

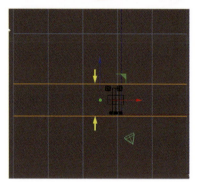

手前側の端のエッジを選択して、少し下に下げます。

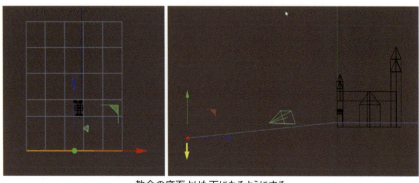

教会の底面よりも下になるようにする

教会の前後のエッジを選択して、〈透視ビュー〉から見て教会の前の地面が見えるくらいまで下げます。

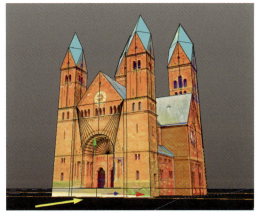

Y軸（緑の矢印）をドラッグして移動

手前の生け垣の投影する板を作成します。教会の右手前くらいに〈スプラインペン〉ツールで波型スプラインを描きます。

生け垣を投影するためのスプラインを作成

〈押し出し〉ジェネレータを作成し、Y方向に押し出します。背景を見ながら生け垣が隠れる位置にします。〈オブジェクトマネージャ〉で押し出しオブジェクトを地面の子にします。

地面に埋め込むようにして、地面の子にする

今度は左の植木を投影する平面を作成します。〈平面〉オブジェクトを作成し、〈方向〉を「-Z」にします。サイズと位置を調整して、教会の後ろにこちらを向くように配置します。〈オブジェクトマネージャ〉で平面を地面の子にします。

植木が隠れるように配置する

6-2 地面のマッピング

カメラに適用されている〈カメラキャリブレータタグ〉を選択して、〈キャリブレート〉タブにある〈カメラマッピングタグを作成〉ボタンを押すとカメラにテクスチャタグを作成されるので、それを「地面」オブジェクトにドラッグします。

テクスチャタグを地面のドラッグする

〈マテリアルマネージャ〉に「背景データ_アタリ」マテリアルが作成されているので、名前を「地面」に変えます。発光チャンネルのテクスチャを「背景データ.psd」に差し替え、〈レイヤセット〉で「地面」を選びます。アルファチャンネルを作成し、〈テクスチャ〉に「背景データ.psd」を読み込み、〈レイヤセット〉で「地面」を選び、「レイヤ アルファ」もチェックします。

地面の完成

7　背後の林と建物の作成

7-1　投影用のモデルの作成

　教会背後にある林や建物用の投影オブジェクトを作成します。〈上面ビュー〉に切り替え、〈スプラインペン〉で教会の後ろを囲むようにスプラインを描きます。〈押し出し〉ジェネレータを作成し、Y方向に「7000cm」押し出します。押し出しジェネレータの名前は「背後」に変更しておきます。

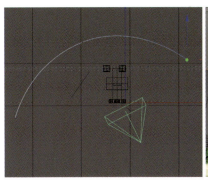 

後ろに衝立のように配置する

7-2 背後のマッピング

　カメラに適用されている〈カメラキャリブレータタグ〉を選択して、〈キャリブレート〉タブにある〈カメラマッピングタグを作成〉ボタンを押すとカメラにテクスチャタグを作成されるので、それを「背後」オブジェクトにドラッグします。

　〈マテリアルマネージャ〉に「背景データ_アタリ」マテリアルが作成されているので、名前を「背後」に変えます。発光チャンネルのテクスチャを「背景データ .psd」に差し替え、〈レイヤセット〉で「茂み左」、「茂み右」、「右奥の家」、「樹木左」を選びます。複数のレイヤを選択するにはShiftキーを押しながら選択します。アルファチャンネルを作成し、〈テクスチャ〉に「背景データ .psd」を読み込み、〈レイヤセット〉で先程の4つのレイヤを選び、「レイヤ アルファ」もチェックします。

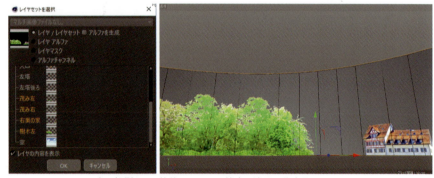

右は投影された状態 / ここでは教会と地面は非表示している

　下の部分の投影が切れている状態なので、オブジェクトの位置を下げて下の部分も投影されるようにします。

下に移動した状態。右は教会と地面を表示した状態。

8 樹木の作成

8-1 投影モデルの作成

　右にある樹木用の投影オブジェクトを作成します。〈上面ビュー〉に切り替え、〈スプラインペン〉で教会の右横に曲線をスプラインで描きます。

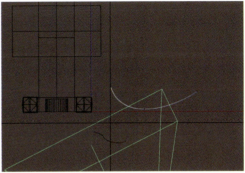

スプラインは手前側にせり出すように湾曲させる

　〈押し出し〉ジェネレータを作成し、Y方向に「3000cm」押し出します。押し出しジェネレータの名前は「樹木」に変更しておきます。下の部分の投影が切れている状態なので、オブジェクトの位置を下げて下の部分も投影されるようにします。

投影ビューで位置を調整

8-2 樹木のマッピング

　カメラに適用されている〈カメラキャリブレータタグ〉を選択して、〈キャリブレート〉タブにある〈カメラマッピングタグを作成〉ボタンを押すとカメラにテクスチャタグを作成されるので、それを「樹木」オブジェクトにドラッグします。〈マテリアルマネージャ〉に「背景データ_アタリ」マテリアルが作成されているので、名前を「樹木右」に変えます。発光チャンネルのテクスチャを「背景データ.psd」に差し替え、〈レイヤセット〉で「樹木　右」を選びます。複数のレイヤを選択するにはShiftキーを押しながら選択します。アルファチャンネルを作成し、〈テクスチャ〉に「背景データ.psd」を読み込み、〈レイヤセット〉で先程の「樹木　右」レイヤを選び、「レイヤ アルファ」もチェックします。

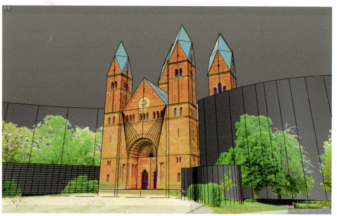

マッピングされた状態

9　空の作成

　最後に空の作成します。静止画なら〈背景〉オブジェクトを作成してもいいのですが、カメラが動くようなケースでは不自然な場合があります。今回は大きな半球を作成してそれに投影します。

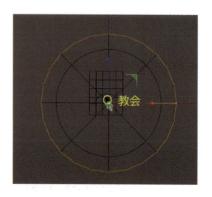

　〈球体〉オブジェクトを作成して、〈属性マネージャ〉で〈タイプ〉を「半球」にします。名前も「空」に変えておきましょう。球体の〈半径〉は教会に対して図の大きさにします。（今回は「90,000cm」にしました）あまり小さいとカメラの動きに対して雲が動きすぎ、不自然になるので注意してください。

空のマッピングは同じカメラからマッピングを行うと、カメラを少し動かしただけで見切れてしまいます。ですので、ここでは、空用には別のカメラを作成します。

　〈透視ビュー〉の〈使用カメラ〉が「カメラ」の状態で、新規に〈カメラ〉を作成します。そうすると現在のカメラと同じ設定で「カメラ.1」が作成されます。名前を「空マッピング用」に変更します。〈使用カメラ〉を「空マッピング用」に切り替えて、カメラの位置を後ろに移動して、カメラの〈焦点距離〉を短くしてより広角にします。

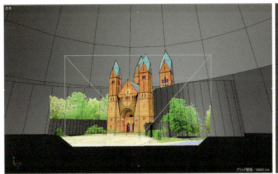

空はより広い範囲にマッピングされるようにする

　〈新規マテリアル〉を作成し、名前を「空」にします。〈カラーチャンネル〉はオフにして〈発光チャンネル〉を有効にします。〈発光チャンネル〉の〈テクスチャ〉に「背景データ.psd」を読み込み、〈レイヤセット〉で「空」を選択します。

　「空」マテリアルを「空」オブジェクトに割り当て、〈属性マネージャ〉の〈投影法〉を「カメラマップ」にします。〈テクスチャタグ〉の〈カメラ〉には、「空マッピング用」を割り当てます。マッピングする画像の比率を合わせるため〈ピクセル数を取得〉をクリックします。これで全てのモデリングとマッピングが完了しました。

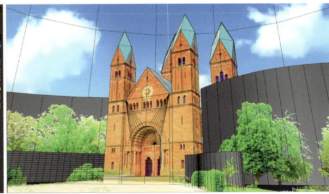

空のマッピングも完了

ここまでのサンプルファイル：ch-8\anime_background_03.c4d

10 アニメーションの設定

それでは実際にカメラを動かし、アニメーションを作成します。アニメーションの時間が、デフォルトの90フレームでは短いので、〈属性マネージャ〉の〈モード〉メニューの〈プロジェクト〉を開き、〈最長時間〉と〈プレビュ最大時間〉をそれぞれ「300F」に10秒のアニメーションにします。

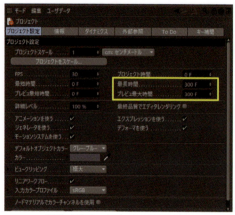

制作するアニメーション時間を変更

〈透視ビュー〉の〈使用カメラ〉が「カメラ」の状態で、新規に〈カメラ〉を作成します。「カメラ .1」が作成されたので、名前を「アニメーションカメラ」に変更します。〈使用カメラ〉を「アニメーションカメラ」に切り替えます。

カメラ横のファインダアイコンをクリックすると〈使用カメラ〉にできる

「アニメーションカメラ」を選択した状態で、〈アニメーションツールバー〉にある〈スケール〉をオフにして、〈位置〉と〈角度〉だけを有効にします。その状態で、〈タイムスライダ〉が0フレームになっていることを確認して、〈選択オブジェクトを記録〉を押します。

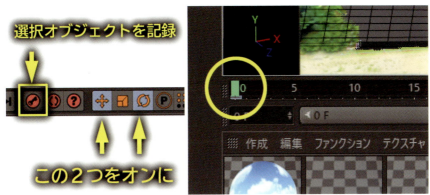

〈アニメーションツールバー〉でオンなっているトラックのみキーが作成される

〈タイムスライダ〉を「300F」にしてから、カメラのアングルを少し左に移動します。このとき大きく動かすとカメラマップから外れているところが見えてしまいます。また、カメラの高さを変えるとカメラマップがバレてしまうので注意します。

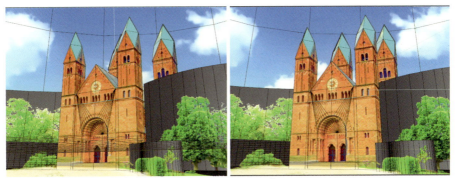

後ろの塔が見えるくらいに抑える

カメラを動かしたところで、〈選択オブジェクトを記録〉を押します。これでアニメーションは完成です。〈アニメーションツールバー〉の〈再生〉ボタンを押してアニメーションを確認します。また、〈ビューをレンダリング〉を行い、マッピングがされていない部分がないか確認します。

11 アニメーションのレンダリング

アニメーションをレンダリングするために、〈レンダリング〉メニューから〈レンダリング設定を編集...〉を開きます。〈出力〉タブで、

〈幅〉：……「1280」
〈高さ〉：……「780」
〈開始〉……「1F」
〈終了〉……「300F」

にします。

〈保存〉タブで、〈ファイル〉欄の〈...〉ボタンでレンダリングファイルの保存先を指定します。〈フォーマット〉は「MP4」を選び、〈フォーマット〉の横の三角をクリックして、フォーマットのオプションを開き、〈プリセット〉から〈高品質〉を選びます。

〈アンチエイリアス〉タブで、〈アンチエイリアス〉を〈ベスト〉にします。

最後に、〈レンダリング〉メニューから〈画像表示にレンダリング〉を選べば、レンダリングしてムービーファイルとして保存されます。

アニメーションが完成

12 カメラを大きく動かす場合

　カメラを大きく動かし、マッピングされていないところも見えるようにしたい場合は〈Projection Man〉を使うことで見えない部分のカメラマッピングの作成できます。
　たとえば、下図のように屋根の反対側のマッピングが伸びたところを修正してみます。

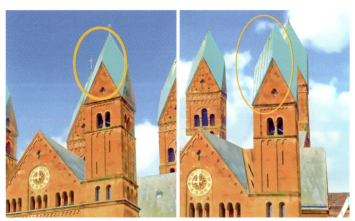

左の原画でほとんど見えていなかったため、画像が荒れてしまっている

　投影したいカメラアングルにした状態で〈ウインドウ〉メニューから〈Projection Man〉を選び、〈Projection Man ウインドウ〉を開きます。オブジェクトリストが表示されるので、マッピングを修正したいオブジェクトの「右塔」で右クリックをして、〈新規投影カメラ〉の〈範囲レンダリング...〉を選びます。

〈プロジェクションをレンダリング〉というダイアログが開くので、〈...〉ボタンを押してファイルの保存先とファイル名を指定します。〈アルファチャンネルを保存〉、〈選択オブジェクトのみ〉、〈コンスタントシェーディング〉をオンにして、〈エッジを描画〉をオフにして、OKを押します。

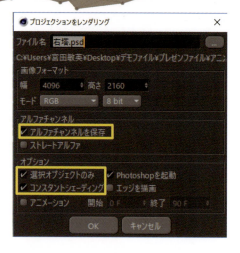

これでそのアングルから見た「右塔」の画像がレンダリングされ、カメラマッピング用のカメラが自動作成され、新たにカメラマッピングの〈テクスチャタグ〉が「右塔」に設定されます。

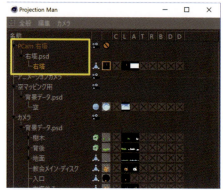

新たにできたマッピング用カメラ

レンダリングされた画像は、Photoshopで開かれます。Photoshopが起動しない場合は、一般設定ダイアログのProjection ManでPhotoshopのアプリケーションを指定してください。

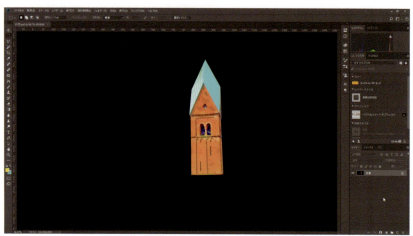

レンダリングされたファイルがPhotoshopで開かれる

Photoshopで屋根の部分をレタッチしてファイルを保存します。

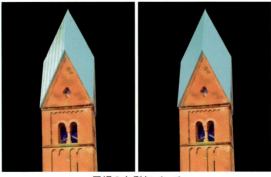

屋根の左側をレタッチ

　Cinema 4Dに戻るとマッピングの修正が反映されているはず。ただ、〈マテリアルマネージャ〉に新たに作成された「PMat 右塔」を見ると、〈反射〉チャンネルが有効になっていたので、「オフ」にします。

　また、〈アルファチャンネル〉が正しくない状態の場合は、〈アルファチャンネル〉の〈テクスチャ〉を一旦クリアして、「右塔.psd」を読み込み直します。

　〈エディタ〉タブでテクスチャプレビューサイズを〈2048x2048 (16MB)〉など高解像度にしておくとビューポートでのテクスチャ表示がきれいになります。

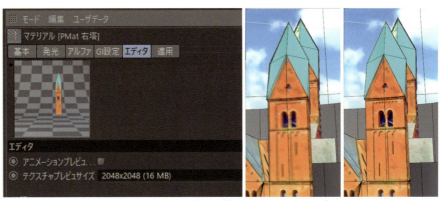

真ん中が〈デフォルト〉、右が〈2048x2048 (16MB)〉

13 最後に

　Projection Man でカメラマップの画像を重ねていくことで、一方向のカメラマップだと難しい回り込むようなカメラアニメーションも実現可能になります。

　今回のチュートリアルでは、あらかじめ描かれた背景画像を元にモデリングを行いましたが、シンプルなモデルを作成して、Projection Man を使ってワイヤーフレーム画像ををレンダリングして、それを下絵に背景を描く方法もあります。そのほうが 3D シーンとして破綻のない絵が描けるメリットがあります。

　また、ワイヤフレームの画像を 3D レイアウトとして、背景スタッフに渡せば、仕上がった背景画がすぐにマッピングできます。

　〈範囲レンダリング〉を行うときに、〈コンスタントシェーディング〉をオフにして、〈エッジを描画〉をオンにすれば、陰影がつき、ポリゴンエッジが確認できるのアタリとして使いやすくなります。

〈コンスタントシェーディング〉をオフにして、エッジを描画

完成サンプルファイル：ch-8\anime_background_finish.c4d

コラム　Adobe Illustrator ファイルの読み込み

Cinema 4DでAdobe Illustratorファイルを読み込むには、Version 8形式で保存しなおす必要があります。しかし、Cineversityで配布されているプラグイン、「ArtSmart」を使えば、最新のIllustratorのバージョンで保存されたデータを読み込めます。また、標準の読み込みよりも高度な設定ができるので、ぜひお試しください。

プラグインをインストールすると、〈プラグイン〉メニューに〈CV-ArtSmart〉が表示されます。〈CV-ArtSmart Import〉はIllustratorのレイヤーごとにグループ化された状態でパスを読み込むことができます。

〈CV-ArtSmart Import〉で単純なスプラインとして読み込める

〈CV-ArtSmart Objetct〉を使えば、よりロゴアニメーションの管理が行いやすい状態でIllustratorファイルを読み込むことができます。〈CV-ArtSmart Object〉はIllustratorファイルを外部ファイルとして読み込むため、Illustratorでデータを編集しても、〈Reload〉することでCinema 4Dのシーンにすぐに反映することができます。パスごとの押し出し、オフセットやパラメータも〈CV-ArtSmart Object〉で調整できます。読み込むIllustratorファイルのパスに日本語が含まれないようにしてください。

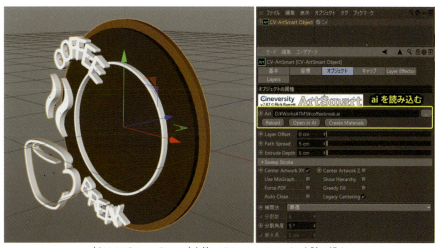

〈CV-ArtSmart Object〉を使ってIllustratorファイルを読み込む

〈Use MoGraph〉のチェックを「オン」にすると、クローンとして扱われ、レイヤーごとにエフェクタを適用することができるようになります。〈Layer Effector〉はすべてにエフェクタを適用することができます。

〈CV-ArtSmart Import〉で単純なスプラインとして読み込める

また、〈Layers〉タブでは、Illustrator ファイルのレイヤーごとにエフェクタを適用できます。レイヤーごとに対しても押し出しやオフセットを設定できます。

〈CV-ArtSmart Copy〉と〈CV-ArtSmart Peast〉を使うと編集中の Illustrator からパスをコピーペーストしたり、Cinema 4D のスプラインを Illustrator にパスとしてペーストできるので、すばやく編集作業を行えます。〈CV-ArtSmart〉を使ったサンプルファイルではレイヤーごとにエフェクタを適用したり、コーヒーカップのパスだけを Illustrator から持ってきて編集を行ったものです。

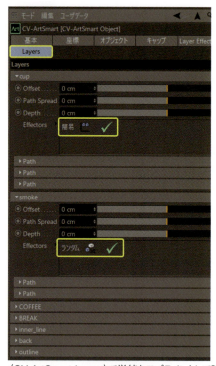

〈CV-ArtSmart Import〉で単純なスプラインとして読み込める

　CV-ArtSmart は Cineversity に会員登録（無料）することでダウンロードできます。活用してみてください。会員登録後、サイト内を「CV-ArtSmart」で検索するとでてきます。

http://www.cineversity.com/

Chapter 09

キャラクターモデルを作ろう

1　モデリング
2　セットアップ
3　ポージングとレンダリング

Chapter 09 キャラクターモデルを作ろう

　キャラクターCGは3DCGの代表的なもののひとつですが、実はかなり難易度の高いジャンルでもあります。
　キャラクターを破綻なくモデリングするにはアーティストとしての感性が必要で、その一方でキャラクターを動かすためのセットアップの工程ではエンジニア的な思考力が要求されます。
　その両方を個人でカバーするのは容易ではありませんが、Cinema 4Dには〈キャラクタオブジェクト〉という自動化ツールが用意されており、エンジニア的な工程に関しては大幅に省くことができるようになっています。

　このチャプターではキャラクターをモデリングし、〈キャラクタオブジェクト〉を使ってポーズをつけて動かせるよう設定するまでの手順を紹介します。基本的にはキャラクターモデルを自作するアーティスト向けの内容ですが、途中経過のサンプルファイルも用意されているので、それを使えばモデリングが終わった後の工程から体験してみることもできます。
　ページ数の制約上、誌面では要点に絞って説明しています。実際の作業の様子や細かい手順の説明は付属の動画に収録していますので、誌面と動画、サンプルファイルをあわせてごらんください。

完成したキャラクターの例

完成したキャラクターは以下のような状態です。

キャラクターの本体はポリゴンオブジェクトです。〈キャラクタ〉オブジェクトと〈スキン〉デフォーマによってポーズを変えることができるようになっています。

また、キャラクターのポリゴンメッシュは〈SDS（サブディビジョンサーフェイス）〉に入っています。〈SDS〉は内包するオブジェクトをスムーズに曲面化する機能です。キャラクターモデルのポリゴン数（ポイント数）は少ないほうが扱いやすいのですが、少なすぎると見た目がカクカクになります。そこで、必要最小限のポリゴン数で作ったモデルを〈SDS〉で曲面化することで、扱いやすさと見た目の滑らかさを両立しているわけです。

完成したキャラクター／〈キャラクタ〉オブジェクトがポリゴンモデルを動かしている

キャラクターデザイン

　キャラクターを作るにはまず、キャラクターデザインが必要です。今回はイラストレーターの方にキャラクターデザインをお願いしました。初心者向けの教材として使うことを想定して、あまり複雑な構造がないように、また、多少の誤差は許容できるような意匠のものにしていただきました。

　デザイン画には平面図と動きのあるイラストの両方があります。キャラクターモデルの場合、デザイン画は平面的な図解だけでなく、斜めから見たもの、動きのあるもの、キャラクターのイメージが伝わってくるようなものも必要です。2Dのイラストをそのまま3Dモデルで再現することは難しいですが、デザインの情報量が多ければ何を重視すべきかの判断もできます。

　キャラクターを作っていくにあたっては、随時このデザイン画を参照するようにしてください。できればサンプルデータに収録されているデザイン画をプリントアウトして手元に置くようにすれば万全です。

キャラクターデザイン：ヤクモレオ

作業の流れ

キャラクターモデルの制作では作業はおおまかに以下のようになります。

モデル制作に先立ってキャラクターデザインを用意します。これは制作のゴールとなるイメージで、モデリングだけでなく、どの段階でもキャラクターデザインを参照しながら作業を進めます。

Cinema 4D で行う作業は大きく分けて 3 段階です。キャラクターの形を作る「モデリング」、モデルを動かせるよう設定する「セットアップ」、絵として画像に出力する「レンダリング」という順になります。このうち「セットアップ」はキャラクターモデルに特有の工程で、モデリングやレンダリングのように直感的ではありません。使用する機能には独特の規則があり、ある程度理詰めの判断が求められますが、〈キャラクタオブジェクト〉を使うことでかなり負担は軽くなります。

各工程は 1 回で完了できるわけではなく、次の工程に進んでから修正のために前の工程（あるいはさらに前の工程）に戻るということもしばしばあります。初めのうちは修正ややり直しを恐れずにいろいろ試行錯誤したほうが早くスキルが身につきます。

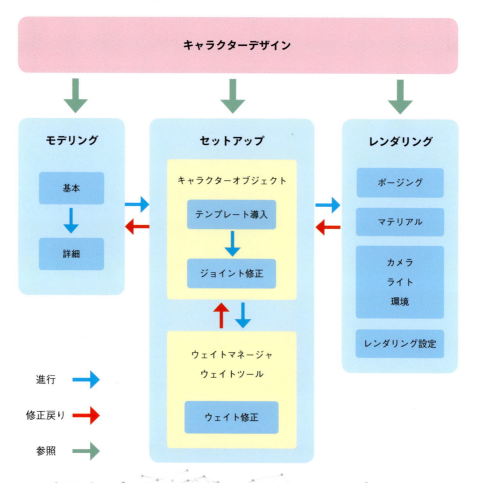

1 モデリング

1-1 モデリングのための作業環境

はじめにキャラクターモデリングのための作業環境を整えましょう。

レイアウト

Cinema 4D にはモデリングに特化したレイアウト〈Model〉が用意されているので、そちらに切り替えます。

レイアウトを〈Model〉に切り替える

〈Model〉では下段にモデリングでよく使うツールやコマンドのボタンが集中してレイアウトされています。よく使うものはキーボードショートカットも覚えたほうがいいかもしれません。

モデリング関連のツールやコマンド

〈Model〉レイアウトに足りないものを追加しておきます。

〈マテリアルマネージャ〉がないとやや不便なので、〈ウィンドウ〉メニューから表示させ、〈座標マネージャ〉の裏に〈タブ〉で重ねてドッキングしておきます。

またモデリング中には頻繁に光源の方向を調整することになるので、ビューの〈オプション〉から〈デフォルトライト〉を表示させて、こちらは〈座標マネージャ〉の隣にドッキングします。

〈マテリアルマネージャ〉と〈デフォルトライト〉をレイアウトにドッキングする

カスタマイズした〈Model〉レイアウトは名前を付けて保存し、いつでも呼び出せるようにしておきます。レイアウトの変更や保存の方法について詳しくは、7 ページの「レイアウトのカスタマイズ」やヘルプなどを参照してください。

HUD

ビューでは〈HUD〉にさまざまな情報を表示させることができます。デフォルトではあまり表示されていませんが、ビュー設定（ショートカットは Shift + V）の〈HUD〉で追加できます。右図でオンになっている項目はおすすめです。

選択している〈オブジェクト名〉や〈選択ポイント〉などの情報を表示しておくとモデリングの際に参考になります。

また、〈アクティブなツール〉は使用しているツールの履歴をたどるメニューにもなっており、くり返し作業で便利です。

ここで変更した〈HUD〉の設定は Cinema 4D の初期設定ファイルに保存されます。

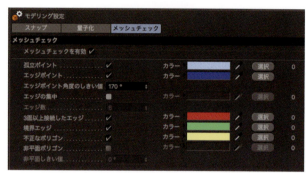

〈HUD〉で表示する情報を追加する

メッシュチェック

Cinema 4D には〈メッシュチェック〉という、ポリゴンオブジェクトの不具合などを検出する機能があります。

〈属性マネージャ〉の〈モデリング設定〉にある〈メッシュチェックを有効〉をオンにすると、選択されている要素がビューに色つきで表示されます。

全ての要素を検出させるとキャラクターモデリングでは情報過多ぎみなので、〈エッジの集中〉と〈非平面ポリゴン〉はオフでもいいでしょう。

〈メッシュチェック〉でポリゴンオブジェクトの状態をチェック

属性マネージャの〈メッシュチェックを有効〉スイッチをビューにドラッグ＆ドロップすると「ユーザ定義の〈HUD〉として配置することができ、クリックすると〈メッシュチェック〉がオンオフされます。また、この〈HUD〉は「Ctrl＋ドラッグ」でビュー上の任意の場所へ移動することができます。

〈メッシュチェックを有効〉をビューにドラッグして〈HUD〉化

この〈メッシュチェック〉の項目とユーザ定義の〈HUD〉はアプリケーションの初期設定ではなく個々のc4dファイルごとに保存されるので、新規ファイルを作成した場合はその都度設定をやり直す必要があります。

N-Gonの設定

　〈N-Gon〉は「頂点が5個以上あるポリゴン」のことです。複雑なポリゴンメッシュのモデリングでは作業途中でよく〈N-Gon〉を使うことになりますが、キャラクターモデルの場合は最終的には〈N-Gon〉を残さないのが原則なので、その存在には注意が必要です。〈N-Gon〉の存在をわかりやすくするため、ビュー設定の〈フィルタ〉で〈N-gon線〉をオンにしておきましょう。

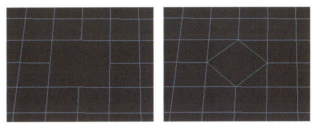
〈N-gon線〉を表示させる

　〈N-gon線〉の表示カラーはデフォルトでは「青緑」で、「非選択のエッジ」の「水色」とあまり差がなく目立ちません。「ピンク」など、より目立つ色に変更しておくのもおすすめです。「一般設定 / スキームカラー / エディタカラー」にある〈N-gonの線〉で変更できます。
　この「キャラクター」のチャプターでは以後、「N-gon線」はピンク色で表示しています。

〈エディタカラー〉の〈N-gonの線〉を目立つ色に変更する

　〈N-Gon〉関係でもうひとつ、〈メッシュ〉メニューの〈N-Gons〉にある〈N-Gon内部を常に更新〉をオンにしておきます。これがオンになっていると、モデリング作業中のポイントの移動などで〈N-Gon〉を変形させたとき〈N-gon線〉がその都度更新され、不正な状態になることを避けられます。
　この設定も個々のc4dファイルごとに行う必要があります。

〈N-Gon内部を常に更新〉をオンに

ショートカットのカスタマイズ

作業スピードを上げるためにはショートカットの活用が欠かせません。Cinema 4D のショートカットはデフォルトでも充実していますが、特定の作業に重点を置く場合にはカスタマイズしたほうがよいこともあります。〈ウィンドウ〉メニューの〈カスタマイズ〉にある〈コマンドをカスタマイズ...〉で設定できます。

〈コマンドをカスタマイズ〉

ポリゴンオブジェクトのモデリングでは〈ポイント〉〈エッジ〉〈ポリゴン〉の「モデリングモード切替」を頻繁に行いますが、このショートカットはデフォルトでは「Return」となっており、ホームポジションに置いた左手では押しづらい状態です。このショートカットに「Tab」を追加すると左手で押しやすくなります。

「Tab」は〈属性マネージャ〉などでは入力ボックスのカーソル移動として機能しますが、エディタビューがアクティブになっているときには「モデリングモード切替」のほうが働くので問題なく使い分けできます。

同様の理由で「モデル（モデルモードを使用）」に「Shift + Tab」を設定しておくのもおすすめです。

「モデリングモード切替」のショートカットに「Tab」を追加する

ここまでのサンプルファイル：ch-9\chara_1-1_start.c4d

1-2 テンプレートとカメラ

新規ファイルを作成したら、モデリングを始める前にテンプレートとカメラの準備をします。

テンプレート

キャラクターをモデリングする際にはテンプレート（下絵）があると作業がしやすくなります。

このチャプターの付属データにテンプレート用の画像「chara_templete.png」があるので、まずそれを〈右面ビュー〉の〈ビュー設定〉にある〈背景〉に読み込んでください。

テンプレート画像を〈背景〉に読み込む

読み込まれた画像はデフォルトではワールドの中心に配置され、サイズは「画像の幅が800単位」となります。

〈サイズ〉と〈オフセット〉の値の単位はc4dファイルで設定されている〈単位〉で、デフォルトでは「cm」です。

〈サイズ〉と〈オフセット〉の値を調整し、実際にキャラクターをモデリングする状態に合わせます。

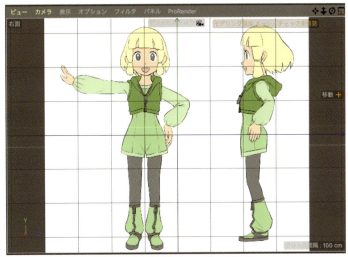

背景に読み込まれたテンプレート画像

画像のキャラクターの「横から見た絵」のほうで、頭のてっぺんから足の裏までの長さが「150cm」になるよう、ビューのグリッドを見て〈サイズ〉と〈オフセット〉を調整します。キャラクターの前後方向の位置はちょうど背骨が通るあたりがビューの中央（Z=0）になるよう合わせます。

これで〈右面〉のテンプレートの位置合わせができました。「前から見た絵」も隣に見えていますが、あればあったで参考になるのでこのままでかまいません。

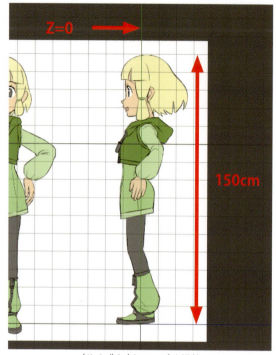

〈サイズ〉と〈オフセット〉を調整

次は〈前面ビュー〉の〈背景〉にも同じ画像を読み込みます。

〈サイズ〉と〈オフセット〉の値は〈右面ビュー〉からコピー＆ペーストすると簡単です。〈右面ビュー〉の〈背景〉で〈サイズ〉と〈オフセット〉の4つの項目をShiftキーを押しながら選択し、右クリックから〈コピー〉、〈前面ビュー〉の〈背景〉に切り替えて〈対応するパラメータにペースト〉します。

これで、〈正面ビュー〉でも〈右面ビュー〉と全く同じ位置と大きさにテンプレート画像が表示されます。

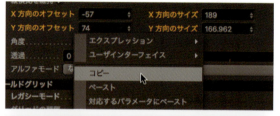

パラメータはコピー＆ペーストできる

あとは〈X方向のオフセット〉を調整して、キャラクターの「正面の絵」がビューの中央（X=0）になるよう合わせます。
　テンプレートがそのまま表示されていると手前のオブジェクトがみづらいため、〈透過〉の値を調整して表示を薄くします。基本は「70%」ぐらいですが、好みで調整してください。

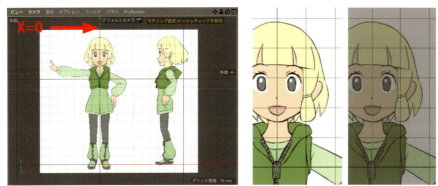

キャラクターの正面の絵をビューの中央に合わせる／〈透過〉で薄くする

　これでキャラクターのテンプレートが用意できました。

テンプレートは途中までの参考用

　工業製品などの設計図と違って、キャラクターの場合はテンプレートをトレースしただけで正しいモデリングができるわけではありません。キャラクターの造形には平面図では読み取れない情報があり、また「絵」として描かれているデザイン画は遠近感がついていたり見る角度によって異なるデフォルメがされていたりするためです。
　テンプレートはモデリングの途中段階までの参考用として、最終的な造形の判断はカメラビューでの見た目のほうで判断します。

モデリング用のカメラ

　モデリング用のカメラを配置します。デフォルトの〈透視ビュー〉（エディタカメラ）のままでもカメラの設定は変更はできますが、明示的なカメラオブジェクトのほうが扱いやすいでしょう。
　〈カメラ〉を作成すると、現在の〈透視ビュー〉と同じアングルになります。ビューメニューからビュー表示をこの〈カメラ〉に切り替えます（オブジェクトマネージャの〈カメラ〉の右にある[+]アイコンでも切り替えられます）。
　〈カメラ〉自体がビューで見えると邪魔なので非表示にしておきます。

カメラオブジェクトを作成、〈透視ビュー〉をカメラに切り替える／非表示にしておく

カメラはデフォルトでは〈焦点距離〉が「36mm」と広角になっています。これはキャラクターをモデリングするには遠近感が強すぎるので「100mm」程度に変更しておきます。

カメラの〈焦点距離〉を100mm程度にしておく

キャラクターをモデリングする際には、カメラの遠近感はかなり重要です。デフォルトの36mmのような広角では造形がわかりにくいですが、逆に平行投影や極端な望遠にした場合にも、本番のカメラでは印象が変わってしまうことがあります。モデリング中のチェックでは何段階か〈焦点距離〉を変更して、異なる遠近感で見てみたほうがいいでしょう。

ここまでのサンプルファイル：ch-9\chara_1-2_camera.c4d, chara_templete.png

1-3 初期オブジェクトの作成

　今回のキャラクターモデルは、最終的には「頭（グループ）」「手」「手以外の体全部」という構成になりますが、途中までは体などの各部分をバラバラのパーツに分けて作っていきます。まず最初に、モデリングの初期段階となるオブジェクトを作成します。

　なお、キャラクターが身に着けている「ヒップバッグ」のモデリングは動画のほうで解説します。

プリミティブの配置

　キャラクターの主要なパーツに近い形の〈プリミティブ〉を選んで作成、配置します。プリミティブの〈分割〉などは、この後のモデリングのしやすさを考慮して調整します。

　頭と胴体は「X=0」の位置に揃えて配置し、手足は左右対称なので、片側のみ作って〈対称〉オブジェクトで対称化します。〈対称〉オブジェクトも「X=0」の位置に配置します。

プリミティブをキャラクターに合わせて配置

ポリゴン化する

　プリミティブを〈編集可能にする〉で〈ポリゴンオブジェクト〉に変換します。頭と胴体は向かって左側半分（X軸でマイナス側）は削除して片側のみにし、〈対称〉に入れます。

向かって左側半分を削除／〈対称〉に入れる

〈対称〉には〈対称面にポイントを固定〉や〈対称面のポリゴンを削除〉という便利そうなオプションがあるのですが、残念ながらうまく働かないことがしばしばあります。このチャプターではこれらのオプションは使わず、手動で対称面を管理していく方法を使うことにします。

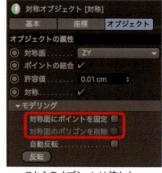

これらのオプションは使わない

形を整える

少しずつポリゴンを分割しつつ、パーツの形をキャラクターに近づけていきます。この段階では単純にテンプレートに合わせるだけで十分です。

腕と脚は「輪切り」状の構造になっているので、〈ループ選択〉を使えば「輪切り」の一段分をまとめて選択できます。〈ループ選択〉してから〈移動〉〈スケール〉〈回転〉で調整していくといいでしょう。

エッジモードであれば、〈移動〉〈スケール〉〈回転〉のいずれかのツール（選択ツールは不可）でエッジを「ダブルクリック」することでもループ選択ができます。

 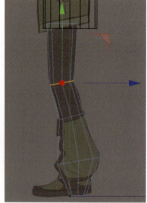

〈ループ選択〉して〈移動〉〈スケール〉〈回転〉で調整

形を整えるために「輪切り」のエッジがもっとたくさん必要になります。

この場合は〈ループ/パス カット〉を使うと簡単に「輪切り」を追加することができます。

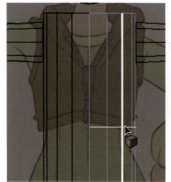 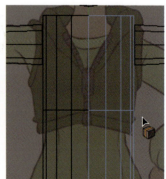

〈ループ/パス カット〉で「輪切り」のエッジを追加

胴体は片側半分しかないので、「輪切り」エッジをX軸方向に〈スケール〉すると、通常の手順では対称面上のポイントがずれてしまいます。〈モデリング軸〉を〈選択〉から〈オブジェクト〉に変更するとずれなくなります。

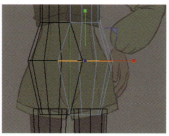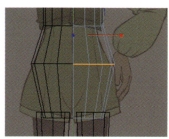

〈スケール〉の〈モデリング軸〉を〈オブジェクト〉軸にするとずれない

胴の部分は適宜エッジを追加しながら、おおまかに形を整えます。円筒の端はまだ開いたままでかまいません。

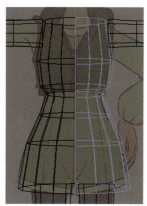

おおまかに形を整える

頭はまず〈モデルモード〉で〈スケール〉して幅と奥行きをテンプレートに合わせます。

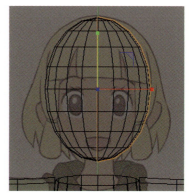

幅と奥行きを合わせる

あごになる部分を前に出すなどの局所的な調整には〈マグネット〉を使うといいでしょう。

〈マグネット〉は名前の通り磁石のようにメッシュを引っ張るツールです。ビューで表示されている円がツールの影響する範囲（半径）です（マウスボタンを中ドラッグすると変更できます）。

〈強度〉と〈半径〉は中ボタンドラッグで変更できる

〈右面ビュー〉で操作するか、〈マグネット〉の〈ツール軸〉で〈X軸〉をロックすれば〈マグネット〉はX軸方向には動かなくなるので、対称面に影響を与えず変形させることができます。

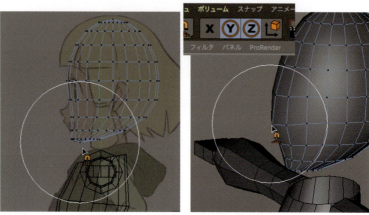

〈右面ビュー〉で操作／X軸をロックして操作

また〈マグネット〉も他のツールと同様、効果の及ぶ範囲はエレメントの選択範囲に限定されます（何も選択されていなければオブジェクト全体に影響します）。対称面上のポイントなど、影響させたくない領域を除外して選択しておけば、意図しない変形は避けられます。

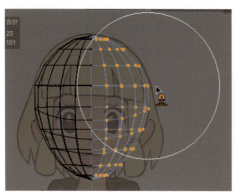 

〈マグネット〉の効果は選択範囲に限定される

手はまだ指を作らないので、指が生えていない「手首」から「手のひら」にかけての部分になるようおおまかに形を整えておきます。一応の目安として、手首の側は正円に近く、親指以外の4本の指の付け根の部分は4つ並んだ四角形になるようにしておきます。

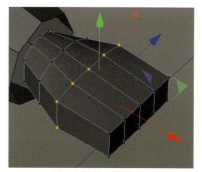

手は指以外の部分のみ

ここまでの作業で、なんとなく人型をした基本のオブジェクトができました。ほぼプリミティブから変換したままの格子状のポリゴンメッシュではこのぐらいが限度です。

ここから先はポリゴンメッシュの組み立てを変更しながら作り込んでいくことになります。

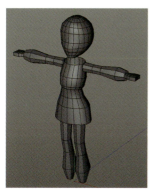  

ひとまず基本のオブジェクトができた

ずれたポイントを対称面に戻す

〈対称〉で左右対称にしているポリゴンオブジェクトでは対称面上のポイントを「X=0」からずらさないようにするのが重要ですが、気を付けていてもポイントずれてしまうことはあります。その場合は、ずれてしまったポイントを選択して〈座標マネージャ〉で数値入力すると確実に修正できます。

修正するポイントが1つだけのときは、〈位置〉の〈X〉に「0」を入力、〈適用〉（リターンキー）するだけです。修正するポイントが複数あるときは、複数まとめて選択し、〈位置〉の〈X〉と〈サイズ〉の〈X〉の両方を「0」にします。

Xの位置・サイズをともに0にする

ここまでのサンプルファイル：ch-9\chara_1-3_init.c4d

トポロジ構築についての考え方

　ポリゴンオブジェクトのメッシュの構造、つまりポリゴンの並び方のことを「トポロジ」と呼びます。キャラクターモデルのような不規則で有機的な曲面を持つモデルのトポロジの構築には立体パズル的な思考が必要で、慣れるまでは多少苦労するはずです。

　モデリングの作業で「トポロジ構築」をやっている際には、ひとまず造形のことは忘れてトポロジのことだけを考えることをおすすめします。まずトポロジの問題を解決し、それが済んでからポイントを動かして造形を整えていくというやり方です。

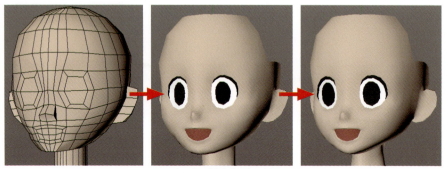

トポロジの変更、造形の変更

　「トポロジの変更」に特化したツールとして〈ポリゴンペン〉があります。〈ポリゴンペン〉はマウスポインタが「どこを指しているか」と「Ctrl」「Shift」のキーコンビネーションによってさまざまに機能が変わり、ひとつのツールで〈ラインカット〉〈除去〉〈縫い合わせ〉〈押し出し〉〈移動〉〈削除〉に相当する機能を併せ持っています。

　機能が非常に多いですが、キーコンビネーションをすべて暗記する必要はありません。操作したい箇所にマウスポインタを当て、「Ctrl」や「Shift」を押してみることでマウスポインタに表示されるアイコンが変化するので、あとは使っていくうちになんとなく体で覚えられると思います。

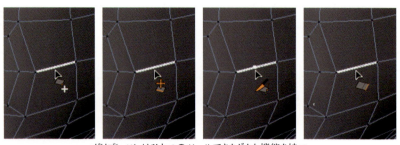

ポリゴンペンはひとつのツールでさまざまな機能を持つ

　なお、〈ポリゴンペン〉で〈ラインカット〉のような「エッジをカットする」操作をする場合、本来は不可視の部分はカットされないのですが、いつのまにか奥のほうの不可視の部分までカットされてしまう不具合があるようです。ビュー上でサーフェイスが重なった状態で〈ポリゴンペン〉を使う場合には注意してください。

1-4 おおまかに形を作る

ここからは各パーツごとにポリゴンオブジェクトを編集して形を作っていきます。このキャラクターモデルは最終的には〈SDS（サブディビジョンサーフェイス）〉で曲面化しますが、初めの段階では〈SDS〉は使用せず、おおまかに形を作って全体のパーツを揃えていきます。

顔の基本形状

キャラクターモデルの造形で最も難しいのが顔です。元々が複雑な構造をしており、図面や寸法を頼りにできるものもないので、モデリングの作業には相応の工夫が必要になります。

これは完成後の顔のポリゴンオブジェクトです。トポロジが「目」と「口」の周囲で同心円になっているのが重要なところです。このほうが造形が滑らかになり、〈ポーズモーフ〉による表情の変化で破綻しにくくなります。

また、口はある程度は開いた状態で作ったほうがいいでしょう。閉じた状態で作ると、いざモーフで口を開けようとしたときポイントが足りないということが起こりえます。

目と口は同心円になっている

先ほど作った頭のメッシュは元の〈球体〉から引き継がれた「地球儀」のようなトポロジになっています。そこから徐々に上図の完成形に近づけていくことになります。

まず目となるあたりのポリゴンを輪郭が丸に近くなるよう、ポイントを移動して形を整えます。この丸い範囲は上下のまぶただけでなく、眼窩周辺をカバーするぐらいの広さにします。

次に丸くなったポリゴンを選択して〈面内に押し出し〉すると、目となる同心円の基本型ができます。

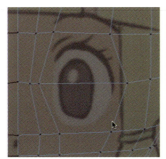 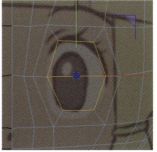

目になるあたりで輪郭を丸く整える／〈面内に押し出し〉する

「口」も同様に同心円状に作っていきます。ただし口は左右対称なので、実際に作るのは片側半分だけです。目と同様に〈面内に押し出し〉すると、対称面に接する余計なポリゴンができます。

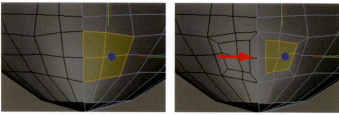

口の部分を〈面内に押し出し〉すると余計なポリゴンができる

この余計なポリゴンは削除します。残ったポイントは対称面からずれているので、〈座標マネージャ〉で「位置X」に「0」を入力するなどして対称面に揃えておきます。

なお、今回のモデルでは口の中にある歯や舌は作らないことにします。完成した作例を見るとわかりますが、口は唇の内側を平坦にふさぐ形で表現しています。

余計なポリゴンを削除／残ったポイントを「X=0」に揃える

「鼻」は上側はスムーズにつながり、下側は段差がある構造です。

まず鼻の根元のポリゴンを真っ直ぐ前方に押し出します。〈押し出し〉ツールではなく、〈移動〉ツールのツール軸を〈ワールド座標〉に切り替えてZ軸を「Ctrl＋ドラッグ」すれば真っ直ぐ前に押し出すことができます。対称面上にできた余計なポリゴンは削除します。

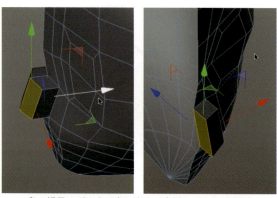

鼻の根元のポリゴンを押し出す／余計なポリゴンを削除

次に上側の段差を〈ポリゴンペン〉でくっつけてスムーズにします。

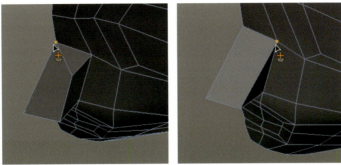

上側の段差を〈ポリゴンペン〉でくっつける

「耳」は根元の部分でポリゴンを縦に細長くし、真横に〈押し出し〉すると薄いブロック状になります。おおまかに丸く形を整えます。

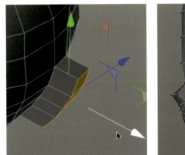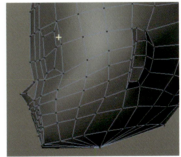

耳は薄いブロック状に〈押し出し〉し、丸く整える

首は頭の下端の部分を下に「Ctrl＋ドラッグ」で押し出しして作ります。押し出された「ふた」のポリゴンと対称面上の余計なポリゴンは削除します。

〈ループ／パスカット〉で「輪切り」エッジを追加し、形を整えます。

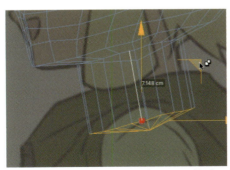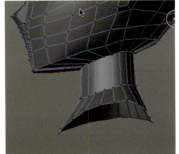

首は頭の下端を押し出して作る

ある程度形ができてきたら仮のマテリアルをつけたほうが印象がつかみやすくなります。顔のパーツには
マットな肌色のマテリアルをつけます。

肌色の仮マテリアル

必要に応じて〈ポリゴンペン〉や〈ループ/パス カット〉でエッジを追加し、全体的に形を整えていきます。
詳しい方法は、ビデオの『1-4. 大まかに形を作る「顔」』をご覧ください。

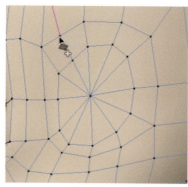 

ポリゴンペンでエッジを追加

〈ループ/パス カット〉でエッジを追加

目と口の造作ができてきたら、〈ポリゴン選択範囲〉を作成し、それぞれに仮マテリアルをつけます。まだ粗いですが、多少は顔らしく見えるようになってきました。
　顔はひとまずここまでにしておき、他の部分を作っていくことにします。

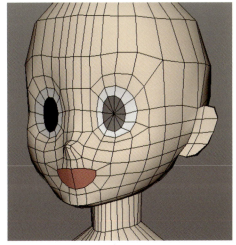

目と口に仮マテリアル

髪の毛の基本形状

　髪の毛はデフォルメされた「房」状のパーツの集合として作ります。
　最終的にはポリゴンメッシュになりますが、最初の段階は〈ロフト〉を使います。〈ロフト〉は中に入っている〈スプライン〉を板状あるいは筒状につなげてサーフェイスを生成するオブジェクトです。これを使うと、髪の毛の「房」を「輪郭線の集合」として作っていくことができます。

髪の毛は「房」状に作る／「房」は〈ロフト〉

　初めに前髪の1つを作ってみます。
　〈空のスプライン〉を作成し、前髪の輪郭になるようポイントを追加、移動していきます。
　〈スプライン〉の〈タイプ〉はデフォルトでは〈ベジェ〉になっていますが、今回の用途では接線ハンドルのない〈3次〉のほうが扱いやすいでしょう。

スプラインのタイプは〈3次〉にする

輪郭の〈スプライン〉が1つできたら、オブジェクトマネージャで〈スプライン〉を複製、ビューで移動し、前髪パーツの逆側の輪郭を作ります。これで前髪の両側の輪郭になる2本の〈スプライン〉ができました。

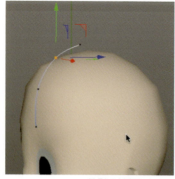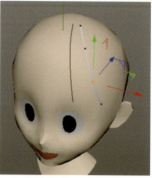

前髪の輪郭になるスプラインを2本作成

〈ロフト〉を作成して、2つのスプラインを中に入れます。すると2つのスプラインをつなげたサーフェイスが生成されます。見やすくするためダミーのマテリアルをつけておきます。

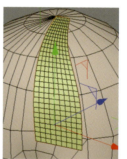

2つのスプラインを〈ロフト〉に入れるとサーフェイスが生成される

〈ロフト〉はデフォルト設定ではかなり細かいメッシュに分割されるので、〈分割数〉の値を小さくして分割を粗くします。元になっている〈スプライン〉に沿った方向の分割数が〈U方向の分割数〉、スプラインの間をつなげる方向の分割数が〈V方向の分割数〉です。

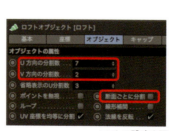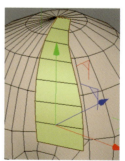

ロフトの設定を調整する

〈U方向の分割数〉は〈スプライン〉自体の〈補間法〉や〈分割数〉とは無関係に〈ロフト〉の設定で独自に決定されます。この値が半端だと分割がいびつになることがあるので、分割がきれいになるよう値を調節します。

〈V方向の分割数〉は最小が「2」です。デフォルトでは〈スプライン〉の間が2分割されますが、〈断面ごとに分割〉をオフにすると途中が分割されなくなります（断面の両側を数えて「2」という解釈のようです）。

〈省略表示のU分割数〉という設定がありますが、これはビューの表示オプションを〈省略表示〉にしている場合に表示されるワイヤーフレームの分割数です。

〈ロフト〉を作成した際、サーフェイスの表裏が期待とは逆向きになることがあります。ビューで〈隠面消去〉をオンにして見えなくなったほうが「裏」です。外側が「裏」になってしまった場合は〈ロフト〉の〈法線を反転〉をオンにして表裏を逆にします。

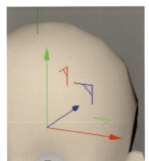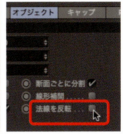

〈隠面消去〉で見えなくなる場合は〈法線を反転〉をオンにする

パーツを立体的にするため、〈スプライン〉を複製して断面を増やしていきます。〈スプライン〉は別途に新規作成するより複製するほうが、最初からタイプやポイント配分を揃えることができて効率的です。〈ロフト〉ではオブジェクトマネージャの並び順で〈スプライン〉が接続されるので、中間の断面となる〈スプライン〉は真ん中に配置します。

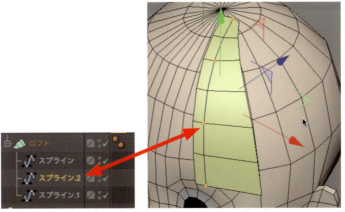

〈スプライン〉を複製して〈ロフト〉の断面を増やす

両端と真ん中の3本を複製、裏側に配置し、計6本の〈スプライン〉を〈ロフト〉の中に並べます。裏側は〈スプライン〉の並ぶ順番が逆になるのでオブジェクトマネージャの順番を入れ換える必要があります。

また、デフォルトでは最初と最後の〈スプライン〉の間がつながっていませんが、〈ロフト〉の〈ループ〉をオンにするとつながってサーフェイスが筒状に閉じます。筒の上下の端は開いたままでかまいません（ポリゴンに変換した後でふさぎます）。

〈スプライン〉を6本にする

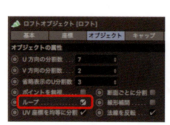

〈ループ〉をオンにすると最初と最後の〈スプライン〉の間がつながる

それぞれの〈スプライン〉のポイントを移動して形を整えます。〈ロフト〉にデフォルトでついている〈Phong〉タグは〈角度を制限〉がオフになっていて妙な陰影がつくので、オンにしておきます。〈Phong角度〉はデフォルトでは「40°」ですが、もう少し大きくてもいいかもしれません。

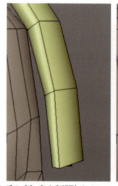

〈Phong〉タグの〈角度を制限〉をオンにする

パーツの形を整える際に〈スプライン〉のポイントが足りなくなることがあります。その場合は〈ロフト〉の中身の〈スプライン〉を全て選択して〈ラインカット〉でカットすると、全ての〈スプライン〉に一度にポイントを追加することができ、各〈スプライン〉でポイントを同数に維持できます。逆にポイントが余計な場合も、全てのスプラインを選択して横並びのポイントを同時に選択、削除するといいでしょう。

〈スプライン〉をまとめて選択し〈ラインカット〉でポイント追加

髪の毛の他の部分も作っていきます。

前髪の中央のパーツは左右対称になるので、片側半分のみ作ります。最初と最後の〈スプライン〉は「X=0」上に整列するようにし、〈ロフト〉の〈ループ〉はオフにします。

前髪の〈ロフト〉2つを〈ヌル〉にまとめて〈対称〉オブジェクトに入れると左右対称になります。

〈ロフト〉を〈対称〉に入れる

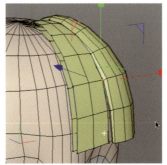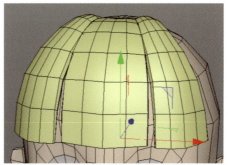

前髪の中央のパーツは片側半分のみ／〈対称〉で左右対称になる

頬に垂れている棒状のパーツも同様の手順で作ります。最終的には毛先がばらばらに枝分かれしますが、その加工はポリゴンオブジェクトに変換した後で行います。この段階では形はおおまかでかまいません。

前髪はデザイン画ではパーツ3つ分（中央、左、右）で構成されていますが、実際に立体形状にしてみると前後方向で隙間が残ってしまいます。後ろ寄りにもう1つ増やしておきます。

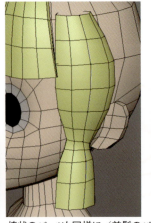
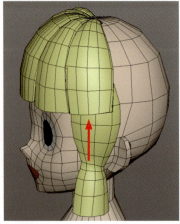

棒状のパーツも同様に／前髪のパーツを増やす

　これより後ろのパーツも同様に、既にあるパーツの複製を改造して作っていきます。
　毛先は形状が先細りになりますが、先端は細く絞っておくだけで十分です。この段階では完全に収束させてとがらせる必要はありません。

　後ろの房は平行にたくさん並んでいるので〈ロフト〉ごと複製して増やしていきます。完全に同じ太さの房が均等に並んでいると不自然なので、幅を太くしたり細くしたりして差を付けていきます。
　隣り合う房が重なるので、作業中に見分けやすくする工夫も必要になります。〈ロフト〉を適宜オンオフしたり、色の違うマテリアルをつけたり、〈ロフト〉で〈X線効果〉をオンにして透けさせたりするといいでしょう。〈X線効果〉は親の〈対称〉がオンのときは無効になるので、それを効果の切り替えに利用することもできます。

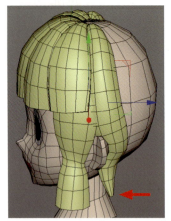

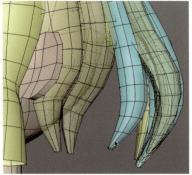

耳から後ろのパーツは先細りになる／色違いのマテリアルや〈X線効果〉で見やすくする

後ろ髪と首の間、うなじのあたりの隙間も先細りの房を並べて埋めておきます。首に沿って内側の列、後ろ髪との中間の列と2列あればいいでしょう。
　隙間なく並んで見づらいですが、髪と頭部の〈対称〉をいずれもオフにして「裏側」から覗くようにすると多少把握しやすいかもしれません。

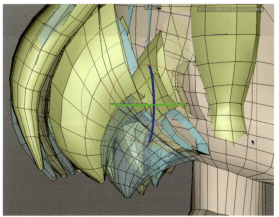

入り組んでいる部分は「裏側」から覗くと見やすいことも

　髪の毛のパーツ全体を左右対称にしてチェックします。髪の毛の造形はこだわるときりがないですが、この段階ではひとまずパーツの数を揃え、おおまかに形状を整える程度にしておきます。
　〈ロフト〉には区別できるよう名前を付け、部位ごとに〈ヌル〉でグループ分けしておきます。

おおまかに形状を整え、パーツを整理する

　詳しい方法は、ビデオの『1-4. 大まかに形を作る「髪」』をご覧ください。

胴体の基本形状

　胴体ではまず、開いている上の部分をふさぎます。
　〈ポリゴンペン〉でエッジを「Ctrl＋ドラッグ」するとエッジが押し出されてサーフェイスが伸びます。伸びたポリゴンは近くにポイントがあればくっつくので穴をふさぐことができます。

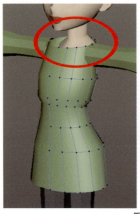
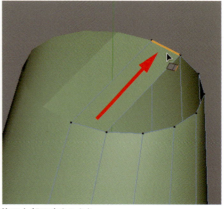

胴体の上部の穴をふさぐ

　別パーツになっている胴体と腕を一体につなげるために、まず胴体のほうに穴を開けます。肩口のところに腕の断面と同じ8つのポイントを円周状に配置し、穴を開けます。

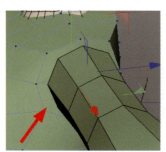
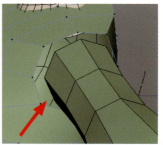

肩口に腕の断面に合わせて穴を開ける

　胴体と腕のポリゴンオブジェクトを選択し、〈一体化〉を実行します。2つが一体化されたオブジェクトが新たに生成されます（元の2つのオブジェクトは非表示にし、バックアップとして残しておきます）。

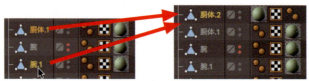

胴体と腕を〈一体化〉する

一体化された新しい胴体のポリゴンオブジェクトで肩口の隙間をつなげます。〈ポリゴンペン〉でポイントからポイントへドラッグすると接着されるので、8つのポイントをすべてくっつけます。
　このとき〈メッシュチェック〉をオンにしておくと、〈境界エッジ〉表示により分離している部分を簡単に見分けることができます。

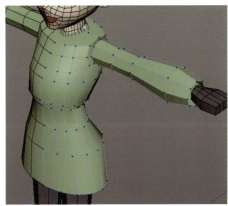
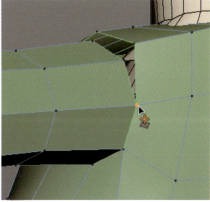

一体化された胴体／肩口を〈ポリゴンペン〉でくっつける

　首周りは襟元にV字になるようエッジを追加します。ここにはさらにフードがつきますが、この段階では襟元の形を整えるだけにしておきます。

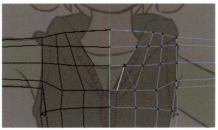

襟元にV字にエッジを切る

　ベストとジャンプスーツの境目はデザイン上きれいに分離しているので、オブジェクトもここで分離することにします。ウエストから下のポリゴンを選択して〈メッシュ〉メニューの〈コマンド〉から〈分離〉を実行すると、選択されていた範囲のポリゴンが切り離されます。
　切り離されると〈メッシュチェック〉で〈境界エッジ〉ができるのが確認できます。

〈分離〉でウエストから下を切り離す

この胴体のポリゴンオブジェクトに対して〈メッシュ〉メニューの〈変換〉にある〈ポリゴングループを別オブジェクトに〉を実行すると、分離している部分がそれぞれ別のポリゴンオブジェクトに変換されます。

それぞれ名前を変更します。また、このコマンド実行後に親になっているポリゴンオブジェクトは中身がないダミー的なものなので、これは削除します。

分離している部分を別オブジェクトに変換

分離したウエストの段差など、全体的に形を整えます。また、ベストの部分はデザインでは濃い緑色となっているので、〈ポリゴン選択範囲〉を作成して色違いのマテリアルをつけておきます。

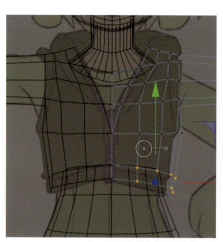 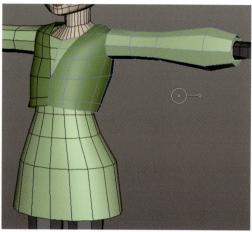

ウエストの段差など形を整える／ベストの部分に色違いのマテリアルをつける

ジャンプスーツの裾はスカートではなくショートパンツなので、裾を左右の脚に分離します。

スーツの裾はスカートではないので両脚に分離する

〈いちばん下の対称面上にある前後のポイントを横にずらして隙間を空け、〈ポリゴンペン〉で前後のエッジの間をドラッグしてポリゴンを貼ります。

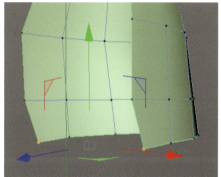
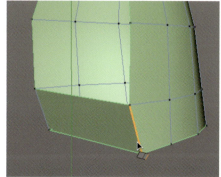

対称面上のポイントをずらし、前後をつなげる

〈対称〉をオンにすると裾が股のところで分岐し、左右それぞれに円筒ができています。内側のポリゴンの中間にエッジを1本追加して形を整えるとショートパンツらしい形になります。

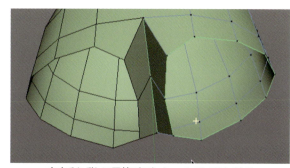

左右それぞれに円筒ができ、ショートパンツらしくなる

さらにエッジを追加して立体的に形を整えます。胴体部分はひとまずここまでにしておきます。

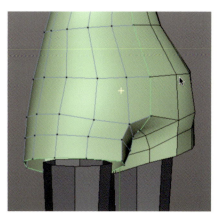
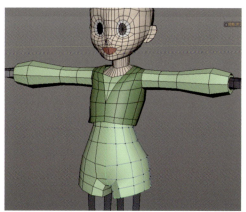

エッジを追加して立体的に形を整える

脚の基本形状

脚はまず全体的な輪郭を整えます。

足首から先の「足」部分は、足首のあたりを水平に「輪切り」にし、前半分のポリゴンを「Ctrl +ドラッグ」して押し出すとL字型になります。

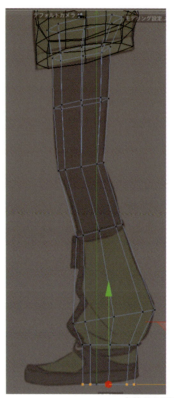

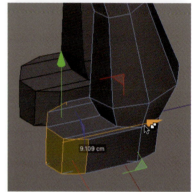

全体的な形を整える／つま先を押し出す

つま先を薄くしたり、足首からかかとにかけての幅を調整するなどして、脚部分の形をおおまかに整えます。

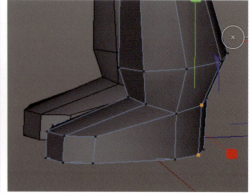

脚の形をおおまかに整える

手の基本形状

手は指が5本もあるので基本的な構造を作るだけでも結構たいへんです。

最初に指の断面を何角形にするか決めますが、〈SDS〉で曲面化することを前提にすると6角形でいいでしょう。

まず親指以外の4本の指の根元になる部分が6角形になるようエッジを追加し、形を整えます。

またこのとき、隣り合う指と指は根元でエッジを共有せず、間にポリゴンを1枚はさむようにしておきます。

指の付け根は6角形

4本の指の付け根のポリゴンをまとめて選択し、「Ctrl+ドラッグ」でまっすぐ押し出し、指を作ります。

長さを調節したり、指先のポリゴンを小さくして先細りにしておおまかに形を整えます。

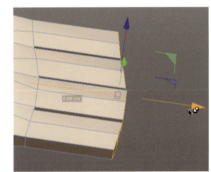
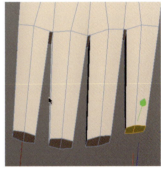

4本の指を押し出し、形を整える

それぞれの指の根元から手首のほうへつながるエッジを〈ポリゴンペン〉で整理し、形を整えます。指のエッジの数が多いため、あちこち不規則に3角ポリゴンができますが、あまり気にしなくて大丈夫です。

親指の根元も6角形にします。

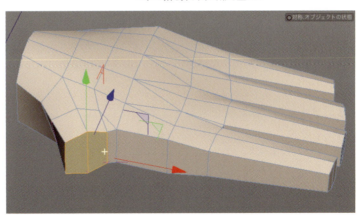

指の根元から手首へつながるエッジを整理／親指の根元も6角形

親指も同様に「Ctrl＋ドラッグ」で押し出して作ります。親指の生える方向は水平ではなく斜め下なので、押し出し後に下向きに回転させます。

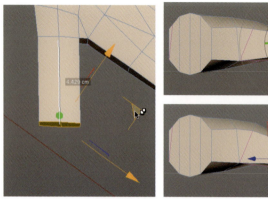

親指を押し出す／下向きに回転させる

手首は手のひらの端の断面を丸く整え、真横に押し出して作ります。

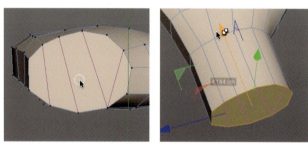

手首は断面を丸くして押し出す

5本の指が揃い、手首までエッジがつながった状態です。造形としてははまだまだですが、ひとまずここまでにしておきます。

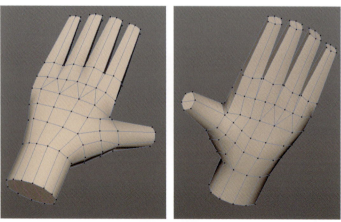

手の基本構造

全体をチェック

これでひととおりパーツの形ができました。全体を見てバランスを確認します。この段階ではだいたいデザインと合っていればOKです。

マテリアルはダミーですが、デザインに近い印象になるよう〈ポリゴン選択範囲〉を設定して色分けしてあります。また、〈Phong〉タグの〈Phong角度〉を「60°」にして陰影を滑らかにしています。

ひととおりパーツが揃った状態

腕を下ろしてみる

キャラクターにもよりますが、腕を水平に上げたTポーズでモデリングしていると腕の長さがわかりにくいことがあります。キャラクターをセットアップして腕を下ろしたポーズをつけてみて初めて違和感に気付くようではちょっと遅いので、モデリングの段階から腕を下ろしてチェックしておくべきです。

手順さえわかっていれば、手を下ろしてチェックするのは難しくありません。

まず肩の関節の位置に〈ヌル〉を配置します。「肩関節」などわかりやすい名前をつけておきます。また、〈ヌル〉の表示を〈円〉にしたり表示色を変更するなどするとビューで見やすくなります。

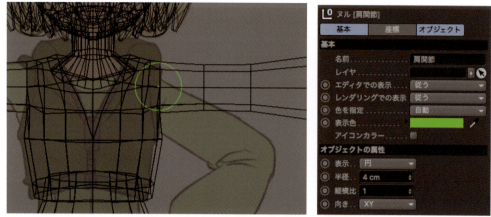

肩関節の位置に〈ヌル〉を配置／表示を見やすく設定する

次に腕の部分が含まれるオブジェクト（この場合は「胴体」と「手」）を選択し、肩よりも先のポイントを全て選択します。

この状態では〈回転〉ツールの基準点は選択されているポイントの中心になります。

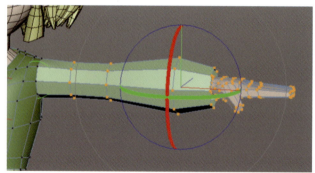

肩より先のポイントを全て選択

〈回転〉ツールに切り替え、ツールの〈モデリング軸〉で〈軸〉を〈オブジェクト〉に変更します。〈オブジェクト〉リンクスロットが使えるようになるので、ここに先ほど準備した「肩関節」の〈ヌル〉を入れます。

モデリング軸の〈オブジェクト〉に「肩関節」のヌル

このように設定すると、〈回転〉ツールの動作は「肩関節」の〈ヌル〉が基準になります。

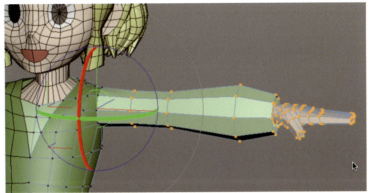

〈回転〉の基準が「肩関節」になる

　さらに〈回転〉ツールで〈ソフト選択〉を有効にします。〈ソフト選択〉は選択範囲の外側までツールの影響力が「ソフトに」広がるオプションで、この場合は選択されていない「肩口」のポイントまである程度〈回転〉ツールの効果が及ぶことになります。
　また、〈サーフェイス〉がオンの場合、影響力は空間的な距離ではなくサーフェイス上をたどった距離になり、「枝分かれ」している先の部分へ影響しにくくなります。

〈ソフト選択〉オプション

　〈ソフト選択〉の影響する範囲は〈プレビュー〉により黄色で表示されています。

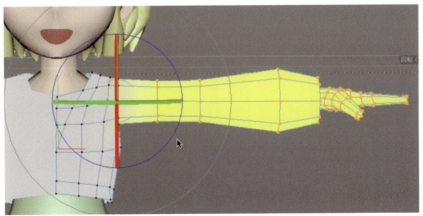

〈ソフト選択〉の影響する範囲

〈ソフト選択〉を有効にして〈回転〉ツールで腕を下ろすと、肩口の部分も多少下向きに角度が変わります。こうすると本番のセットアップで〈ジョイント〉を使ってポーズをつけたのと近い状態にしてチェックすることができます。

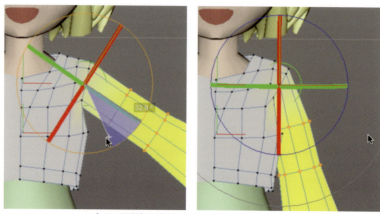

〈ソフト選択〉で腕を回転させると肩口も多少回る

腕を下ろしてチェック

チェックが終わったら忘れずに〈取り消し〉して元の状態に戻しておきます。

ここまでのサンプルファイル：ch-9\chara_1-4_base.c4d

1-5 詳細なモデリング

キャラクターモデルのディテールを作っていきます。モデリングの工程が非常に長いので、ここでは要点だけ説明しています。より詳しい手順は動画を参照してください。

今回のキャラクターは〈SDS（サブディビジョンサーフェイス）〉で曲面化するので、ここからはモデルのオブジェクトを〈SDS〉に入れて作業します。

ここであらためて〈SDS〉のほか階層の途中にある〈ヌル〉や〈対称〉など、全てのオブジェクトが「X=0」の位置にあるよう確認します。左右対称で編集する機能はオブジェクトの〈軸〉が対称面上にあることが前提なのでこれは重要です。

オブジェクトを〈SDS〉に入れる

オブジェクトを〈SDS〉に入れると、メッシュが曲面的に細分化されて全体的に丸くなります。造形についてはこの状態で判断します。メッシュを加工する作業は曲面化されていないほうがやりやすいことも多いので、〈SDS〉は随時オンオフしながら作業を進めることになります。

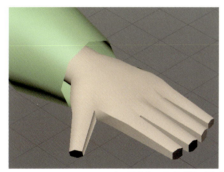 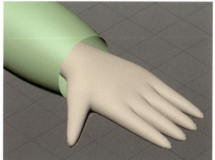

キャラクターのオブジェクトを〈SDS〉に入れると丸くなる

〈SDS〉について

ここで、〈SDS〉についていくつか確認しておきましょう。

分割数

〈SDS〉が曲面化される際の細かさは〈分割数〉設定で決まります。デフォルトではエディタ表示で「2」、レンダリングで「3」となっていますが、今回のキャラクターモデルではそれほど細かい分割は必要ないので、エディタで「1」または「2」、レンダリングで「2」ぐらいでいいでしょう。

〈SDS〉の分割数設定

タイプ

〈SDS〉の〈タイプ〉のデフォルトは〈Catmull-Clark (N-Gons)〉で、これは「N-Gon」部分が「N-Gon 線」を無視して常に放射状に細分化されるタイプです。

それに対して、無印の〈Catmull-Clark〉では「N-Gon 線」の通りに分割されます。今回のキャラクターモデルでは最終的には「N-Gon」を残さないので、影響があるのは途中の段階だけです。作業のしやすさでいうと「N-Gon」が存在する場合に「N-Gon 線」の通りに分割される無印の〈Catmull-Clark〉のほうが都合がいいでしょう。

N-Gonの部分

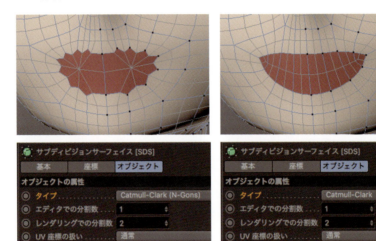

〈SDS〉の〈タイプ〉の違い

メッシュの密度

〈SDS〉で生成される曲面は、元になるメッシュの密度が高い（エッジの間隔が狭い）ところほどカーブが小さくなります。ディテールを作っていくうえで、この特性を意識しておきましょう。

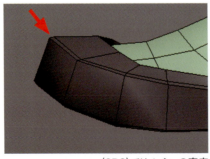 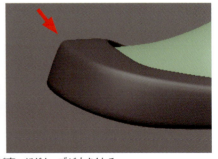

〈SDS〉ではメッシュの密度が高いほどカーブが小さくなる

SDSウェイト

〈SDS〉には〈SDS ウェイト〉という機能があり、エッジやポイントに対して「重み」をつけることができます。〈SDS ウェイト〉が「100%」になっているエッジやポイントは曲面化されても元の場所からずれなくなり、曲面の「山」や「谷」ではサーフェイスが「折れた」状態となります。

〈SDS ウェイト〉は〈ライブ選択〉ツールまたは〈SDS ウェイト〉ツールで設定し、情報は〈SDS ウェイト〉タグ（自動的にポリゴンオブジェクトに適用）に格納されます。〈SDS ウェイト〉タグを選択しているときは、ビューでは〈SDS ウェイト〉が表示されます（0% が青、100% が赤）。

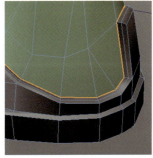  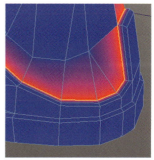

〈SDSウェイト〉を「100%」にして折った箇所

一旦〈SDS ウェイト〉を設定したところも、ポリゴンを編集すると設定が消えてしまうことがあります。

〈SDS ウェイト〉はタグを選択すればカラーで表示されるので、随時チェックして消えてしまっているところがあれば設定し直します。

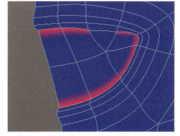

〈SDSウェイト〉が消えてしまったところ

シャープエッジ

〈SDS ウェイト〉で「折った」部分では、メッシュのスムージングも〈シャープエッジ〉にしておくといいでしょう（メッシュメニュー / 法線 / シャープエッジにする）。〈シャープエッジ〉を設定したエッジは〈Phongタグ〉の〈Phong 角度〉の値にかかわらず、確実に「折れた」見た目になります。

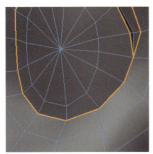 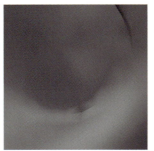 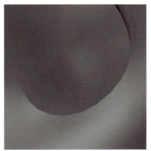

〈シャープエッジ〉を設定したエッジは確実に「折れる」

〈シャープエッジ〉もポリゴン編集で消えてしまったり、意図しないところに引き継がれたりすることがあります。〈シャープエッジ〉は〈法線〉メニューの〈シャープエッジを選択〉を実行すると選択されます。意図しないエッジに設定されていた場合は、そのエッジを選択して〈シャープエッジを解除〉すれば元に戻すことができます。

4角ポリゴンが基本

〈SDS〉を使うポリゴンオブジェクトはなるべく4角ポリゴンで作るのが定石とされています。曲面部分に3角ポリゴンがあると形がいびつになるためです。とはいえ、比較的平坦な部分では3角があっても問題ないことも多く、あえて3角ポリゴンを使って凹凸を出す方法もあります。3角ポリゴンを完全に排除しようとすると難易度が非常に高くなるので「なるべく」程度でかまいません。同じような理由でN-Gonの使用も避けたほうが無難です。作業の途中で発生したN-Gonは最終的にはすべて4角と3角に割っておきます。

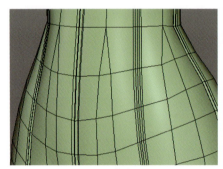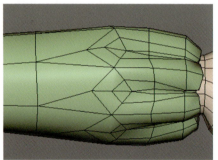

基本は4角ポリゴンだがところどころ3角を使ってもよい

「Q」でオンオフ

モデリングの作業では〈SDS〉をずっと有効にしているわけではなく、無効な状態に切り替えたほうがやりやすい作業もあり、頻繁にオンオフを切り替えることになります。

〈SDS〉などの〈ジェネレータ〉に属するオブジェクトのオンオフにはショートカット「Q」が割り当てられていますが、このショートカットは少し変わっていて、〈SDS〉そのものを選択しているときだけでなく下位の階層にあるポリゴンオブジェクトを選択しているときも上位の階層にある〈SDS〉をオンオフするように働きます。ポリゴン編集中に「Q」を押せば上位の〈SDS〉のオンオフを切り替えられるわけです。

ただし複数のポリゴンオブジェクトを同時に選択している場合はこのショートカットは効きません。

ショートカット「Q」は上位の〈SDS〉もオンオフできる

HUDでオンオフ

　オブジェクトの選択状態にかかわらず、任意の〈SDS〉をすばやくオンオフできるやり方もあります。

　〈SDS〉の〈基本〉にある〈オブジェクトの状態〉をビューにドラッグして〈HUD〉にしておく方法です。こうすると、ビューでこの〈HUD〉をクリックすればオブジェクトの選択状態にかかわらず〈SDS〉をオンオフできるようになります。

　なお、この〈HUD〉はデフォルトでは〈表示〉設定が〈オブジェクト選択時〉となっているので、これを〈常に〉に変更しておきます。〈HUD〉は「Ctrl＋ドラッグ」で移動できます。

 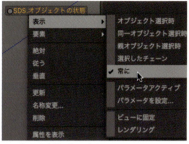

ビューにドラッグして〈HUD〉化する／表示を〈常に〉に変更

　同様の手順で〈SDS〉だけでなく〈対称〉のオンオフなども〈HUD〉にできます。モデリング作業中にオブジェクトマネージャ・属性マネージャ経由でオンオフを切り替える手間が省けるのでおすすめです。

Isoline編集

　ビューの〈オプション〉メニューにある〈Isoline 編集〉（ショートカットは「Alt＋A」）は、ワイヤーフレームを曲面化されたサーフェイスに合わせて表示する機能です。

　オンのほうが感覚的にわかりやすい反面、表示されるポイントやエッジが「実体」とずれてしまって都合が悪い場合もある

〈Isoline編集〉がオン／オフ

ので、随時オンオフして使い分けるといいでしょう（ポリゴンペンなど、エッジを切断するツールでは強制的にオフ表示に切り替わるものもあります）。です。

省略表示

　ビューの〈表示〉を〈省略表示〉にすると、〈SDS〉がオンのときでも表示されるワイヤーフレームが細分化されなくなります。こちらの表示のほうが見やすい場合もあるでしょう。

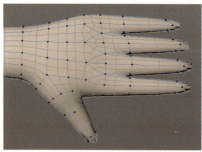 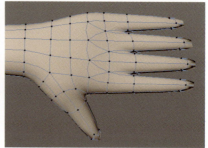

表示が〈ワイヤーフレーム〉／〈省略表示〉

顔の詳細

顔の基本的な形状はできているので、既にあるエッジをさらに分割しながら詳細な造形を作っていきます。作業の順番は必ずしもこの通りでなくともいいですが、先に一部分だけを細かく作り込むよりは何段階かかけて全体的に密度を上げていくほうがおすすめです。

不要部分の削除

髪のパーツの配置が終わって「髪の毛に隠れる範囲」がわかったので、頭パーツのうち、隠れてしまう不要部分はここで削除しておくことにします。

髪の毛で隠れる不要部分を削除しておく

まつげの土台

ここまでの状態では目の表現が単純すぎて印象が曖昧なので、最初にまつげを簡単に表現しておきます。

まつげの土台の部分でエッジをカットして〈ポリゴン選択範囲〉を設定、黒い仮マテリアルを適用します。

〈SDS〉をオンにするとエッジが周囲に広がってしまいますが、マテリアルの境界のエッジに〈SDSウェイト〉を100%で設定すると、エッジが動かなくなります。

また、このエッジには〈シャープエッジ〉を適用して、マテリアルの境界を跨いでスムージングがかからないようにしておきます。

さらに中間にエッジを1本追加し、ポイントを前方に移動して山型にふくらませます。

 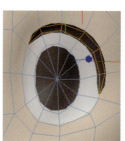
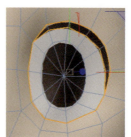 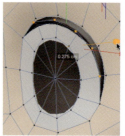

まつげの土台になる部分

目の部分にエッジを追加します。目の輪郭を精細にするため中心から放射状に、さらに眼窩から頬にかけての起伏を表現するために円周状にも1本追加します。

周辺のエッジがごちゃごちゃするので整理します。

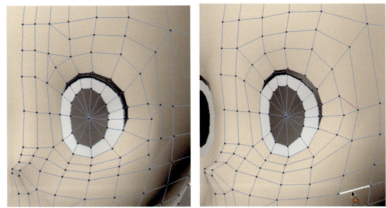

目の部分にエッジを追加／周辺のエッジを整理

鼻と口

鼻と口の周辺にもエッジを追加し、形を立体的に整えます。唇と口の内部の境界のエッジは、目と同様に〈SDS ウェイト〉と〈シャープエッジ〉でシャープにしておきます。

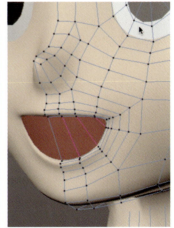

鼻と口の周辺にもエッジを追加、形を整える

エッジを追加するところでは、単純にエッジを増やすだけでなく、不要なところではエッジを除去したり流れを変えてつなげ直すなどの処理をしたほうがいい場合もあります。

追加したエッジを部分的に除去し、つなげ直す

耳周辺とあごの下

　耳の根元のカーブを小さくするため、周辺にエッジを追加します。あごの下にも円周方向のエッジを追加し、耳の前後から下りてくるエッジと合流させます。
　このあたりは実際には髪の毛で隠れてしまうので、あまりこだわらなくてもいいでしょう。耳の造形も細かいところは作らないことにします。

耳の周辺／あごの下

まゆげ

　まゆげはテクスチャではなく、オブジェクトで表現します。
　顔のポリゴンのまゆげの下の部分を選択して〈別オブジェクトに分離〉を実行し、分離された新しいオブジェクトに黒の仮マテリアルを適用します。これを、形を整えてまゆげにします。

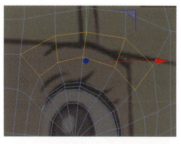
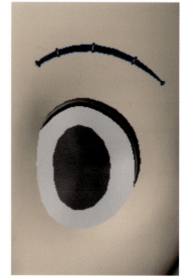

顔のポリゴンを〈別オブジェクトに分離〉、加工してまゆげを作る

造形を整える

　顔の詳細を作っていくのに必要なトポロジ構築がおおむねできました。ここでひとまず、造形を整えてみることにします。ある程度顔立ちが決まったほうが後の作業がやりやすくなります。

　造形を整える作業では、ポイントを1つずつ動かすだけでなく〈マグネット〉で広い範囲を動かすと効率的です。また、バランスを見るためにときどき髪の毛のオブジェクトを表示してみたほうがいいでしょう。顔に合わせて髪の毛のほうを修正してもかまいません。

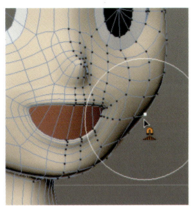 

〈マグネット〉を使う／髪の毛を表示する

　造形を整える作業の前と後の比較です。少しだけエッジを分割していますが、造形を整える作業ではポイントを動かすことだけに専念して作業しています。

　顔のモデリングでは、場当たり的に目についたところを作り込もうとすると全体像を見失いがちになるので、いま何をやっているのかを明確に意識して作業するよう心掛けることをおすすめします。

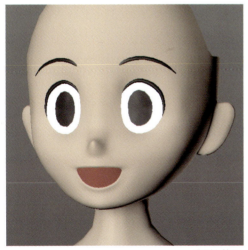 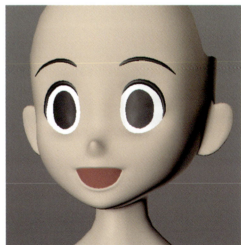

造形を整える前／整えた後

目のテクスチャ

単色の仮マテリアルで表現していた瞳をテクスチャで置き換えます。テクスチャはサンプルファイルにある「eye.psd」を使用します。

テクスチャは〈平行〉で正面から投影しますが、頭のオブジェクトは片側半分を〈対称〉で左右対称化しているので、そのままだと鏡像側はテクスチャがずれます。この場合は、オブジェクトに〈テクスチャ固定〉タグをつけると、テクスチャも左右で対称化されます。

目のテクスチャ／〈テクスチャ固定〉タグ

この状態では右目が左右反転していますが、〈テクスチャタグ〉を2つ使い分ければ〈対称〉に入ったまま「実体」が片側だけの状態でも左右の目のテクスチャを独立させることもできます。

この作業はどの段階で行ってもよく、気にならなければもっと後、表情をつける段階になってからやってもかまいません。

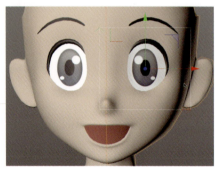

〈テクスチャ固定〉タグで左右対称化した目

まず〈テクスチャ固定〉タグを削除し、次に目の〈テクスチャ〉タグの〈タイリング〉をオフにします。〈テクスチャ固定〉なしで〈タイリング〉がオフになっていると目のテクスチャは〈対称〉の鏡像側に反復されなくなり、左目だけにしか現れなくなります。

〈テクスチャ固定〉を削除し〈タイリング〉をオフにすると目のテクスチャが左目だけに

目の〈テクスチャ〉タグを複製し、〈座標〉の〈位置X〉をプラスマイナス反転します。すると〈テクスチャ〉の投影される基準点が左右対称の位置に移動し、右目に反映されるようになります。〈テクスチャ固定〉タグと違ってテクスチャそのものは左右反転しません。

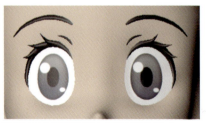

目の〈テクスチャ〉タグを複製、〈位置X〉をプラスマイナス反転すると右目に反映される

この手順は、頭のポリゴンオブジェクトの〈オブジェクト軸〉が対称面上にあり、またテクスチャに使っている画像で「瞳」が中心にあることが前提になります。

今回用意した「eye.psd」では「瞳」が中心にあり、視線を動かす操作をテクスチャの平行移動によって表現することを想定しているので、平行移動したときに生じる「余白」を考慮して「白目」の部分は広めに取ってあります。

もし「瞳」の絵そのものが左右で非対称など異なっている場合には、異なるテクスチャ画像を使ったマテリアルを左右それぞれに作成して貼り分けることで対応できます。

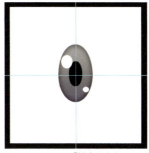

目のテクスチャは「瞳」が中心にある

まつげの「毛」

まつげの飛び出している「毛」の部分を作ります。

鼻を作ったときと同じ要領で、ポリゴンを1つ押し出し、片側のポイントを元の位置にくっつけます。これで、片側だけが押し出された状態になります。

1ポリゴン押し出し、片側をくっつける

押し出された段差の側面のポリゴンをまつげの伸びる方向へ押し出します。

押し出された先端のポリゴンを〈結合〉コマンドで1つのポイントに収束させ、中間に〈ループ/パス カット〉でエッジを追加して、全体を反り返った形に整えます。

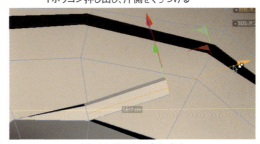

側面のポリゴンを押し出す

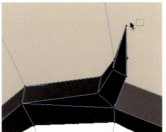

先端を〈結合〉で1点に収束、途中にもエッジを追加して形を整える

407

枝分かれしている部分のカーブを小さくするため、エッジを追加します。
先端をとがらせるため、ポイントに〈SDS ウェイト〉を 100% で設定します。

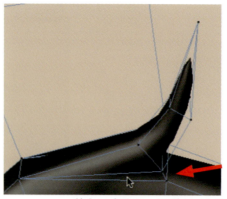

枝分かれ部分にエッジを追加／先端に〈SDSウェイト〉設定

これで「毛」が 1 本できました。同様にしてあと 2 本「毛」を作り、形を整えます。

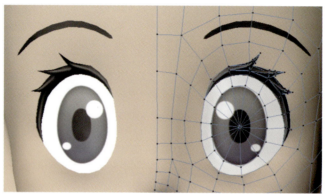

まつげの「毛」を3本作った

まゆげ、まぶたの線

　まゆげは平坦な板だったので、中間にエッジを追加し、山型に立体的にします。このほうが横から見たときにペラペラにならず見栄えがします。

まゆげを立体的に

目頭のほうにあるまぶたを表現している短い線も、まゆげと同様の方法で表現します。まゆげのオブジェクトを複製、改造すると簡単です。

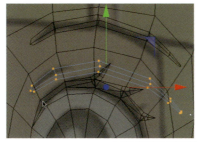 

まぶたの線はまゆげを複製、改造して作る

首の分離

頭と首を別のオブジェクトに分離します。これはキャラクターのセットアップを単純にするためです。セットアップでは、首は〈スキン〉デフォーマで、頭は〈ポーズモーフ〉で動かし、両者の影響が重複しないようにします。

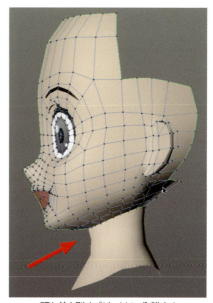

頭のオブジェクトのほうでは、首のところにできた穴をふさぎます。首のほうは端を上に延ばして頭に差し込んでおきます。つなぎめは髪やあごの下に隠れてしまうのでほとんど目立ちません。

頭と首を別オブジェクトに分離する

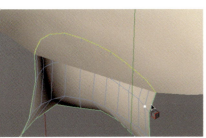 

頭の穴はふさぐ／首の端は上に延ばす

髪の毛のディテール

〈ロフト〉で作っていた髪の毛をポリゴンに変換し、ディテールを作り込んでいきます。

ポリゴンに変換する

髪の毛は〈ロフト〉で作っていましたが、ポリゴンに変換する前に〈SDS〉に入れた状態であらためて〈分割数〉が適切であるかなどをチェックします。ポリゴン化した後でもループ状のエッジの追加・削除・移動は難しくないので、おおまかで大丈夫です。他にも気になるところがあれば修正します。

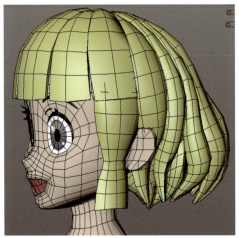

〈分割数〉などを調整／〈SDS〉に入れた状態

〈ロフト〉をポリゴンオブジェクトに変換します。髪の〈ロフト〉が入っている親の〈ヌル〉を選択して〈現在の状態をオブジェクト化〉を実行すると、階層構造が維持されたままま〈ロフト〉が全てポリゴンオブジェクトに変換されます。

階層が維持されたままポリゴンオブジェクトに変換される

板状のパーツの加工

　前髪の外側のほうの板状のパーツを加工してみます。毛先の穴が開いているところはエッジを〈ポリゴンペン〉で「Ctrl＋ドラッグ」してふさぎます。

　試しにこのまま〈SDS〉をオンにすると、毛先が丸く、薄くなりすぎているのがわかります。これは毛先の部分でエッジが足りず、〈SDS〉によって曲面が引っ張られているためです。ビューの表示を〈クイックシェーディング（線）〉にしてワイヤーフレームを表示すると〈SDS〉による細分化の様子がよくわかります。

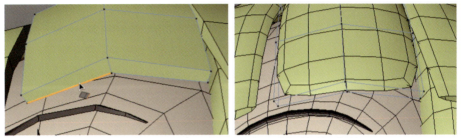

毛先の穴をふさぐ／〈SDS〉をオンにすると毛先が丸くなりすぎた

　毛先の部分を〈ループ / パス カット〉で輪切りにしてエッジを追加すると、毛先の部分のカーブが小さくなります。追加されたポイントの間隔を調整することでカーブの大きさがコントロールできます。

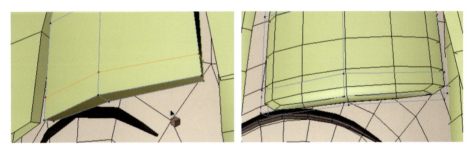

毛先を輪切りにしてエッジを追加するとカーブが小さくなる

　前髪の中央のパーツ、端のパーツも同様に加工します。中央のパーツは片側半分ですが加工のやり方は同じです。

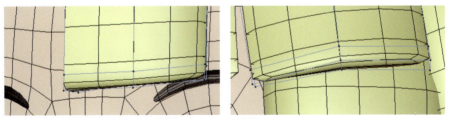

前髪の中央のパーツと端のパーツ

棒状のパーツの加工

　次は後ろの髪の先細りの棒状のパーツを加工してみます。毛先は筒状に穴が開いているので、穴のポイントをすべて選択し、〈結合〉で1点に収束させます。〈SDS〉をオンにすると、こちらもそのままではエッジが足りずに縮んでしまいます。

  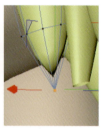

穴の開いている毛先を一点に収束／エッジが足りずに縮む

　まつげでやったように〈SDSウェイト〉でとがらせることもできますが、その方法だと先端が鋭すぎて不自然に感じられます。先端付近に「輪切り」のエッジを追加したほうがなだらかな曲面になります。
　後ろ髪の棒状のパーツは全て同様に先端を収束、輪切りのエッジを追加する加工をします。

 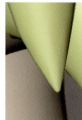 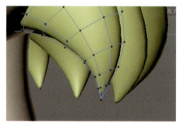

輪切りのエッジを追加／棒状のパーツは全て同様に加工

縛った房状のパーツ

　頬に垂れている縛った房状のパーツは、デザイン画では毛先が多少ばらけているので、そのように加工します。仕上がりはかなり入り組んだ構造になるので、手順もやや複雑になります。
　まず、毛先がばらける分かれ目の高さまで先端のポイントを削除して切り詰めます。その後、開いている穴に〈ポリゴンの穴を閉じる〉で「ふた」をします。「ふた」はN-Gonになります。

 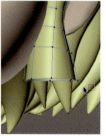 

先端を切り詰め、ふたをする

この「ふた」の部分を、ばらける毛先のそれぞれの断面になるよう、エッジをカットします。中央には余白が残ってもいいので、それぞれの断面はあまり細長くならないように、また、太さには多少ばらつきを出します。下図右側の外周の N-Gon ひとつひとつが毛先の断面になります。

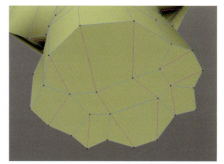

ふたを切り分けて毛先の断面にする

毛先となる個々の断面ごとに N-Gon を下向きに押し出します。ここでいったん〈SDS〉をオンにしてみましょう。エッジが足りないので毛先が縮んでスカスカになります。

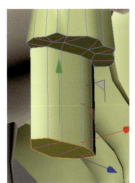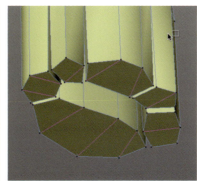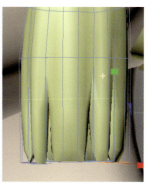

個々の断面ごとに押し出す／〈SDS〉をオンにすると毛先が縮む

毛先の部分にエッジを追加します。太いものは「ふた」を残したままエッジを二重にし、細いものは一点に収束させてから毛先の近くを輪切りにします。また、押し出しした分の長さの中間あたりも輪切りのエッジを追加しておきます。これぐらいエッジを増やせば〈SDS〉をオンにしてもあまり縮まなくなります。

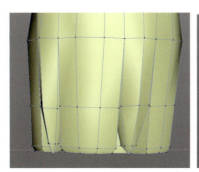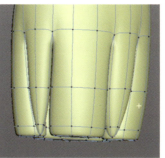

輪切りのエッジを追加すると縮まなくなる

あとはポイントを動かして形を整え、エッジを整理します。さらにエッジを増やせばより精密な凹凸を表現できるようになるのですが、それだけ作業も面倒になるので程々にしておくほうがいいでしょう。

髪のこの部分は途中をリング状のアクセサリーでまとめているので、そのパーツも追加します。プリミティブの〈トーラス〉の〈サイズ〉や〈分割数〉を調整してからポリゴンメッシュに変換し、前後左右の比率などを調整して髪に合わせます。

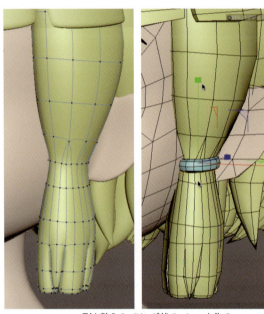

形を整える／リング状のパーツを作る

全体を整える

これで髪の毛のすべてのパーツをポリゴンオブジェクトに変換したので、全体を見ながら形を整えていきます。この例では前髪の縦方向のエッジを追加したり、房の根元が集まっている分け目の部分を整えたり、房同士の隙間を詰めたりしています。

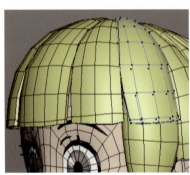 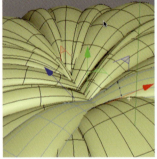 

前髪に縦のエッジを追加／分け目を整える／隙間を詰める

この髪の造形はかなり記号的なものなので、「これが正しい」というはっきりした答えはないのですが、機械的な正確さや反復を避けると自然に見えるかもしれません。今回の例では、個々の房の太さにばらつきを出したり、房の断面が単純なまん丸にならないようにするといった工夫をしています。

オブジェクトを一体化して根元の側で隙間をくっつけてしまったほうが見た目は良いのですが、単一のポリゴンオブジェクトでありながら密集した枝分かれ構造となるため難易度が高く、今回は見送っています。

手と指

手はやや難しい部分です。造形そのものが複雑なだけでなく、後で「ポーズをつける」ことや〈SDS〉で曲面化されることを考慮する必要があります。ここではその一例を示しておきます。

人差し指から小指までの4本の指はトポロジは共通なので、まず1本作って他の3本は複製すると簡単です。人差し指だけ残して他の3本は削除します。

指先は「ふた」のポリゴンを図のように分割し、形を丸く整えます。今回は爪は作りません。

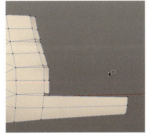  

人差し指だけ残す／指先の「ふた」を分割し、丸く整える

指の関節を曲げるために「輪切り」のエッジを追加し、ややハの字になるようポイントの位置を調整します。このエッジは指の関節が図の赤丸の位置になる想定で配分されています。

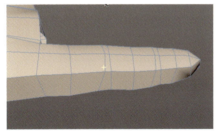 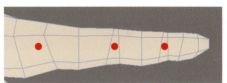

関節の位置にハの字のエッジを追加

人差し指を複製して他の3本の指を作ります。同一のポリゴンオブジェクト内でポリゴンを複製するには〈クローン〉を使います。3本とも一度に複製できます。

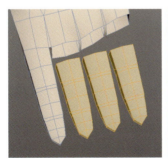 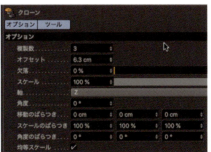

〈クローン〉で指を複製

複製された指は位置と大きさを調整します。

〈クローン〉で複製する際に指の付け根側でポリゴン1つ分隙間を空けると配置しやすくなります。

根元をくっつける作業は〈ポリゴンペン〉で行います。エッジを「Ctrl＋ドラッグ」して向かい合うエッジと接続します。

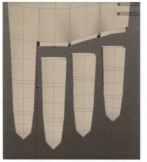

複製された指の位置と大きさを調整／ポリゴンペンで根元をくっつける

この作業では隣の指の付け根が見えていると邪魔になるので、邪魔な指のポリゴンを選択して〈選択エレメントを隠す〉で非表示にしておきます。

親指も他の4本の指と似たトポロジになりますが、根元は関節の位置や手のひらへの接続が異なります。また、親指は角度が斜めなので、指の向きに注意します。

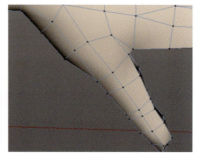

親指は向きに注意

指のトポロジ構築ができたら、手の全体の造形を整えます。この例では特にデフォルメはしていません。手の大きさは体全体とのバランスを見て後でまた調整することになります。

また、関節部分のエッジの配分はセットアップの工程で実際に「骨」を入れて曲げてみてからあらためて調整することになる可能性があります。

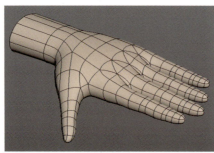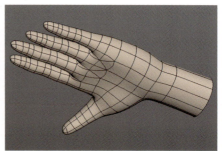

造形を整える

胴体

　胴体はウエストの段差を境に上下2つに分かれています。上の部分はベストと中に着ているジャンプスーツ、下の部分はジャンプスーツのショートパンツです。

　デザイン上はジャンプスーツとベストは「重ね着」ですが、複数のサーフェイスが重なる部分があると〈ジョイント〉で曲げたとき突き抜ける危険があるので、モデルではサーフェイス1枚のいわゆる「ワンスキン」の状態で作っていくことにします。

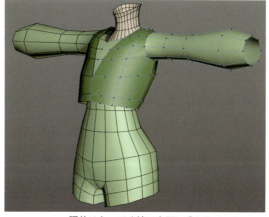

胴体はウエストを境に上下に分かれている

フード

　大きな構造としてフードがまだ作られていませんでした。このフードはデザイン上は小さめにデフォルメされて構造も省略されています。

　まずフードの根元になる範囲をエッジを分割して区切ります。区切った根元のポリゴンを選択し、真上に押し出します（対称面上の余分なポリゴンは削除します）。

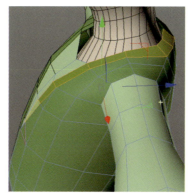 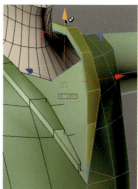

フードの根元の範囲を区切る／真上に押し出す

　押し出された部分の境界のエッジはフードの根元の「折り目」になります。このエッジには〈ジョイントウェイト〉「100%」を設定しておきます。この部分に限らず、服の「折り目」になるエッジには同様に設定することになります（場合により同時に〈シャープエッジ〉を設定します）。

「折り目」のエッジに〈ジョイントウェイト〉「100%」

ポリゴンが立体的に立ち上がったら、エッジを分割しつつ膨らませるようにサーフェイスを延ばしていきます。エッジの接続が不規則になってデコボコになる部分もできますが、布地を表現している部分なので上手くデコボコを表現として吸収してしまいましょう。

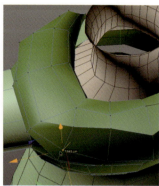

エッジを分割しつつ膨らませる

フードの裏側はベストと折り重なっていて、そのままでは外側から見えません。フード以外の部分のポリゴンを非表示にすると楽に編集できるようになります。

頻繁に表示・非表示繰り返す部分には〈ポリゴン選択範囲〉を設定しておくといいでしょう。〈ポリゴン選択範囲〉タグには〈表示〉や〈隠す〉に関するボタンもあります。

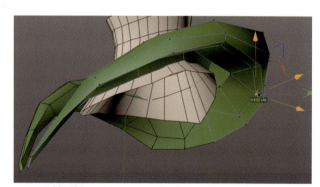

折り重なっているところでは邪魔なポリゴンを隠すとよい

肩口

肩口の部分にはベストとジャンプスーツの段差を表現します。肩口にエッジを同心円状に追加し、ベスト側では立体的に押し出した段差で「縁」を表現、ジャンプスーツ側では肩口を一段内側に押し込みます。

この段差の境界のエッジも〈SDSウェイト〉と〈シャープエッジ〉で「折れ目」をつけます。

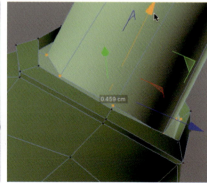

同心円状にエッジを追加／肩口の段差を表現

ベストの裾

　ベストの裾の部分は段差と折り目をつけます。サーフェイスの端に厚みがないと不自然なので、エッジを内側に押し出して折り返し、厚みをつけておきます。

ベストの裾は段差と折り目、厚みをつける

袖

　袖は腕を曲げられるように「輪切り」のエッジを追加します。ここでは主として造形よりも〈ジョイント〉によって曲げるために必要なところに追加しています。造形上のディテールをさらに加える場合には、ここで追加したエッジをさらに格子状に分割することになります。

　上腕の肩に近い側では、脇の下へ向かって斜めにエッジを追加し、外側をさらに分割します。これによりデフォルトの「Tポーズ」では上腕の外側でエッジが多く、内側でエッジが少ない状態になりますが、腕を下ろすとちょうどいい配分になります。これは前から見た状態ですが、後ろも同様にエッジを追加して前後で対称のトポロジになります。

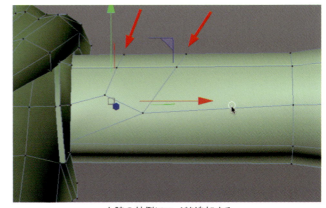

上腕の外側にエッジを追加する

　ひじの関節は前向きに曲がります。上から見て「ハ」の字にエッジを追加します。ひじの外側が狭く、内側が広くなります。上下で対称のトポロジになります。

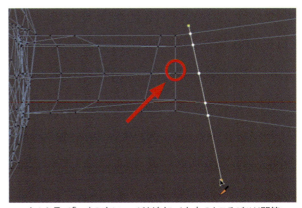

上から見て「ハ」の字にエッジを追加／赤丸のところがひじ関節

これまで追加したエッジの中間にも「輪切り」のエッジを追加し、全体の密度がおおむね均等になるようにします。

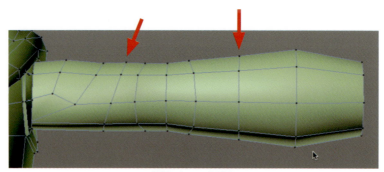

中間にもエッジを追加

袖口

袖口は端のエッジを押し出してサーフェイスを内側に折り返し、開いている穴が手首でふさがる程度の大きさにします。

この袖口は布地が絞ってあり、周辺にしわができています。しわの「谷」を囲むようにU字に何重かエッジを作るとしわが表現できます。しわの配置にばらつきを持たせたほうが自然に見えます。

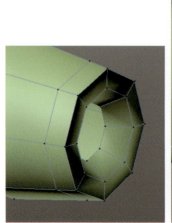
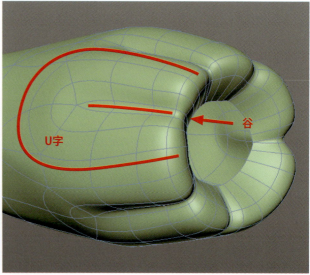

袖口は端を内側に折り返す／谷を囲むようにU字にエッジを割る

ファスナー

　ベストの前はファスナーになっています。ファスナーの歯は表現するのが難しいので、歯は省略してレール状の構造のみ表現します。

　フードのときと同様にファスナーの根元となる部分をエッジを分割して区切り、区切ったポリゴンを少しだけ押し出して厚みをつけます。

　縦に1本エッジを入れてありますが、これは〈SDS〉で曲面化したときまん丸にならずに多少平らな面ができるようにするためです。

ファスナーをレール状に押し出す

　押し出されたポリゴンの左右が対称面上でくっついてしまわないよう、横に移動して離しておきます。

　押し出した境界の根元のエッジは〈SDSウェイト〉と〈シャープエッジ〉で折り目をつけておきます。

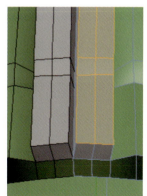 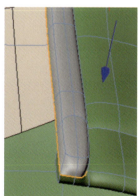

押し出されたポリゴンを離す／根元に折り目をつける

　ディテールを作り込んでいく過程で設定済みの〈SDSウェイト〉や〈シャープエッジ〉が不要になったり、逆に必要なものが加工によって設定が消えてしまったりすることがあります。気が付いたらその都度修正します。

　〈SDSウェイト〉はタグを選択したときのカラー表示で、〈シャープエッジ〉は〈シャープエッジを選択〉コマンドでそれぞれチェックできます。

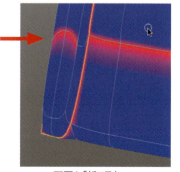

不要な「折り目」

ファスナーの両端は丸くなりすぎないようエッジを追加しておきます。付近に3角ポリゴンができてわずかにサーフェスが歪みますが、布の部分なのであまり気にしなくても大丈夫です。

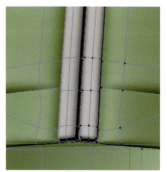

端にエッジを追加

胴体の下の部分

　胴体のウエストから下はジャンプスーツのショートパンツ状の部分です。造形上、また〈ジョイント〉で曲げるために必要な密度までエッジを増やします。

　ジャンプスーツは体の中心・側面・前後に「縫い目」があるので、その位置に縦のエッジを揃えておきます。

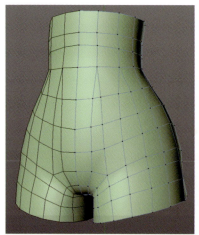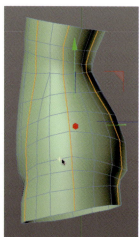

必要な密度までエッジを増やす／「縫い目」になるエッジを揃えておく

　ショートパンツの裾は一定の幅で押し出して厚みと段差を付け、境界に「折り目」をつけます。裏側はベストの裾と同様に折り返しておきます。

裾は段差を作り折り目を付けておく

縫い目

服には「縫い目」を表現している装飾的なディテールがあります。まず「ショートパンツ」の前方外側の縫い目を加工してみます。

あらかじめ縦のエッジを縫い目になるところを通るよう調整しておき、このエッジを〈ベベル〉ツールで両側に増やして新しいエッジを作ります。このとき、〈ツールオプション〉の〈分割数〉を「3」とするとエッジは5本になります。

また、〈ベベル〉の〈トポロジ〉の〈曲面をシャープエッジに〉はオフにしておきます（オンになっていると〈ベベルの境界に〈シャープエッジ〉ができますがこの場合は不要です）。

〈ベベル〉の端の部分にできた〈N-Gon〉は3角ポリゴンに分割します。また、余計なポリゴンができてしまう場合があるので、そのときは〈ポリゴンペン〉で元通りにくっつけておきます。

こうした加工をすると〈SDSウェイト〉や〈シャープエッジ〉で設定した「折り目」が消えることがあるので、チェックして設定し直しておきます。

〈ベベル〉でエッジを増やす

  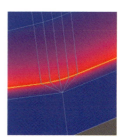

N-Gonや余計なポリゴンを処理しておく／消えた「折り目」を設定し直す

〈ベベル〉でできた5本のエッジのうち、真ん中と両端を除く2本のエッジに対して〈SDSウェイト〉「100%」と〈シャープエッジ〉を適用して「折り目」にし、この2本のエッジを少し押し込みます。〈SDS〉をオンにするとシャープな「谷」となって2本の縫い目が表現できます。

横と後ろにある他の「縫い目」も同様に加工します。

対称面を通る「縫い目」の場合は、作るエッジは片側半分になります。サーフェイスの端のエッジは〈ベベル〉では加工できないので、代わりに〈ループ/パス カット〉を使います。目分量でカットしてしまってもいいの

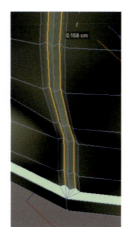 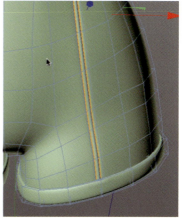

2本のエッジを「折り目」にして押し込み「縫い目」に

423

ですが、数値で正確に指定することもできます。
　プレビューで表示されているエッジ（またはビューに表示されるバーの目盛▲）を選択すると、エッジの間隔を数値で指定してカットすることができます。

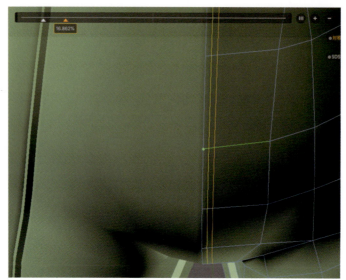

〈ループ/パス カット〉で正確な数値でカットする

　〈オフセットモード〉を〈エッジからの距離〉とすると交差するエッジからの距離でカットされるようになります（クリックする位置がエッジのどちら側かで基準となる方向が逆になります）。
　〈カット数〉を「2」とし、〈距離〉は1本目を「0.25cm」2本目を「0.5cm」とすると、先に〈ベベル〉で作った5本のエッジの片側半分と同じ間隔になります。〈対称〉をオンにすると同様の「縫い目」ができています。

〈ループ/パス カット〉の設定／先と同様の「縫い目」ができる

上半分のパーツの「ベスト」の背中側の縫い目も同様にして作ります。

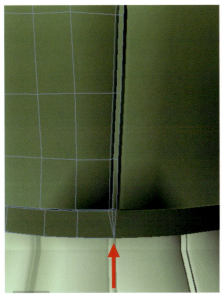
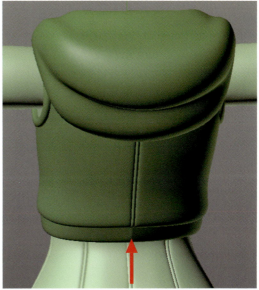

ベストの背中の「縫い目」も同様にして作る

脚と足元

脚のディテールは一旦パーツを切り離して作っていきます。「脚」・ひざ下を覆っている「レインスパッツ」・足に履いている「シューズ」の3つになります。

パーツを分けるにはポリゴンを〈分離〉してから〈ポリゴングループを別オブジェクトに〉を実行するなどの方法を使います。

以後の説明は3つに分けたパーツごとになっていますが、実際には1つずつ別工程にするのではなく、3つともある程度平行してすり合わせながら進めていきます。

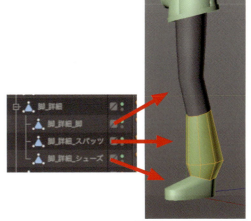

脚を3つのパーツに分ける（親は空のオブジェクト）

脚

「脚」の造形は単純に「輪切り」のエッジを増やすだけでも表現できますが、ひざの関節部分では膝頭の側でエッジが多くなるよう分割したほうが〈ジョイント〉できれいに曲がります。

脚の付け根は少し上に延長します。ショートパンツとサーフェイスが重なるので、「輪切り」のエッジがショートパンツのエッジと一致するよう調整します（一致していないと〈ジョイントウェイト〉の設定がややこしくなります）。サーフェイスが重なる部分での作業は邪魔なオブジェクトを〈X線効果〉で半透明にするとやりやすくなります。

 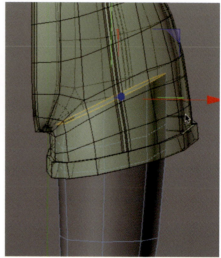

膝頭のエッジを多めに／脚の付け値を延ばす

シューズ

「シューズ」は構造的には内側と外側が対称になっているので、途中まで〈対称〉オブジェクトを使って片側だけ作っていきます。この場合、対称面はキャラクターの中心から離れるので、それに合わせた下準備が必要になります。

最初に、「シューズ」の〈オブジェクト軸〉を対称面になる位置に持ってきます。モデルモードで〈軸〉をオンにし、〈軸〉を「シューズ」の中心のあたりへ移動させます。

次に片側のポイントを削除し、もし対称面上のポイントがずれていたら「X=0」に整列させます。

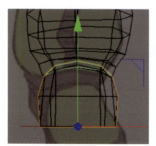 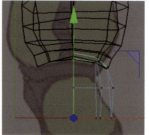

オブジェクト軸をシューズの対称面に／片側半分を削除

「シューズ」のポリゴンオブジェクトを選択した状態で、「Alt」キーを押しながら〈対称〉オブジェクトを作成します。

これは「選択オブジェクトと同位置、親階層にオブジェクトを作成する」という操作で、こうすると「シューズ」の〈オブジェクト軸〉と〈対称〉の対称面が最初から一致した状態で作成されます。

シューズの内側と外側が対称になった

「シューズ」の立体的な構造となるソール部分やベルト部分の境界になるよう、エッジを分割していきます。テンプレート画像を参照するといいでしょう。〈対称〉を使って「実体」を片側のみにしたことで、側面からの平行ビューでの作業もやりやすくなっています。

ベルトとソールの部分には黒いマテリアルをつけて色分けすると造形が判断しやすくなります。

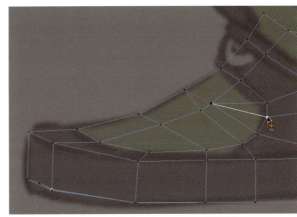

シューズの構造に合わせてエッジを分割

ある程度構造ができたら〈対称〉を〈現在の状態をオブジェクト化〉で両側に実体のあるポリゴンオブジェクトに変換し、造形上で内側と外側が異なる部分を調整します。

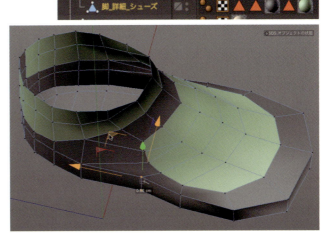

〈対称〉を一体のポリゴンに変換し造形を整える

造形が整ったら、立体的な構造を作っていきます。まずベルトとソールになる範囲のポリゴンを〈押し出し〉して一段厚みを出し、次にソール部分だけをもう一段〈押し出し〉します。

これで、「ベース / ベルト / ソール」という3段階の段差がついたことになります。この段差には「造形」そのものと、「〈SDS〉をかけたときカーブを小さくする」という2つの役割があります。

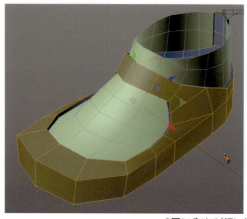 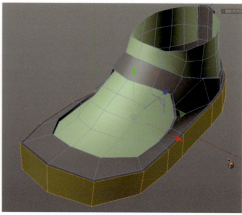

2回に分けて〈押し出し〉して段差をつける

〈SDS〉をオンにすると全体が曲面化されてベルトの境界が伸びてしまいますが、これまで他のところでもやったように段差の境界のエッジに〈SDSウェイト〉と〈シャープエッジ〉で「折り目」をつけると境界が引き締まります。

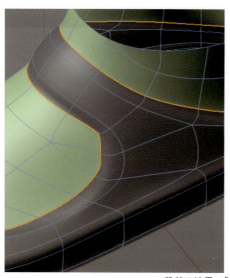 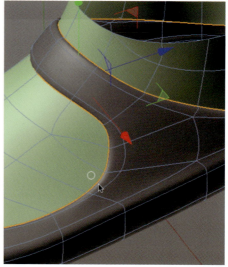

段差の境界に「折り目」をつける

ベルトの段差の側面、ソールのカドの内側などは、エッジを二重にしてカーブを小さくします。
　このように、カーブを緩くするところではエッジの間隔を広く、カーブを引き締めるところではエッジの間隔を狭く調整していくのが〈SDS〉を使うモデリングのこつです。

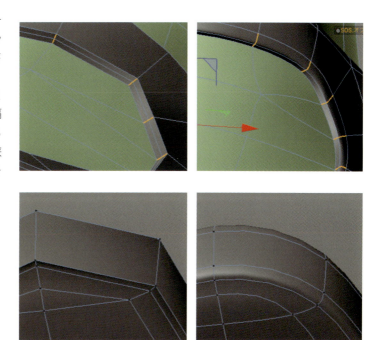

エッジを二重にしてカーブを引き締める

　エッジを細かく分割した後も必要に応じて全体の造形を整えていきますが、このとき〈マグネット〉を使ったり広い範囲に〈スケール〉を使うとエッジの間隔が不均等に伸び縮みしてカーブが歪んでしまう可能性があります。歪ませたくないディテールのある部分では、その範囲のポイントをまとめて選択して〈移動〉ツールで動かしたほうがいいでしょう。

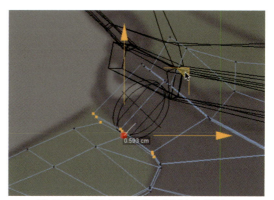

ディテールが歪まないようポイントをまとめて動かす

　このシューズのように、大きな曲面と小さな「面取り」の曲面が混在しているのは現代的な工業製品に共通する特徴です。こういったものを〈SDS〉を使ってポリゴンオブジェクトで作っていく際には、〈SDS〉で作られる曲面をよく観察しながら、トポロジの組み立てやエッジの密度を地道に調整していくことが必要です。

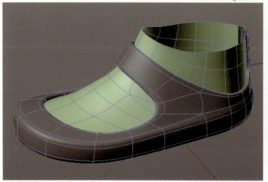
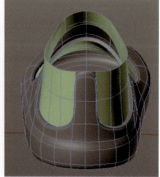

大小の曲面が混在している

レインスパッツ

「レインスパッツ」にはしわやたるみがあります。「輪切り」のエッジを追加し、凹凸をつけます。

こういう場合は3角ポリゴンを混ぜるといい具合にしわが寄ることもあります。

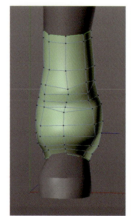

スパッツのしわを作る

上下の「縁」は「ベスト」の肩口と同様に帯状に区切ったポリゴンを押し出して厚みを付けます。

ファスナーも「ベスト」と同じ手順で作れます。両側のポリゴンを同時に〈押し出し〉するとくっついてしまうので、片方ずつ同じ高さに〈押し出し〉します。

いずれも段差の根元のエッジには〈SDSウェイト〉と〈シャープエッジ〉で「折り目」をつけます。

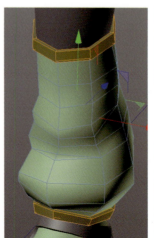
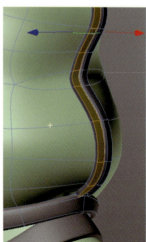

上下の「縁」／ファスナー

上下の「縁」と「ファスナー」がぶつかるところはサーフェイスが密着していて見づらいですが、邪魔なポリゴンを非表示にすれば作業しやすくなります。部分ごとに色分けのためにマテリアルをつける際に〈ポリゴン選択範囲〉タグを設定してあれば、そのタグの範囲で表示・非表示を切り替えるのは簡単です。

 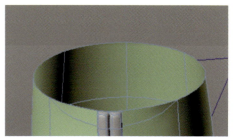

邪魔なポリゴンを非表示にする

小さなパーツ

　服に付属している装飾的な小さいパーツは曲がらないため、〈ジョイントウェイト〉もパーツ全体で同じ値になります。したがってこれらは「ワンスキン」でなくともよく、パーツは互いに「突き刺さる」状態で作ってしまっても大丈夫です。

　ベストとレインスパッツについているファスナーには金具があります。この金具は現実にはかなり複雑な構造なのですが、大幅に省略しています。同じものを複製して両方で使います（必要であればサイズなどは後から調整します）。

　ベストのほうは中央に1つなので左右でダブらないよう〈対称〉の外に出しています。

 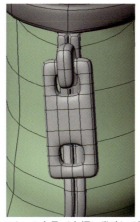 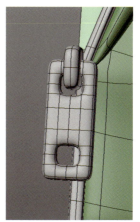

ファスナーの金具／大幅に省略して作る

シューズについているエンブレムは Cinema 4D のアイコンをモチーフにしているそうです。本来のアイコンはかなり立体的なのですが、こちらはレリーフ状に単純化します。この例ではプリミティブの〈円柱〉に〈フィレット〉をつけたものからワンスキンで作っていますが、外側の「輪」と内側の「球」を別に作って差し込んでしまってもかまいません。

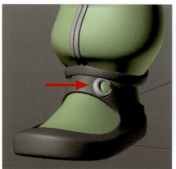 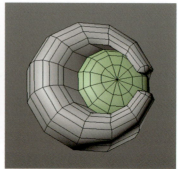

シューズのエンブレム

ヒップバッグ

このキャラクターはヒップバッグを腰につけていますが、こちらはちょっと手間がかかります。キャラクター作成の本題とは少し離れてしまうので、作らなくてもかまいません。単純に省略してしまってもいいですし、サンプルファイルから持ってきて使ってもいいです。

作ってみたいという方は、モデリングする工程を動画で収録していますのでそちらを参考にしてください。

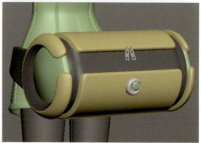

ヒップバッグ

ここまでのサンプルファイル：ch-9\chara_1-5_detail.c4d、 chara_1-5_hipbag.c4d、eye.psd

1-6 セットアップの準備

セットアップの準備のため、キャラクターを構成するオブジェクトを整理し、必要な設定を行います。

全体の調整

セットアップの前にいま一度全体をチェックし、バランスの調整や造形の改善などを行います。業務での制作など共同作業では第三者の意見を聞くことができますが、個人制作の場合は改善点について自分自身で判断しなくてはいけません。その場合、少し時間を置いてから見直したほうが客観的に判断しやすいかもしれません。

この例では以下のような作業を行っています。部分ごとにまとめて説明していますが、実際の作業では「気がついたら直す」という進め方で、あちこち順不同になりがちです。

プロポーションの調整

デザイン画の正面図をテンプレートとして使用する際に脚を短く解釈してしまっていたようなので、少し脚を伸ばしました（背が伸びています）。また、脚の左右の間隔も少し詰めました。

腕の長さは前述の方法で腕を下ろしてチェックしています。

顔と髪の造形

顔と髪の造形も手直ししています。顔と髪は独立したパーツになっているので、この後もまだギリギリまで手直しするチャンスがあります。

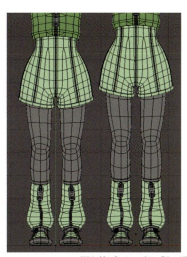

脚を伸ばした／顔と髪の造形を手直し（下が修正後）

造形の繊細な調整を行う場合は、〈マグネット〉の〈強度〉を下げるとサーフェイスが動く割合が小さくなり精密な操作が可能になります。また、モデルモードで作業すればワイヤーフレームが表示されないので、サーフェイスのわずかな変化も把握しやすくなります。

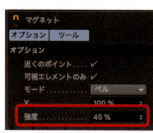 

〈マグネット〉の〈強度〉を下げる／モデルモードで作業する

　これまでモデリングで使用していたカメラは〈焦点距離〉が「100mm」でしたが、この段階では「50mm」や「35mm」のカメラも使ってチェックしています。

その他

　ヒップバッグの大きさと位置をデザイン画の斜め後ろの絵に合わせて調整しました。
　袖口のしわの造形がやや不自然に感じられたので手直ししました。

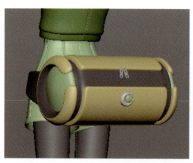 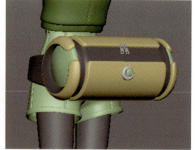

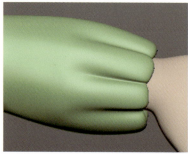 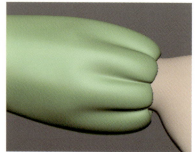

ヒップバッグを調整／袖口のしわを手直し

本番用のマテリアルを作成

　ここでダミーのマテリアルを本番用のマテリアルに変更します。マテリアルの詳細なパラメータを調整するのはレンダリングの段階になりますが、基本的な設定はここでやっておきます。

　大きな変更が必要なのは〈反射〉チャンネルです。〈反射〉の〈レイヤ〉にデフォルトで設定されている〈デフォルトスペキュラ〉を削除し、〈追加〉ボタンから〈GGX〉レイヤを追加します。〈デフォルトスペキュラ〉は簡易的なタイプですが、〈GGX〉は〈鏡面反射〉の成分が含まれ、周囲にあるものが正確に映り込むリアルなタイプです。

　作成した〈GGX〉はデフォルトでは金属のような完全な鏡面になっています。〈レイヤフレネル〉で〈フレネル〉から〈誘電体〉を選択し、〈プリセット〉から〈PET〉を選択します。これで鏡面反射の強さ（明るさ）は金属ではなく、プラスチックや塗装面のように見える状態になります。

　このままだとまだ質感がピカピカすぎるので、マテリアルごとに〈反射〉のパラメータ（表面粗さ、鏡面反射強度、スペキュラ強度）をおおまかに調整しておきます。

 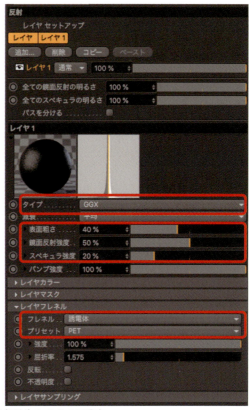

本番用のマテリアル／〈反射〉チャンネルの設定

オブジェクトの整理

キャラクターを構成しているオブジェクトを整理します。〈キャラクタオブジェクト〉を使用して〈スキン〉で変形させる「体（首から下）」と、〈スキン〉の対象にならない「頭」（および「ヒップバッグ」）では整理の仕方が異なります。

〈スキン〉の対象となる「体」の部分

〈スキン〉の対象となる「体」の部分はばらばらになっているオブジェクトを〈一体化〉しますが、全てを1つにまとめるのではなく、「手」と「体（手以外）」の2つにします（理由は後述します）。

「体（手以外）」のオブジェクトを〈一体化〉する際、あらかじめ〈ポリゴン選択範囲〉タグと〈テクスチャ〉タグを整理しておいたほうがいいでしょう。

同じマテリアルに対応する〈ポリゴン選択範囲〉タグは全て同名にし、〈ポリゴン選択範囲〉に重複や空白がないようにしておくと、〈一体化〉の後にも余計なタグができません。

また、今回は〈UVW〉タグは不要なので削除してしまってかまいません。

〈対称〉を〈編集可能にする〉で左右一体のオブジェクトに変換し、「体（手以外）」のポリゴンオブジェクトを全て選択して〈オブジェクトを一体化＋消去〉を実行します。

〈一体化〉されたポリゴンオブジェクトは元のオブジェクトの一番上のものから名前を引き継ぐので、名前は「体」に変更します。

これで〈スキン〉対象のオブジェクトを「体」と「手」の2つにまとめることができました。

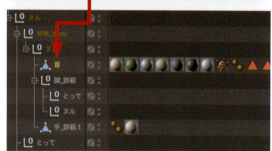

〈対称〉を左右一体に変換し、〈一体化＋消去〉で結合

複数のポイントが同位置で重なっていると〈ジョイントウェイト〉設定の際に問題になるため、〈メッシュチェック〉を使って調べます。

脚とスパッツのつなぎめでサーフェイスが分離しており境界ではポイントが同位置で重複するので、ここは〈最適化〉コマンドでくっつけておきます（もし〈最適化〉でつながらない場合は〈ポリゴンペン〉で手動でくっつけます）。

また、このつなぎめのエッジには〈SDS ウェイト〉と〈シャープエッジ〉で「折り目」を設定しておきます。

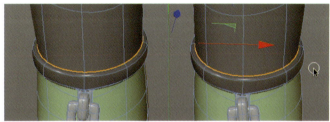

境界のエッジはくっつけ、「折り目」をつける

「手」と「体（手以外）」の 2 つのポリゴンオブジェクトはいずれも〈オブジェクト軸〉を X=0 に揃えておきます（Y と Z は 0 でなくてもかまいません）。セットアップの工程で〈ジョイントウェイト〉を左右対称に設定するには〈オブジェクト軸〉が対称面上になければいけません。

〈スキン〉の対象とならない部分

「頭」と「ヒップバッグ」はそれぞれ対応する〈ジョイント〉に追従するよう設定することになりますが、この段階ではそれぞれ〈ヌル〉に入れたグループの状態にまとめておきます。

〈スキン〉対象の「体」「手」、対象でない「頭」「ヒップバッグ」

これで〈キャラクタオブジェクト〉によるセットアップの準備ができました。

ここまでのサンプルファイル：ch-9\chara_1-6_prep.c4d

2　セットアップ

　キャラクターモデルに「骨格」などを組み込んで動かせるようにする工程を「セットアップ」といいます。セットアップには「ジョイントの配置」「ウェイト設定」「エクスプレッションの設定」といった工程がありますが、Cinema 4D の〈キャラクタオブジェクト〉を利用すればこれらの工程を大幅に自動化、簡略化できます。
　ここでは〈キャラクタオブジェクト〉を使うセットアップの手順と、その後で行う個別の機能を使った調整について説明します。

2-1 キャラクタオブジェクトの作成

　ここから〈キャラクタオブジェクト〉を使用してキャラクターモデルをセットアップしていきますが、作業を始める前に、〈キャラクタオブジェクト〉の設定が完了するとどういう状態になるのかを確認しておきましょう。

　オブジェクトマネージャには親の〈キャラクタオブジェクト〉と、その子として体の各部分ごとの単位である〈コンポーネント〉が表示されます。
　各〈コンポーネント〉が体のどの部分かはアイコンや名前（Head、Arm など）で示されています。初期状態では〈コンポーネント〉の中身は隠されていますが、設定を変えれば中身も見えるようになります（詳しくは後述します）。

　キャラクターの実体であるポリゴンオブジェクトは〈キャラクタオブジェクト〉に含まれる〈ジョイント〉に対して〈ウェイト〉タグで関連づけられ、〈スキン〉デフォーマで動かされます。

　「頭」と「ヒップバッグ」は〈キャラクタオブジェクト〉の機能ではなく、後から手作業で設定した〈コンストレイント〉によって固定されています。

オブジェクトマネージャの状態

ビューではキャラクターの体に沿って並ぶ〈ジョイント〉と〈コントローラー〉が見えます。これらは〈キャラクタオブジェクト〉に含まれているものです。

〈ジョイント〉はキャラクターの「骨格」のオブジェクトで、階層となっている〈ジョイント〉の間に〈ボーン〉（骨）が表示されます。〈ボーン〉は〈コンポーネント〉と同じ色で色分けされています。

〈コントローラー〉はキャラクターを動かすために実際に操作するオブジェクト（スプラインやヌル）で、こちらも〈コンポーネント〉ごとに色分けされています。

ビューの状態

キャラクターは〈ジョイント〉を直接動かすのではなく、〈コントローラー〉を動かすことでポーズを変更する仕組みになっています。そのほうが扱いやすいためです。こういう仕組みを「リグ (Rig)」といい、「リグ」を組み立てる作業を「リギング (Rigging)」といいます。

〈キャラクタオブジェクト〉の〈属性〉として表示されるインターフェイスはいわゆる「ウィザード形式」となっています。

〈オブジェクトの属性〉にある4つのセクションは、単なる分類ではなく作業の順序を示しています。左から順に〈ビルド〉〈調整〉〈バインド〉〈アニメート〉の各段階を順を追って進めていきます。

左から順に進むウィザード形式

〈テンプレート〉の選択と〈ビルド〉

　ここから〈キャラクタオブジェクト〉を作成、設定していきます。
　まず〈キャラクタ〉メニューから〈キャラクタオブジェクト〉を作成し、キャラクターの〈SDS〉と同じ階層に配置します。

〈キャラクタオブジェクト〉を作成

　作業に入る前に、〈基本〉にある〈キャラクタ〉で〈人型〉を選択し、〈自動サイズ〉をオフにし、〈サイズ〉をキャラクターの身長に合わせて設定します（ここでは「150cm」としました）。
　これは〈キャラクタオブジェクト〉が作成される際の初期サイズを決める設定です。最終的な機能には影響しませんが、初めからある程度サイズが合っていたほうが次の〈調整〉の段階の作業が楽になります。

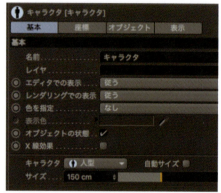

サイズを合わせる

　〈ビルド〉段階では、まず、メニューから〈テンプレート〉の種類を選びます。〈テンプレート〉はキャラクターで使う骨格の「ひな形」です。
　今回使用するのは〈Biped〉で、これはシンプルな「人型」になります。〈Biped〉のほかにも「人型」の〈テンプレート〉はありますが、〈Advanced Biped〉は複雑で多機能なタイプ、〈Mocap〉はモーションキャプチャデータを使うためのものなので、今回は使用しません。

〈Biped〉を選択して〈Root〉ボタンを押す

〈Biped〉を選ぶと、〈キャラクタオブジェクト〉の「中身」となる〈コンポーネント〉を作成するためのボタンが現れます。初めは〈Root〉だけなのでこのボタンを押します。ボタンを押して〈コンポーネント〉が作成されると、作成された〈コンポーネント〉が選択された状態になります。

オブジェクトマネージャでは〈キャラクタ〉の子として〈Root〉コンポーネントが作成されています。

ビューにも〈Root〉が出現しますが、〈Root〉には〈ジョイント〉が含まれていないので、あるのは足元の地面にある〈コントローラー〉のスプラインオブジェクトだけです。

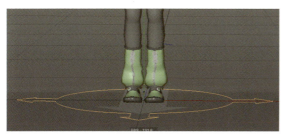

〈Root〉が作成される

〈ビルド〉では、そのとき選択されている〈コンポーネント〉につながる（下位階層として作成できる）〈コンポーネント〉の作成ボタンが表示されるようになっています。

〈Biped〉の〈Root〉を選択しているとき表示されるボタンは〈Spine(FK)〉と〈Spine(IK)〉が選べるようになっています。〈Spine〉は「背骨」のコンポーネントで、「FK」はフォワードキネマティクスで操作するタイプ、「IK」はインバースキネマティクスで操作するタイプです。ここでは〈Spine(FK)〉を選びます。

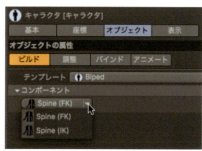

〈Spine(FK)〉を作成する

コンポーネント〈Spine〉が作成され、ビューではキャラクターの胴体の中心に「背骨」の〈ジョイント〉と、コントローラーとなるリング状の〈スプライン〉が現れます。

〈Spine(FK)〉のジョイントとコントローラー／コンポーネント

〈Spine(FK)〉には〈Head〉、〈Arm〉、〈Leg〉がつながります。まず〈Head〉のボタンを押して頭を作成します。オブジェクトマネージャでは〈Spine〉の子として〈Head〉コンポーネントが作成され、ビューでは背骨の先に頭のジョイントとコントローラーが現れます。

〈Head〉のジョイントとコントローラー／コンポーネント

〈Head〉を選択していると、その子としてさらに〈Jaw〉(あご) が作成できますが、今回のキャラクターにはあごの関節を設定しないのでこれは不要です。

〈Jaw〉は不要

再び〈Spine(FK)〉を選択し、腕は〈Arm(FK)〉のボタンを押します。すると左腕の〈L_Arm〉(青)だけが作成されますが、もう一度〈Spine(FK)〉を選択して再度〈Arm(FK)〉のボタンを押すと、今度は右腕の〈R_Arm〉(赤)が作成されます。〈ビルド〉では、左右対称のパーツはボタンを 2 回押すことで順に両方が作成されるようになっています。

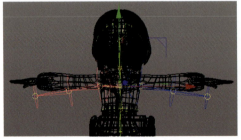

左右対称のパーツは同じボタンを2回押す

〈ビルド〉の〈コンポーネント〉作成ボタンにはキーコンビネーションがあります。

　「Ctrl」キーは「左右を同時に作成する」機能です。〈Spine(FK)〉で「Ctrl」を押しながら〈Leg〉ボタンを押すと〈L_Leg〉と〈R_Leg〉が同時に作成されます。

　「Shift」キーは「コンポーネント作成後もオブジェクト選択はそのまま」の機能です。「Shift」を押しながら〈Leg〉を作成すると、その後もオブジェクト選択は〈Leg〉に移らず、〈Spine〉が選択されたままになります。

　「Ctrl」と「Shift」の両方を押しておくとどちらも機能します。

「Ctrl」を押して左右を同時に作成

　次は手の指を作ります。〈L_Arm〉を選択すると〈Thumb〉（親指）と〈Finger〉（指）の2つのボタンが表示されます。〈Thumb〉を1つ、〈Finger〉を4つ作成します。

　ビューでは手首の先に5本の指が並びます。コンポーネントの名前は順に〈Thumb〉〈Finger〉〈Finger_1〉〈Finger_2〉〈Finger_3〉となります。

　右腕〈R_Arm〉にも同様にして指を作成します。

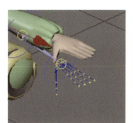

〈Thumb〉と〈Finger〉で指を作成

これで〈キャラクタオブジェクト〉の必要なコンポーネントは全て作成できました。〈ビルド〉段階は完了です。

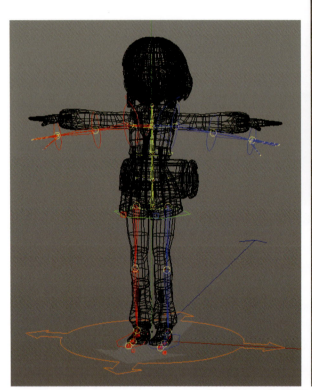

コンポーネントの〈ビルド〉が完了した

キャラクタオブジェクトの〈調整〉

次に〈調整〉段階に進みます。〈調整〉では、〈キャラクタオブジェクト〉の「関節」と〈コントローラー〉の位置をキャラクターの実体に合わせて調整します。

〈調整〉の段階

〈調整〉では、ビューでの〈キャラクタオブジェクト〉の表示は対象のオブジェクトに合わせて変化します。

デフォルトは〈コンポーネント〉で、ビューの表示は〈コンポーネント〉と同じ色の丸いシンボルと、それを結ぶ線だけになります。

丸いシンボルは「関節」になるジョイントを表しています。このシンボルを〈移動〉ツールや〈回転〉ツールで動かして、骨格をキャラクターの「実体」に合わせます。

〈調整〉段階のビュー表示

丸いシンボルは、上にマウスポインタを置くと対応する〈コンポーネント〉や〈ジョイント〉の名前が表示されるようになっています。

キャラクターの骨格は階層構造になっているので、階層の上位、つまり根元のほうから順に調整していきます。

まず股関節のあたりにある〈Root〉を調整します。これはキャラクターの背骨の根元で、体全体の動作の中心になる部分です。位置は骨盤の真ん中あたりになります。

 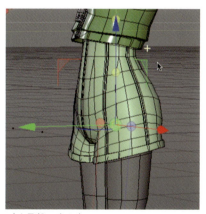

コンポーネントの名前／〈Root〉を骨盤の真ん中に

445

こうして〈調整〉で動かしているとき、選択されているオブジェクトの座標値が座標マネージャで表示されますが、この座標値を参照する場合にはモードを〈ワールド〉にしてください。〈オブジェクト：相対〉での座標値の表示は〈調整〉で操作すると毎回リセットされてしまうため参考になりません。関節の位置を把握するのも〈ワールド〉での座標値のほうがわかりやすいでしょう。

〈ワールド〉の座標値を参照する

次に背骨の関節を下から順に合わせていきます。

マウスオーバーで表示される文字では少しわかりにくいですが、首の付け根の関節は両腕の間にある「Spine (Neck_FK_02)」、首と頭の境目の関節は「Spine (Spinetip_FK_03)」です。先端の「Head (Head_01)」は頭のてっぺんになります。

背骨と首から頭の関節

腕と脚は左右対称ですが、〈調整〉のオプションで〈対称〉がオンになっていれば（デフォルトでオンです）、片側を動かすと反対側も自動で動き、左右対称の状態が維持されるようになっています。

「股関節」「ひざ」「足首」の関節は見た通りです。「ひざ」はやや前寄りにし、少し曲がった状態にします。

足の「つま先」は肉体の骨のある高さではなく、シューズのソールの高さ（地面）に合わせます。靴はソールを中心に曲がるのでそのほうが自然です。

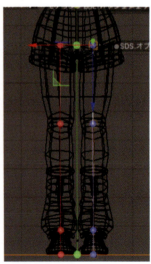

脚／自動で左右対称になる

腕の関節は根元から順に「鎖骨」「肩」「ひじ」「手首」となっているので、それぞれ位置を合わせます。「ひじ」も「ひざ」と同様、少し曲がった状態にしておきます。

　〈Biped〉の初期状態では腕は少し下を向いていますが、今回のキャラクターモデルの腕は水平なのでそちらに合わせます。「肩」を選択して腕の階層全体を回転させると簡単です。
　回転させる角度を精密に制御したい場合は、「軸の延長」機能を使うと楽にできます。〈ツール軸〉のリングを「Ctrl + 右クリック」すると「延長ライン」が表示されるので、そのままマウスポインタを〈ツール軸〉から遠く離し、そこでマウスドラッグを開始します。〈ツール軸〉から離れている分、マウスの移動量に対して回転角度は小さくなり、ビューいっぱいに使えば「0.1°」刻みで回転させることもできます。

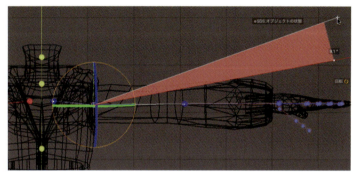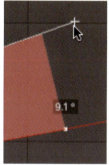

「軸の延長」で角度を精密に制御

　〈Finger〉の〈コンポーネント〉の根元のジョイントは中手骨の根元にあたります。このジョイント自体は動かないので、位置は手のひらの中に収まっていればOKです。その次が指の付け根の関節、そして指の途中の関節2つです。
　〈Thumb〉の関節は〈Finger〉より1つ少なくなっており、こちらは根元も動くので根元の関節の位置も合わせておく必要があります。
　〈Finger〉と〈Thumb〉どちらも指の関節の曲がる〈軸〉は〈P〉（X軸、赤色）で、Y軸の + 側が指の「背」側です。親指の角度はわかりにくいので注意してください。

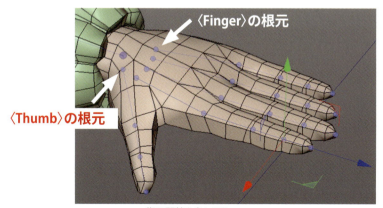

指の関節を合わせる

これで関節の位置をひととおり合わせることができました。関節の位置は後からでも〈調整〉の段階に戻って修正することができるので、この時点で完璧を目指す必要はありません。

次は〈コントローラー〉の調整です。〈調整〉に表示されている〈オブジェクト〉ドロップダウンリストで〈コンポーネント〉から〈コントローラー〉に切り替えると、調整する対象がコントローラーに替わり、ビューの表示も変わります。

〈調整〉の〈コントローラー〉モードは、〈キャラクタオブジェクト〉の「リグ」の〈コントローラー〉となるオブジェクトの表示状態を調整するためのものです。〈コントローラー〉の調整も〈対称〉オプションによって左右が対称になるよう維持されます。

関節の位置をひととおり合わせた

もし表示されているスプラインの線がキャラクターの実体に埋まってしまっている〈コントローラー〉があれば、埋もれない程度まで〈スケール〉で大きくします。

足の〈コントローラー〉はデフォルトでは足首の高さに表示されていますが、地面(足の裏)に合わせたほうが見やすいでしょう。

〈コンポーネント〉と〈コントローラー〉、両方の調整ができたら〈調整〉の段階は完了です。

調整するオブジェクトを〈コントローラ〉に

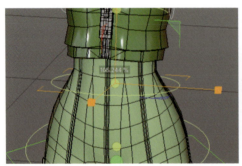 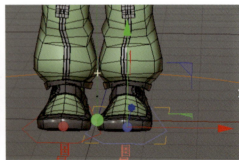

埋まっている〈コントローラー〉を大きくする／足の〈コントローラー〉を地面に合わせる

448

ポリゴンオブジェクトを〈バインド〉する

　次の段階は〈バインド〉です。〈キャラクタオブジェクト〉の〈バインド〉は、〈キャラクタオブジェクト〉に含まれる〈ジョイント〉とキャラクターの実体である〈ポリゴンオブジェクト〉を関連づけする機能です。

　〈バインド〉セクションには〈オブジェクト〉リンクリストだけがあります。

〈バインド〉段階

　このリストへ、〈キャラクタオブジェクト〉で動かすポリゴンオブジェクト（「体」と「手」）をドラッグ＆ドロップして登録します。

　ポリゴンオブジェクトがリストに登録されると同時に〈バインド〉が実行されます。ポリゴンオブジェクトには〈ウェイト〉タグがつき、同階層に〈スキン〉デフォーマが作成されます。

　外見からはわかりませんが、このとき作成された〈ウェイト〉タグには自動で〈ジョイントウェイト〉が設定されています。

　〈バインド〉の段階はこれだけで終了です。

〈オブジェクト〉を登録すると〈バインド〉される

キャラクタオブジェクトの〈アニメート〉段階

　次は〈アニメート〉に進みます。〈アニメート〉はポーズ（モーション）をつけてキャラクターを「動かす」段階ですが、通常のツールによるオブジェクトの編集や設定変更もできます。〈キャラクタオブジェクト〉によって行われた設定だけでは不足のある部分についてはこの段階で手直しします。

　〈アニメート〉段階で〈オブジェクトの属性〉に表示されるボタンとスイッチでは、実質的には〈ポーズをリセット〉だけしか使いません（他はやや高度な機能です）。

〈アニメート〉の機能

〈コントロール〉には、選択されているオブジェクトに該当する設定（スライダなど）がある場合のみ表示されます。

〈表示〉では〈キャラクタオブジェクト〉の表示状態を変更でき、〈コンポーネント〉の中身にアクセスしたり、ビューやオブジェクトマネージャで表示する要素を絞り込んだりできます。

〈コントロール〉と〈表示〉

〈バインド〉の結果をチェック

まず直前に行った〈バインド〉の結果をチェックします。〈キャラクタオブジェクト〉の〈コントローラー〉を〈移動〉や〈回転〉で動かしてみましょう。

キャラクターは〈コントローラー〉の動きについてくるはずです。これは〈バインド〉の段階で〈ジョイントウェイト〉などが自動設定されているためです。

ただし自動設定による〈ジョイントウェイト〉が期待通りになることはまずありません。動かしてみると、かなり不満なところがあちこち見つかります。これは〈バインド〉の自動設定の限界で、ほとんどの場合、手作業による修正が必要になります。

〈ジョイントウェイト〉の修正作業はこの後で行います。

動かしてみるとかなり不満な状態

オブジェクトマネージャの表示

　オブジェクトマネージャでは、前述のように〈キャラクタオブジェクト〉の中身は〈コンポーネント〉単位で表示されていて、実際の中身（個々のジョイントなど）は見えません。

　〈キャラクタオブジェクト〉の表示状態は〈表示〉にある〈オブジェクトマネージャ〉のドロップダウンリストから切り替えることができます。

　デフォルトは〈コンポーネント〉ですが、これを〈全ての階層〉とすると〈キャラクタオブジェクト〉に含まれる全てのオブジェクトとタグが表示されるようになります。

　この状態では個々の〈コントローラー〉や〈ジョイント〉をオブジェクトマネージャから明示的に選択できます。いっぽうで表示されるオブジェクト数が非常に多く煩雑になるので、通常はもっとシンプルな表示を選んでおいたほうがいいでしょう。

〈全ての階層〉にすると実際の中身が見えるようになる

〈キャラクタ属性〉スイッチ

　〈表示〉にある〈キャラクタ属性〉のスイッチは、〈キャラクタオブジェクト〉に含まれる個々のオブジェクト（スプラインやジョイントなど）を選択したときに、属性マネージャで表示される「属性」を切り替えるものです。

〈キャラクタ属性〉スイッチ

　デフォルトではこれがオンになっており、個々のオブジェクトの本来の属性の代わりに〈キャラクタオブジェクト〉の属性が表示されるようになっています。この状態では個々のオブジェクトの本来の属性にはアクセスできません。

　ただし〈座標〉の値だけは個々のオブジェクトのものが表示されるので、〈コントローラー〉を選択してアニメーションを設定するような操作は問題なくできます。

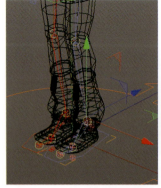

〈キャラクタ属性〉でも〈座標値〉は通常どおり表示される

　また、選択しているオブジェクトによっては〈コントロール〉のセクションに〈コントロールスライダ〉が表示されることがあります。これはポーズの変更やアニメーション設定を行うために〈コンポーネント〉ごとに設定されているもので、ここから値を変更してポーズを変え、キーフレームを打つことができます。

〈キャラクタ属性〉で表示される〈コントロール〉

　〈キャラクタ属性〉スイッチをオフにすれば個々のオブジェクト本来の属性が表示されるようになりますが、基本的にはオンのままにしておいたほうがいいでしょう。〈キャラクタオブジェクト〉の内部に手を入れるのでなければ、個々のオブジェクトの属性を変更する必要はありません。

頭のパーツを骨格に固定する

　〈ジョイントウェイト〉の修正作業を始める前に、「頭」の部分のパーツを〈キャラクタオブジェクト〉の頭のジョイントについてくるよう設定します。これにはオブジェクトの座標を拘束する〈PSR コンストレイント〉を使用し、頭のパーツをまとめたヌルを頭のジョイントに対して拘束します。

　まず〈キャラクタオブジェクト〉の〈ポーズをリセット〉ボタンを押して、ポーズをデフォルト状態に戻します。〈キャラクタオブジェクト〉に関する作業をする前には必ず「リセット」するようにしてください。

　次に、〈キャラクタオブジェクト〉の表示を〈コンポーネント階層〉に変更します。オブジェクトマネージャに〈キャラクタオブジェクト〉に含まれる〈ジョイント〉が全て表示されます。

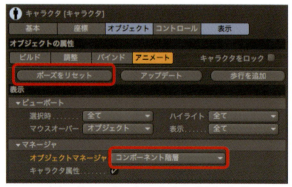

〈ポーズをリセット〉し、〈コンポーネント階層〉に切替

この中から頭のジョイントを探して選択します。頭のジョイントは黄色の〈Head_00_jnt〉です。

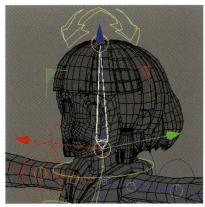
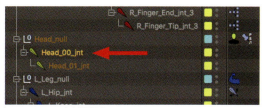

頭のジョイント〈Head_00_jnt〉を選択する

〈Head_00_jnt〉を選択して、〈キャラクタ〉メニューの〈変換〉から〈ヌルに変換〉を実行します。このコマンドは任意のオブジェクトから「ダミー」となるオブジェクトを〈ヌル〉で作る機能で、実行後は同じ名前の〈ヌル〉が全く同じ位置に作成されます。オブジェクトマネージャでも同じ階層に現れます。

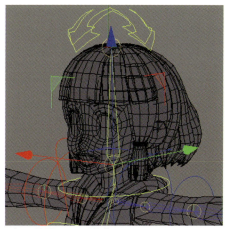

頭のジョイントを選択して〈ヌルに変換〉、同名・同位置のヌルが作成される

続いて、この2つのオブジェクトに〈コンストレイント〉を設定します。
（1）オブジェクトマネージャで〈ヌル〉の〈Head_00_jnt〉を選択
（2）〈ジョイント〉の〈Head_00_jnt〉を追加選択
（3）〈キャラクタ〉メニューの〈コンストレイント〉で〈PSR コンストレイントを追加〉を実行
という順で操作します。

ヌルを選択→ジョイントを選択→コンストレイントを追加

この〈コンストレイントを追加〉コマンドは、「先に選択したオブジェクトに後に選択したオブジェクトをターゲットにしたコンストレイントを追加する」という機能です。

ちなみにオブジェクトマネージャで複数のオブジェクトを選択すると、最初に選択した1つだけが濃いオレンジ色で表示されます。濃い色のほうにタグがつくことになります。

コマンド実行後は〈ヌル〉の〈Head_00_jnt〉に〈コンストレイント〉タグが追加され、タグでは〈PSRコンストレイント〉の〈ターゲット〉として頭の〈ジョイント〉の〈Head_00_jnt〉が設定されます。

この〈ヌル〉は初めから〈ジョイント〉と同じ位置にあったので、ビュー上では何の変化もありませんが、以後は〈ヌル〉の「位置・スケール・角度」は〈ジョイント〉に拘束され、〈ジョイント〉にぴったりくっついて動くことになります。〈コンストレイント〉が有効になっているうちは、〈ヌル〉のほうを選択しても動かすことができません。

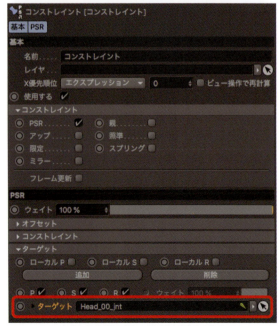

タグには自動で〈ターゲット〉が設定される

〈PSRコンストレイント〉を設定した〈ヌル〉の〈Head_00_jnt〉はオブジェクトマネージャの〈キャラクタオブジェクト〉の階層から出して、キャラクターの「頭」と同じ階層に移動します。以後は〈キャラクタオブジェクト〉の表示は〈コンポーネント〉に戻して中身を隠してしまっても大丈夫です。

　ヌルの〈Head_00_jnt〉の中には「頭」を入れます。これでキャラクターの「頭」は〈キャラクタオブジェクト〉の骨格の頭に対して固定されたことになります。

キャラクターの「頭」をコンストレイントの〈ヌル〉に入れる

　この状態で〈キャラクタオブジェクト〉の〈Head〉の〈コントローラー〉を回転させると、頭の実体が〈キャラクタオブジェクト〉の動きについてきます。

　ただしこの設定にはまだ問題があります。頭のコントローラーをビューで素早く動かすと、頭のパーツが少し遅れてついてくるのがわかります。

　これは〈PSRコンストレイント〉の〈X優先順位〉の設定の問題です。実は〈キャラクタオブジェクト〉の中に〈X優先順位〉が「5」のコンストレイントが存在するために、「頭」の〈コンストレイント〉にはそれよりも高い〈X優先順位〉を設定する必要があるのです。

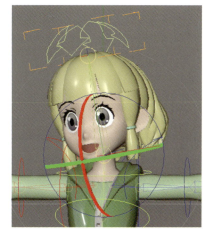

頭は動くが少し遅れる

　〈Head_00_jnt〉についている〈PSRコンストレイント〉の〈X優先順位〉を「10」まで上げると、追従が遅れる問題は解消されます。

〈PSRコンストレイント〉の〈X優先順位〉を「10」にする

　この場合は〈X優先順位〉が「6」以上であれば問題ないのですが、〈X優先順位〉の値はある程度の余裕のある間隔で設定するほうが安全なため「10」としています。

「ヒップバッグ」も「頭」と同様の手順で骨格に固定します。こちらの対象のジョイントは〈Hip_FK_00_jnt〉です。

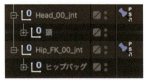

「ヒップバッグ」も同様に

〈スキン〉デフォーマの設定

〈スキン〉デフォーマは〈キャラクタオブジェクト〉の〈バインド〉段階で自動的に作成されます。

〈スキン〉には〈含む〉リストで対象となるオブジェクトを限定する設定があり、〈バインド〉したポリゴンオブジェクトは既にここに登録されています。何らかの事情でポリゴンオブジェクトが登録から外れると〈スキン〉の効果がなくなってしまうので、その場合はあらためて手動で登録する必要があります。

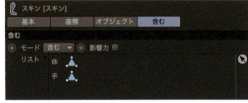

〈スキン〉の〈含む〉リスト

〈スキン〉には〈タイプ〉という設定があります。これは〈スキン〉による変形の特性を決めるもので、デフォルトの〈線形〉のほか、〈球体〉と、両者を合成する〈ブレンド〉があります。

〈スキン〉の〈タイプ〉設定

〈キャラクタオブジェクト〉の足のコントローラーを移動してひざが曲がった状態にし、〈タイプ〉を〈線形〉と〈球体〉で切り替えてみると、曲がっている部分は〈線形〉では「やせて」見え、〈球体〉では「ふくらんで」見えるはずです。これが〈タイプ〉の違いです。

今回のキャラクターモデルでは関節がやせにくい〈球体〉タイプを使うことにします。

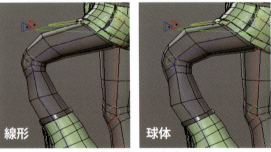

スキンの〈タイプ〉による変形の違い

ここまでのサンプルファイル：ch-9\chara_2-1_chara-obj.c4d

2-2 ジョイントウェイトの詳細設定

〈キャラクタオブジェクト〉の〈バインド〉の段階で自動で設定された〈ジョイントウェイト〉は、実際に動かしてみるとかなり問題のある状態です。これは自動設定機能の限界で、大抵の場合は手作業による修正が必要になります。以後は〈ウェイト〉ツールや〈ウェイトマネージャ〉を使って〈ジョイントウェイト〉をチェック、修正し、詳細に設定していきます。

 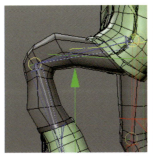 

自動で設定された〈ジョイントウェイト〉は要修正

ここからはまず、〈ジョイントウェイト〉を任意に設定するためのインターフェイスや各種ツールの使い方を一通り説明します。具体的な設定作業の内容についてはその後に、典型的な例をピックアップして紹介します。

〈ジョイントウェイト〉を修正していく作業で使用するレイアウトは〈Rigging〉がいいでしょう。〈Rigging〉では〈ジョイントウェイト〉を扱うための〈ウェイトマネージャ〉が最初から表示されています。

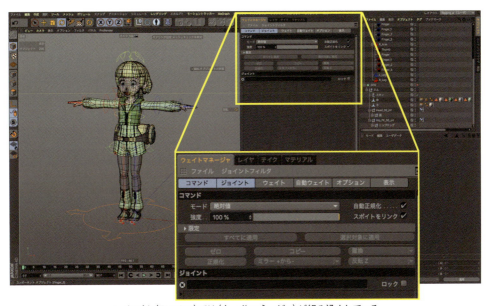

レイアウト〈Rigging〉では〈ウェイトマネージャ〉が組み込まれている

〈ウェイトタグ〉の表示と整理

今回のキャラクターモデルで〈ジョイントウェイト〉が設定されているポリゴンオブジェクトは「体」と「手」の2つあります。〈ジョイントウェイト〉の情報はそれぞれに適用されている〈ウェイト〉タグに格納されています。

2つのポリゴンオブジェクトと〈ウェイト〉タグ

〈ウェイト〉タグとビュー表示

〈ウェイト〉タグを選択すると、〈ウェイトマネージャ〉と〈属性マネージャ〉の両方に情報が表示されます。やや紛らわしいですが、〈ジョイントウェイト〉に関係する情報とそれを編集する機能が〈ウェイトマネージャ〉のほうで、〈ジョイント〉の登録と削除などが〈属性マネージャ〉のほうで扱われます。〈属性マネージャ〉ではタグの〈バインドポーズをセット〉と〈バインドポーズをリセット〉のボタンがありますが、このボタンの機能は〈キャラクタオブジェクト〉によってオーバーライドされるため使用しません。

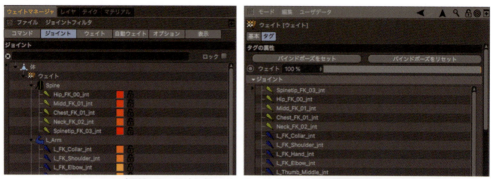

〈属性マネージャ〉と〈ウェイトマネージャ〉の両方に情報が出る

〈ウェイト〉タグを選択

またビューでは、選択された〈ウェイト〉タグのついているポリゴンオブジェクトのシェーディングが〈ジョイントウェイト〉の表示に変化します。

デフォルトでは表示が真っ黒になりますが、これは「どの〈ジョイント〉の〈ジョイントウェイト〉を表示するか」が指定されていないためです。

シェーディングが真っ黒

〈ウェイトマネージャ〉の〈ジョイント〉リストにある〈ジョイント〉を選択すると、ポリゴンオブジェクトの表面にその〈ジョイント〉の〈ジョイントウェイト〉が固有のカラーで表示されます。
　また、〈ウェイトマネージャ〉の〈表示〉で〈すべてのジョイントを表示〉をオンにすると、〈ジョイント〉の選択状態にかかわらず全ての〈ジョイントウェイト〉が表示されるようになります。このとき、選択されている〈ジョイント〉の〈ジョイントウェイト〉は他より明るく表示されます。

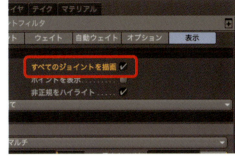

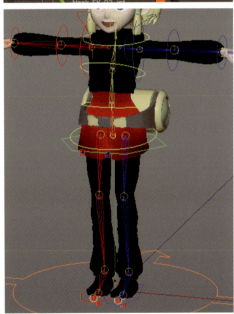

選択されている〈ジョイント〉のみの表示／〈すべてのジョイント描画〉の表示

　〈ジョイントウェイト〉を表示ししているときは、ビューではポリゴンオブジェクトのワイヤーフレームが表示されるようにしたほうがいいでしょう。ワイヤーフレームがないとどこにポイントがあるのかわからないので操作がやりにくくなります。

ワイヤー表示のほうが見やすい

ビューでマウスポインタをポリゴンオブジェクトのポイント上に置くと、そのポイントに設定されている〈ジョイントウェイト〉の情報が〈マウスHUD〉として表示されます。

内容は以下のようになります。各ジョイントの情報は、そのポイントに対して〈ジョイントウェイト〉が割り当てられているジョイントがすべて表示されます。

マウスHUD

ポリゴンオブジェクトの名前 [頂点番号] (合計のウェイト値%)
ジョイント名 (ジョイントのウェイト値%)
ジョイント名 (ジョイントのウェイト値%)

なお、ビューでポリゴンオブジェクトに〈ジョイントウェイト〉が表示されるのは、〈ウェイトマネージャ〉が開いているときと、〈ウェイト〉ツールを使っているときだけです。

また、〈ウェイト〉タグがついているポリゴンオブジェクトで〈SDS〉の曲面化が有効になると、ビューの〈ジョイントウェイト〉のカラー表示は見えなくなります（これを利用して〈SDS〉をオンオフすることで間接的にカラー表示をオンオフすることもできます）。

 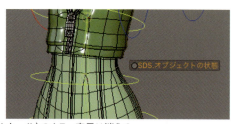

〈SDS〉がオンになると〈ジョイントウェイト〉のカラー表示は消える

余分なジョイントの整理

「体」と「手」の2つのポリゴンオブジェクトの〈ウェイト〉タグそれぞれを選択すると、〈ウェイトマネージャ〉ではどちらも一見して同じ内容で、〈キャラクタオブジェクト〉にある全ての〈ジョイント〉がリストに現れます。

どちらの〈ウェイト〉タグでも全ての〈ジョイント〉が現れる

これは〈キャラクタオブジェクト〉の〈バインド〉の仕様で、実際には〈ジョイントウェイト〉が割り当てられていない〈ジョイント〉であっても〈ウェイト〉タグには全て登録されてしまうようになっています。つまり「体」と「手」のどちらの〈ウェイト〉タグにも、実際には不要な〈ジョイント〉が含まれていることになります。

　「体」と「手」それぞれに無関係の〈ジョイント〉が多数あって〈ウェイトマネージャ〉が見づらくなっているので、先にこれらの不要な〈ジョイント〉を削除することにします。

　〈ウェイト〉タグの〈属性マネージャ〉に表示される〈ジョイント〉リストでは、右クリックメニューからさまざまなコマンドを実行できます。ここにある〈不使用を外す〉を実行すると、〈ジョイントウェイト〉がゼロの〈ジョイント〉が一括削除されます（ジョイントの選択状態に関係なく実行されます）。

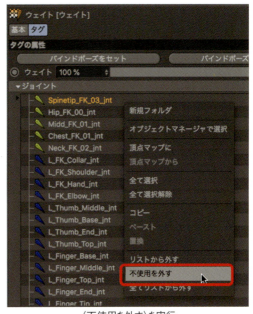

〈不使用を外す〉を実行

　これで「体」と「手」のどちらでも、かなりの数の〈ジョイント〉が削除されます。
　余計な〈ジョイント〉がなくなったことで〈ウェイトマネージャ〉の〈ジョイントリスト〉が整理され、以後の作業がやりやすくなります。
　また、〈ジョイント〉の数が減ったことでビューでの〈ジョイントウェイト〉の表示カラーの差異もはっきりします。

不要なジョイントが削除された

〈ジョイントリスト〉をさらに調べてみると、必要のない〈ジョイント〉がまだ残っている場合があります。これは〈バインド〉による自動設定の誤差のために、不必要なところにまで〈ジョイントウェイト〉がはみ出した結果です。

明らかに不要とわかっている〈ジョイント〉があれば（「体」のほうにある〈Thumb〉など）、〈ウェイトマネージャ〉で〈ゼロ〉を実行して〈ジョイントウェイト〉を消去します。

〈ジョイントウェイト〉をゼロにした〈ジョイント〉は、〈ウェイト〉タグの〈不使用を外す〉を再度実行すれば削除できます。

不要なジョイントを選択して〈ゼロ〉を実行

反対に、〈不使用を外す〉などによって本来は必要な〈ジョイント〉まで削除されてしまったことに後から気がつく場合もあります。

その〈ジョイント〉に対して〈バインド〉のとき〈ジョイントウェイト〉が全く割り振られていなかった場合にはそういうことが起こります。

〈ウェイト〉タグには手動で〈ジョイント〉を追加登録することができます。もし必要な〈ジョイント〉が抜けてしまっていた場合は、その〈ジョイント〉を〈オブジェクトマネージャ〉から〈ウェイト〉タグのリストへドラッグ＆ドロップすれば登録できます。

この操作を行うには、オブジェクトマネージャで個々の〈ジョイント〉が表示されている必要があるので、〈キャラクタオブジェクト〉の〈オブジェクトマネージャ〉の〈表示〉をいったん〈コンポーネント階層〉などに切り替えて作業します。

〈ジョイント〉を〈ウェイト〉タグに追加登録

関節を曲げたまま〈ジョイントウェイト〉を変更する

　〈ウェイトツール〉や〈ウェイトマネージャ〉で〈ウェイト値〉を修正する作業では、実際に関節を曲げて不都合のある部分を探し出し、〈ジョイントウェイト〉の値を修正していくことになります。

　このとき「関節を曲げたままウェイトを変更する」ということもできます。関節が曲がった状態で〈ウェイト値〉を変更し、ちょうどきれいに曲がる値を探せばいいわけです。

　ただしこの方法には注意点がいくつかあります。

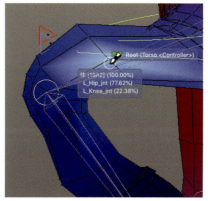

関節を曲げた状態でウェイトを修正

〈デフォーマ後に編集〉をオンに

　モードが〈ポイントモード〉などのエレメントの編集モードになっていると、ポーズは初期状態に戻ってしまいます。これはエレメントの編集モードでは通常は〈スキン〉などのデフォーマが無効になるためです。

　これについては、ビュー設定の〈表示〉で〈デフォーマ後に編集〉をオンにすれば、〈ポイントモード〉でも〈スキン〉は有効なままとなります。

〈デフォーマ後に編集〉をオン

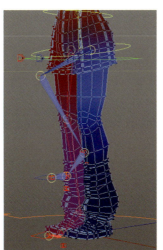

モデルモード／ポイントモード／〈デフォーマ後に編集〉オンのポイントモード

ポーズにキーフレームを打つ

　チェックのためにつけたポーズを元の初期状態に戻す場合、基本的な作法としては〈キャラクタオブジェクト〉の〈ポーズをリセット〉ボタンを使用します。しかし〈ジョイントウェイト〉の修正作業をしている間、ポーズをつけたりリセットしたりを繰り返すのは意外に面倒です。その都度ツールを切り替え、オブジェクトやタグを選択し直さなくてはいけません。

　この問題は、チェック用のポーズをアニメーションとして設定することで解決できます。たとえばフレーム「0」でデフォルトポーズを、フレーム「30」でチェック用のポーズをそれぞれ記録しておきます。

デフォルトポーズとチェック用ポーズに時間をずらしてキーを打つ

　こうすればアニメーションの時間を移動するだけで簡単にポーズを変更できます。

　アニメーション時間の移動はタイムスライダをマウスドラッグする方法のほかに、ショートカットの「G」（1フレーム進む）と「F」（1フレーム戻る）でもできます。

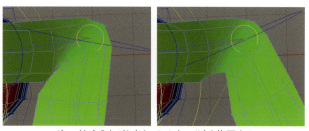

ポーズを変えながら〈ジョイントウェイト〉を修正する

ジョイントのロック

　〈ウェイトマネージャ〉の〈ジョイント〉リストの鍵のアイコンをクリックすると、〈ジョイント〉ごとに「ロック」でき、〈ジョイント〉を保護することができます。

　ただし、一部〈ロック〉が無効なコマンドもあるようなので（〈ミラー〉など）、実行する前後に〈ロック〉の効果があるのかどうかを確認したほうがいいでしょう。

ジョイントのロック

ウェイトツールによるペイント

〈ウェイト〉ツールを使うと、〈ジョイントウェイト〉をブラシでペイントして変更できます。

基本的な使い方

〈ウェイト〉ツールによるペイントは、〈ウェイトマネージャ〉の〈ジョイント〉リストで対象となる〈ジョイント〉を選択した状態で行います。〈ウェイト〉ツールでは〈強度〉を設定します。ポリゴンオブジェクトの目的の〈ポイント〉をブラシでなぞると、そのポイントに設定されている当該〈ジョイント〉の〈ウェイト値〉が変更されます。

この例では〈絶対値〉モードでペイントし、ジョイント〈L_knee_jnt〉の値が〈強度〉で設定した値の「80%」で上書きされています。〈自動正規化〉がオンになっているので、同じポイントに〈ジョイントウェイト〉を割り当てられているもう一方のジョイント〈L_Hip_jnt〉の値が「20%」に調整されて合計の値は「100%」のままで維持されています。

〈ウェイトマネージャ〉で〈ジョイント〉を選択、〈ウェイト〉ツールで〈強度〉を設定

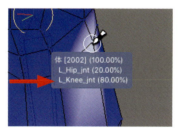

選択されていた〈ジョイント〉の〈ジョイントウェイト値〉が上書きされるが合計は「100%」のまま

ビュー表示の問題

ところでこの〈ウェイト〉ツールは、ビュー表示に多少問題があります。プレビューのハイライトカラーが明るすぎて、ブラシサイズの円や〈ジョイントウェイト〉の〈HUD〉の文字が見えないことがあるのです。

今回のようにポイントひとつずつを〈絶対値〉で上書きしていく場合にはブラシサイズの円は見えなくてもあまり問題ありませんが、〈HUD〉の文字が読めないのはかなり困ります。

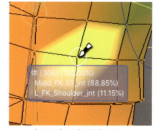

〈HUD〉の字が読めない

これに対処する方法は2つあります。1つは〈ウェイトマネージャ〉の〈表示〉で〈HUD〉の透明度を下げる方法です。〈HUDカラー〉の〈アルファ〉の値を下げると〈HUD〉の背景色が不透明になって文字が読みやすくなります。

〈HUD〉の透明度を下げて文字を読みやすくする

　もう1つの方法は〈ウェイト〉ツールでブラシのプレビューのハイライトカラーを暗くする方法です。〈減衰カラー〉はデフォルトでは明るい黄色ですが、これを暗くするとハイライトが弱くなって邪魔になりにくくなります。

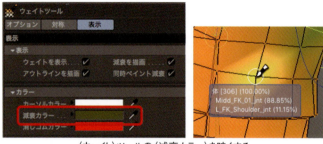

〈ウェイト〉ツールの〈減衰カラー〉を暗くする

ウェイトツールの〈対称〉は使えないことが多い

　〈ウェイト〉ツールには〈対称〉オプションがありますが、これが機能するのはポリゴンオブジェクトが実際に左右対称であるとき、つまりデフォルトポーズのときだけです（R19からそうなりました）。

　つまりポーズをつけた状態では〈対称〉機能は使えないことになり、役に立つ状況は限られます。

〈対称〉オプションはデフォルトポーズでないと機能しない

　これについては、〈ウェイトマネージャ〉の〈ミラー〉コマンドを使えば後から簡単に〈ジョイントウェイト〉を左右対称にできるので、そちらで対処することにします。〈ウェイト〉ツールでは片側だけをペイントし、逆側は後から〈ウェイトマネージャ〉で〈ミラー〉するという手順になります。詳しくは後述します。

ウェイトマネージャのウェイト編集機能

　〈ウェイトマネージャ〉の〈ジョイントウェイト〉の編集機能は、条件や数値を指定して〈コマンド〉で処理する方法です。

　〈コマンド〉は「リストで選択されている〈ジョイント〉」と「ポリゴンオブジェクトで選択されているポイント」の組み合わせが対象となります。ポイントが選択されていなければポリゴンオブジェクト全体が対象になります。〈ジョイント〉が選択されていないとボタンが押せなくなりコマンドは実行できません。

　〈ウェイトマネージャ〉の機能はさまざまですが、主に使うのは〈ウェイト〉ツールと同様に選択されているポイントに対して〈強度〉で指定した〈ウェイト値〉を適用する方法です。この場合は下図の赤い枠の部分を使います。

　下図の黄色の枠の部分にあるコマンドは選択されている〈ジョイント〉に対して実行されますが、ポイントの選択状態が影響するものとしないもの（常にポリゴンオブジェクト全体に反映されるもの）とがあります。

〈ウェイトマネージャ〉の〈モード〉と各種コマンドのボタン

〈絶対値〉によるウェイト値の上書き

　コマンドの機能はかなり多岐にわたっていますが、主に使うのは〈絶対値〉モードで選択されているポイントの〈ウェイト値〉を上書きする機能でしょう。

　ポリゴンオブジェクトで目的のポイントを選択、〈ウェイトマネージャ〉の〈ジョイントリスト〉では目的の〈ジョイント〉を選択し、〈強度〉で〈ウェイト値〉を設定して〈選択対象に適用〉ボタンを押します。

　これで選択されているポイントに一括して同じ〈ウェイト値〉を設定できます。

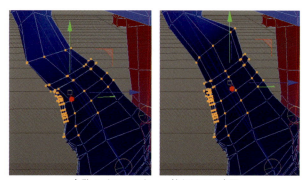

多数のポイントのウェイト値をまとめて変更

〈ウェイトマネージャ〉のコマンドでなく〈ウェイト〉ツールでペイントしても同じ結果は得られますが、〈ウェイトマネージャ〉のほうがより早く設定できる状況が多々あります。

たとえば手足や胴体などの「輪切り」状に並んだポイントでは〈ジョイントウェイト〉も同じ値になることが多いので、ポイントの〈ループ選択〉と組み合わせると非常に早く〈ウェイト値〉を設定できます。

また、途中で曲がって欲しくない「固いパーツ」についても、パーツのポイントをまとめて選択して〈ウェイトマネージャ〉で〈ウェイト値〉を一括設定すれば、パーツ全体で〈ウェイト値〉を統一することができ、確実に曲がらない状態にできます。

単純に〈ウェイト〉ツールのブラシが入りにくい場所でも、ポイントさえ選択できれば〈ウェイトマネージャ〉で〈ウェイト値〉を変更できます。

〈絶対値〉以外のモード

〈ウェイトマネージャ〉には〈絶対値〉のほかにもいろいろなモードがあり、自動で設定された〈ジョイントウェイト〉のはみ出しや値の誤差、意味のない端数を一括して取り除く用途などに使えます。

たとえば〈モード〉を〈丸める〉に、〈対象〉を「1」にして〈すべてに適用〉すると、〈ウェイト値〉が「1%刻み」になるよう四捨五入され、小数点以下の端数がなくなります。

また、〈切り落とし〉を「5%」で実行すると、「5%」未満の〈ウェイト値〉をすべて消すことができます。

モードの〈丸める〉と〈切り落とし〉

ジョイントウェイトの〈ミラー〉による対称化

前述のように、〈ウェイトマネージャ〉には〈ジョイントウェイト〉を左右対称にする機能があります。〈コマンド〉の下段にある〈ミラー〉ボタンがその機能です。

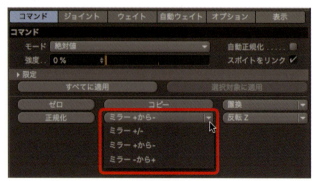

ミラー機能

〈ジョイントリスト〉でいずれかの〈ジョイント〉を選択して実行すればその〈ジョイント〉の〈ウェイト値〉だけがミラーされます。

また、〈ウェイト〉タグを選択していればそれに含まれる全ての〈ジョイント〉の〈ウェイト値〉がミラーされます。

ポリゴンオブジェクトでポイントを選択していればそのポイントのみ、選択していなければオブジェクト全体が対象になります。

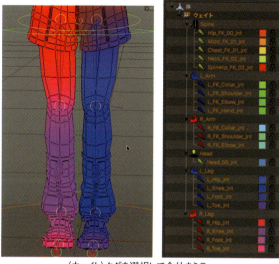

〈ウェイト〉タグを選択して全体をミラー

このときミラーされる方向は、コマンドで選択したボタンで決まります。デフォルトの状態では〈ミラー + から -〉となっており、「+」の側にあるポイントの〈ウェイト値〉が「-」の側にあるポイントにミラーされます。

デフォルトでは〈ミラー〉はポリゴンオブジェクトの〈X軸〉方向で実行されますが、これは〈ウェイトマネージャ〉の〈オプション〉のデフォルト設定です（変更も可能です）。

〈ジョイントウェイト〉を対称化する作業では、混乱を避けるため、常に「ポリゴンオブジェクトの + 側を修正し、+ から - へミラー」というように手順を固定しておくほうが安全です。

〈ミラー〉コマンドはポリゴンオブジェクトのメッシュが実際に左右対称、つまりキャラクターがデフォルトポーズでないと機能しません。そのため、〈ミラー〉を実行する前には必ず、ポーズのアニメーションを巻き戻したり、〈キャラクタオブジェクト〉で〈ポーズをリセット〉してデフォルトポーズに戻しておきます。

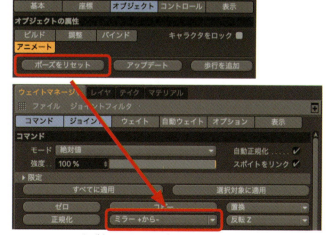

必ず〈ポーズをリセット〉してから〈ミラー〉する

なお、場合によっては〈ミラー〉コマンドが期待通りに機能しない状況もあるようです。

対称面上にあるポイントでは、〈ミラー〉を実行すると「+側」「-側」いずれの〈ジョイント〉の〈ウェイト値〉も消えて、対称面上にある〈ジョイント〉（背骨など）の〈ウェイト値〉だけが残る、という場合があります。〈ロック〉も〈自動正規化〉も無効です。

こういった状況では、〈ミラー〉でなく手作業で〈ウェイト値〉が左右対称になるよう設定する必要が出てきます。

対称面上のポイントの〈ウェイト値〉を設定した後でそれ以外の部分の〈ウェイト値〉を〈ミラー〉する場合は、対称面上のポイントを含まない必要な範囲だけをポイント選択してから実行すれば安全です。

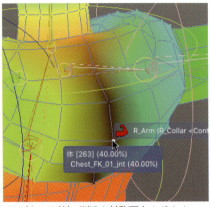

〈ウェイト値〉が消えた対称面上のポイント

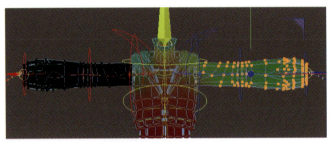

対称面を含めずに〈ミラー〉する

ジョイントウェイトの〈正規化〉

最終的にポリゴンオブジェクトの全てのポイントについて、〈ウェイト値〉の合計が「100%」、つまり〈正規化〉されていなければなりません。過不足があると〈スキン〉による変形に狂いが生じます。

〈ウェイトツール〉と〈ウェイトマネージャ〉のいずれも〈自動正規化〉のオプションがあり、これが有効になっている状態で作業していれば、基本的には〈ウェイト値〉は常に合計が「100%」になるよう自動調整されます。

〈自動正規化〉オプション

ただし、何らかの理由で〈ウェイト値〉が〈非正規〉になってしまうこともあります。

〈非正規〉のポイントは〈ウェイトマネージャ〉の〈ウェイト〉セクションで見つけることができます。

ここでは全てのポイントの〈ウェイト値〉がスプレッドシートで一覧でき、〈非正規〉のポイントがあればセルの行が赤くなります。

〈フィルタ〉による絞り込み条件で除外されているポイントはシートに出てこないので〈フィルタ〉の設定には注意が必要です。この例では〈フィルタ〉は〈無効〉になっており、全てのポイントが表示されています。

赤く表示されている〈非正規〉ポイント

この〈ウェイト〉セクションではスプレッドシートのセルに直接〈ジョイントウェイト〉の値を入力することもできますが、あまり便利な方法とはいえません。基本的には値のチェックと、条件が合った場合には何らかのコマンドで処理することになります。

〈ウェイト〉の〈フィルタ〉を〈非正規〉とすると、スプレッドシートでは〈非正規〉のポイントだけが表示されます。〈非正規〉のポイントがなければ何も表示されずシートは空白になります。〈非正規〉ポイントの洗い出しには有効な方法です。

〈フィルタ〉で〈非正規〉ポイントだけを表示させる

〈ポイント選択をリンク〉オプションがオンになっていれば（デフォルトでオンです）、スプレッドシートの左端のポイント番号を選択すると、ポリゴンオブジェクトのほうでもそのポイントが選択されます。そのポイントをビュー上で探して確認し、〈ウェイトマネージャ〉のコマンドや〈ウェイト〉ツールによるペイントで〈ウェイト値〉を修正することもできます。

スプレッドシートでポイント番号を選択するとビューでもポイントが選択される

　また、単純に〈ウェイト〉タグを選択して〈ウェイトマネージャ〉の〈正規化〉コマンドを実行すれば、全てのポイントが自動で正規化されます。この場合は個々のポイントの〈ウェイト値〉は平均的に増減するだけになってしまい個別に確認はできないので、やや乱暴な方法ともいえます。

ウェイト修正の作業の流れ

　ここから、今回のキャラクターモデルで行った具体的な〈ジョイントウェイト〉の詳細な設定作業の流れをおおまかに紹介します。
　実際の〈ジョイントウェイト〉の設定では必ず試行錯誤ややり直しなどが発生し、かなり長い作業になります。詳しい作業の内容は動画を参照してください。

全てのポイントの値を書き換える
　〈キャラクタオブジェクト〉の〈ビルド〉で自動設定された〈ジョイントウェイト〉を隈無くチェックし値を修正していきます。
　今回のような〈SDS〉の使用が前提となっているポイント数（ポリゴン数）の少ないモデルでは、ポリゴンオブジェクトのポイント1つ1つに対して〈絶対値〉で値を「決め打ち」で設定するやり方が適しています。
　結果的に自動設定された値はほとんど残らないので、自動設定自体が無駄なようにも感じられますが、初めに「たたき台」となる数値があったほうが全くのゼロから設定していくよりもずっと効率は良くなります。

曲げた状態で修正し、ミラーする

　左側（X+側）にチェック用のポーズをつけ、曲げた状態で〈ジョイントウェイト〉を修正します。左側の修正が完了したら、〈ミラー〉で右側に対称に反映させます。

　まだ他の部分で作業していなければリストで〈ウェイト〉タグを選択して全体に〈ミラー〉を実行してしまってもかまいませんが、前述のように対称面上のポイントの〈ジョイントウェイト〉を修正ずみの場合には必要な範囲のみに限定して実行したほうが堅実です。

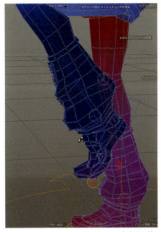 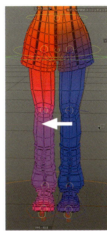 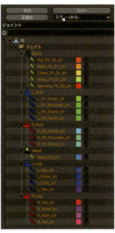

左脚を修正、〈ミラー〉で右脚に反映させる

サーフェイスの重なる部分

　ショートパンツの裾、ベストの裾は内側との段差に隙間があり、サーフェイスが内外で重なる部分があります。内外でボーンに対する位置関係の一致するポイントでは〈ジョイントウェイト〉も同一か近似の値として、サーフェイスが突き抜けないよう調整します。

　モデリングの段階でこれを考慮して、サーフェイスが重なる部分では「輪切り」のエッジも重なるようにしてあります。もし「輪切り」の位置が内外でずれていると、単純に同じ値を設定することができなくなり、適正な値の判断がやや面倒になってきます。

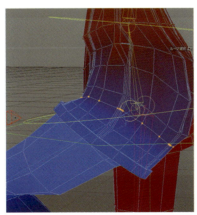 

サーフェイスが内外で重なる部分は突き抜けないよう調整する

ディテールでは造作が変形によって歪まないよう注意します。

服の「縫い目」では横に並ぶポイント全てに同一の値を設定すれば「縫い目」が崩れません。

ファスナーの「把手」などの「固いパーツ」では、曲がらない範囲のポイント全てに同一の値を設定します。

その他、服の裾の折り返し部分なども同様に、歪ませたくない範囲のポイントにはまとめて同じ値を設定していきます。

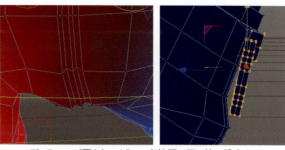

ディテールが歪まないよう、一定範囲で同じ値に設定する

ポイントに影響するジョイントの数

今回のセットアップでは、原則としては個々のポイントに影響を与える〈ジョイント〉は2つまでに限定しています。影響する〈ジョイント〉が2つであれば、どちらか一方の値を変更したときにはもう一方の値も〈自動正規化〉によって調整されることになるので、作業は単純です。

ただし一部には、手足や指の付け根など構造が「枝分かれ」になる部分で3つの〈ジョイント〉の値を持つポイントもあり、〈ジョイントウェイト〉を変更する際の手順が少し異なります。

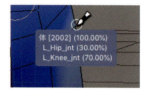

ポイントに影響する〈ジョイント〉は2つまで

また、フードの対称面上の部分とショートパンツの股間部分は左右両側から引っ張られるため、「+」「中央」「-」の3つの〈ジョイント〉の値を持つことになります。対称面上で「+」「-」両側の〈ウェイト値〉を持つポイントは〈ミラー〉コマンドの効果などが他の部分とは異なってくるため、さらに注意が必要になります（詳しくは動画を参照してください）。

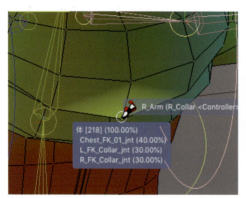
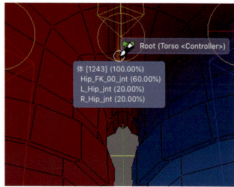

「中央」に加えて「+」「-」両側の〈ジョイント〉のがある部分

フードとベストが重なっている部分や、ベストの肩口の引っ込んだ部分、足首のスパッツに隠れている部分などは外側から見えず作業がやりにくいですが、邪魔なポリゴンを非表示にすることで問題なく作業できます。

　頻繁に表示・非表示を切り替える部分は〈ポリゴン選択範囲〉タグとして記録しておくと便利です。その都度範囲を選択・確認する必要がなくなるだけでなく、ツールでの作業中でもタグからボタン1つで「隠す」「表示」「他を隠す」などができるようになります。

よく非表示にする範囲はタグに記録すると便利

仕様のわかりにくい箇所

　今回は〈キャラクタオブジェクト〉のテンプレートで〈Biped〉を使用していますが、中身がブラックボックス化しているために仕様がわかりにくい箇所があります。

　「手のひら」の〈ジョイントウェイト〉は〈Hand〉ではなく4本の指の中手骨である〈Finger_Base〉に割り当てられます。〈Hand〉は〈Elbow〉（前腕）に固定されており、手首のコントローラを動かしてもついてきません。

　また、4つの〈Finger_Base〉は動作が常に一致しています。このため、「手のひら」の〈ジョイントウェイト〉はいずれか1つの〈Finger_Base〉に集約してしまうことができます。

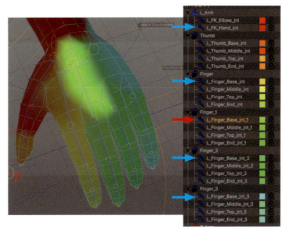

「手のひら」のウェイトは1つのジョイントに集約できる

仕上がりのチェックと「戻し作業」の判断

　〈ジョイントウェイト〉を調整し、全体の仕上がりをチェックします。運が良ければこれで〈キャラクタオブジェクト〉まわりのセットアップは完了となるのですが、大抵の場合はそれ以前の工程まで戻って修正したくなる箇所がみつかります。

　手順さえわかっていれば「戻し作業」はそれほど面倒ではないので、〈ジョイントウェイト〉の最適化だけでは改善できない部分がみつかったら覚えておきます。

ここまでのサンプルファイル：ch-9\chara_2-2_weight.c4d

2-3 前の工程まで戻る修正

　これまでは〈キャラクタオブジェクト〉によるセットアップ完了後の〈ジョイントウェイト〉の修正について説明してきました。実際には、〈ジョイントウェイト〉以外にも修正が必要な箇所がでてくることがよくあります。

　「関節の位置の修正」が必要になった場合には〈キャラクタオブジェクト〉の〈調整〉段階まで戻って修正を行います。

　「キャラクターのポリゴンメッシュの修正」を行う場合には、〈キャラクタオブジェクト〉ををいったんリセットして初期状態に戻してから作業することになります。

関節の位置の修正

　キャラクターモデルを実際に動かしてみると、関節の位置を修正したくなる場合があります。関節の位置の修正は、〈キャラクタオブジェクト〉の〈調整〉段階まで戻って作業すれば可能です。

　初めに〈キャラクタオブジェクト〉で〈ポーズをリセット〉を行います。テスト用にアニメーションが設定されていた場合はあらかじめキーフレームを全て削除しておきます。

　キャラクターがデフォルトポーズに戻ったことを確認できたら、〈キャラクタオブジェクト〉を〈アニメート〉から〈調整〉段階まで戻します。

〈キャラクタ〉で〈調整〉まで戻る

　〈調整〉段階へ戻ったら、初めに〈調整〉を行ったときと同様に〈コンポーネント〉の丸いシンボルを動かして関節位置を修正します。この例ではヒザの関節の位置を脚の中心のほうへ少しずらしています。

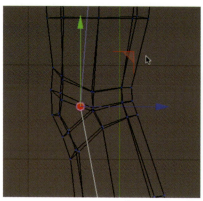 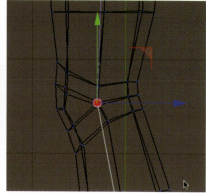

丸いシンボルを動かして関節位置を修正

関節位置の修正が終わったら、〈キャラクタオブジェクト〉を〈バインド〉段階へ進めます。

特に何も起きないように見えますが、この〈バインド〉段階で〈ウェイト〉タグに記録されるデフォルトポーズの初期化が再び行われ、〈調整〉で行った〈コンポーネント〉の修正（関節位置の移動）が反映されています。

〈キャラクタ〉で〈バインド〉へ進む

また、最初に〈バインド〉を行ったときと同様に〈ウェイト〉タグには全ての〈ジョイント〉が登録された状態になりますが、不要な〈ジョイント〉は〈不使用を外す〉コマンドで一括削除できます。

〈アニメート〉でキャラクターを動かして関節位置の修正の結果をチェックします。まだ問題があるようなら、同様にして〈ポーズをリセット〉からの工程をくり返して関節位置を修正していきます。関節位置の変更に合わせて〈ジョイントウェイト〉の修正を行うこともあります。

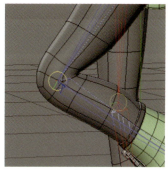

キャラクターを動かしてチェック

ポリゴンオブジェクトのポイント位置のみの修正

キャラクターモデルの実体であるポリゴンオブジェクトの初期状態でのポイントの位置を修正する必要が出ることもあります。トポロジに変更がない範囲でのポイント位置のみの修正は比較的簡単にできます。あらかじめキャラクターをデフォルトポーズに戻しておき、ポリゴンオブジェクトのポイントを動かして修正します。これだけです。ポリゴンオブジェクトの初期状態は更新され、ポイントに設定されている〈ジョイントウェイト〉はそのまま維持されます。

この例では、上半身を前傾するとファスナーの把手がベストにめり込むんでしまうため、把手の初期状態をやや浮かせた状態に修正します。

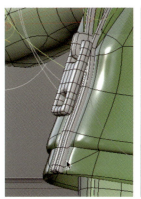 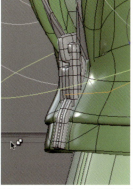 

めり込んでしまうファスナーの把手を修正する

ファスナーの把手のポイントをまとめて選択し、根元を基準に回転して浮かせます。これだけで初期状態は更新され、次にキャラクターを動かしたときにはめり込まなくなります。

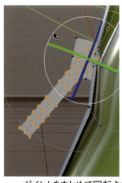  

ポイントをまとめて回転させパーツを浮かせる／キャラクターを動かすとめり込まなくなる

修正の内容によってはキャラクターの左右対称の状態を維持することが必要になります。これは〈スカルプト〉のブラシを使うことで可能です。

〈スカルプト〉のブラシには〈左右対称〉オプションがあり、〈対称〉で〈軸〉の「X(YZ)」を有効にすると、左右対称にポイントを動かすことができます。〈対称〉が有効な状態では、対称面の逆側にもブラシのプレビューの白い点が表示されます。

〈対称〉で「X」をオンにする

スカルプトのブラシのうちで扱いが簡単なのは〈つかむ〉ブラシです。〈つかむ〉は〈マグネット〉とほぼ同じ機能で、〈半径〉をごく小さくすれば1つのポイントのみをドラッグして動かして〈移動〉ツールのようにも使えます。

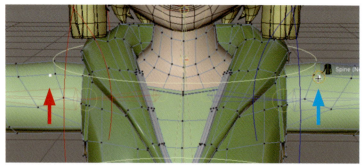

〈つかむ〉で左右対称にポイントを動かす／逆側にプレビューの点が表示されている

ポイントの移動とあわせて〈ジョイントウェイト〉の修正も必要になるかもしれません。

ポリゴンオブジェクトのトポロジ変更を伴う修正

　キャラクターモデルのポリゴンオブジェクトに対して、ポイントの追加や削除などトポロジの変更を伴う修正を加える場合は、手順は少し複雑になります。

　まずポリゴンオブジェクトの左右対称を維持するために、片側で行った修正をポリゴンの〈ミラーリング〉によって逆側に複製します。その後、変更されたトポロジに合わせて片側で〈ジョイントウェイト〉を修正したら、今度は〈ジョイントウェイト〉を〈ミラー〉で対称化するという流れになります。

　まずこれまでと同様に〈ポーズをリセット〉でデフォルトポーズに戻し、ポリゴンメッシュの片側を編集します。通常のモデリングと同様で、特に制限事項はありません。どちらか片側だけを編集すること、対称面上のポイントがずれないようにすることには注意してください。

　この例では、ひじの関節の部分で「輪切り」のエッジを増やし、造形に「しわ」を追加しました。

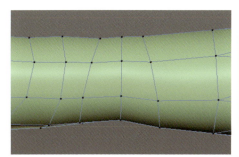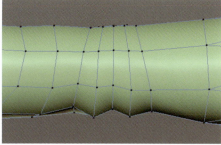

ひじの関節に「しわ」の造形を追加した

　片側の編集が完了したら、逆側の対応する範囲を削除します。編集した箇所がはっきり他の部分と区別できるようであればそこだけを削除してもいいですが、不安があるようならポリゴンオブジェクトの逆側を全て削除して全体を〈ミラーリング〉してしまったほうが確実です。

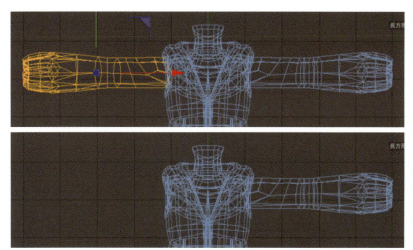

編集していないほうの側を削除

ポリゴンオブジェクトの左右対称化は〈メッシュ〉メニューの〈変形ツール〉にある〈ミラーリング〉で行います。

ツールのオプション設定では、〈座標系〉は「オブジェクト」、〈対称面の方向〉は「ZY」を選択します。

ミラーするのが一部分であれば該当するポリゴンだけを選択し、全体であれば何も選択せずに〈適用〉ボタンを押します。これで逆側にも修正後の状態が反映されます。

オブジェクト座標で「ZY」

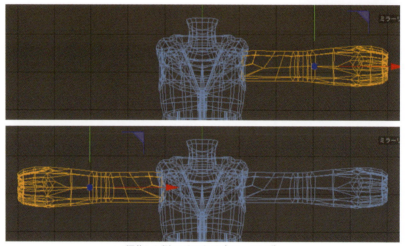

編集した側のポリゴンを〈ミラーリング〉

〈ミラーリング〉実行後は〈メッシュチェック〉をオンにして〈境界エッジ〉を確認します。〈ミラーリング〉された範囲に隣接して〈境界エッジ〉が発生している場合はサーフェイスがつながっておらず、同位置でポイントが重なっている状態なので、〈最適化〉でくっつけておきます。

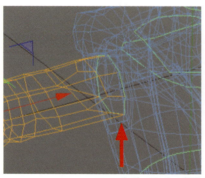 

つながっていない部分を〈最適化〉でくっつける

480

トポロジ変更を行った周辺のポイントでは〈ジョイントウェイト〉をチェックし、必要に応じて設定し直します。

この作業もまず、トポロジを編集したほうの側で行います（ミラーリングされた側はジョイントウェイトが全てなくなっています）。

片側で〈ジョイントウェイト〉の設定ができたら、〈ウェイトマネージャ〉の〈ミラー〉で逆側に対称化させます。

前述のようにポリゴンオブジェクトの対称面上にあるポイントでは〈ジョイントウェイト〉の〈ミラー〉が上手くいかない場合があるので、〈ミラー〉は必要な範囲だけポイントを選択して実行したほうが安全です。この例では、ポリゴンを〈ミラーリング〉したのと同じ範囲のポイントを選択して〈ジョイントウェイト〉の〈ミラー〉を行っています。

〈ウェイトマネージャ〉の〈ミラー〉

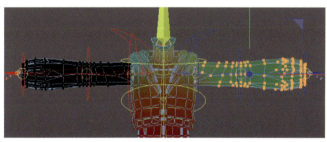

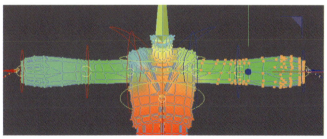

必要な範囲のポイントを選択して〈ジョイントウェイト〉を〈ミラー〉

ここまでのサンプルファイル：ch-9\chara_2-3_revise.c4d

2-4 〈ポーズモーフ〉で表情をつける

顔の表情の変化は〈ポーズモーフ〉で設定します。〈ポーズモーフ〉はさまざまな要素を「モーフィング」させることができますが、顔の表情では〈ポイント〉の位置の情報を「モーフターゲット」として記録し、使用します。〈ポーズモーフ〉タグでは「モーフターゲット」のことを〈ポーズ〉と呼んでいます。

〈ポーズモーフ〉で顔の表情を変える

なお、いったん〈ポーズモーフ〉の設定を始めると、原則としてはポリゴンオブジェクトの編集はできません。ポイントの追加や削除を行うと〈ポーズモーフ〉の情報が破損してしまうためです。顔の造形などは〈ポーズモーフ〉の作業を始める前に確定しておく必要があります。

頭のパーツの一体化

頭のパーツは3つのオブジェクトに分かれ、〈対称〉オブジェクトで左右対称になっています。〈ポーズモーフ〉を設定する前に、これらを1つのオブジェクトに結合しておきます。

まず3つのポリゴンオブジェクトを〈一体化＋消去〉で結合します。事前に〈ポリゴン選択範囲〉と〈テクスチャ〉タグを整理しておいたほうがタグがごちゃごちゃしません。

その後、〈対称〉を〈編集可能にする〉で左右一体化します。これで頭全体が一体のポリゴンオブジェクトに結合されます。〈オブジェクト軸〉は「X=0」に合わせておきます。

3つのオブジェクトを結合し、〈オブジェクト軸〉はX=0に

〈ポーズモーフ〉タグの設定

顔のポリゴンオブジェクトに〈キャラクタ〉タグの〈ポーズモーフ〉タグを適用します。

デフォルトではタグの〈基本〉セクションの〈合成〉にある全ての要素がオフになっています。

ここで〈ポイント〉をオンにすると、この〈ポーズモーフ〉にポイント移動によるモーフィングが作成できるようになります。

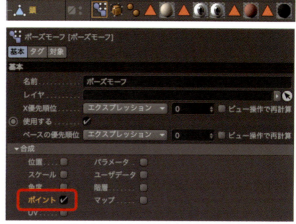

〈ポーズモーフ〉タグを適用、〈ポイント〉をオン

〈ポーズモーフ〉の〈タグ〉セクションにあるリストは「モーフターゲット」の一覧で、ここでは〈ポーズ〉と呼ばれています。このリストで選択されているものがそのときの編集対象となります。

「基本ポーズ」は〈ポーズモーフ〉の対象となっているオブジェクトの「初期状態」なので、原則として編集はしません。もし「基本ポーズ」を変形させた場合、それを「初期状態」としてモーフが適用されることになります。

「ポーズ.0」はデフォルトで作成された最初の〈ポーズ〉で、末尾の数字は自動的に振られる通し番号です。この〈ポーズ〉はリストの下にある〈ポーズを追加〉ボタンで追加できます。これらの〈ポーズ〉の情報はタグに記録されます。

〈ポーズを追加〉ボタンの下に〈合成〉というドロップダウンリストがありますが、これは今回はデフォルトの〈相対〉のままで使用します。

〈ポーズ〉リストにある「基本ポーズ」と「ポーズ.0」／〈ポーズを追加〉ボタン

〈ポーズ〉のリストの項目の右にある錠前のアイコンは〈ロック〉機能で、ロックされているターゲットは変更できなくなります。

さらに右にあるチェックボックスは〈ポーズ〉ごとのオンオフスイッチで、オフにするとその〈ポーズ〉は無効になります。

ロックとオン／オフ

〈ポーズ〉のリストでは右クリックメニューが使用できます。このメニューにはさまざまな機能がありますが、今回使用するものについては後ほど順次説明します。

作成済みの〈ポーズ〉の削除は右クリックメニューでは〈リストから外す〉ですが、「Delete」キーでも削除できます。

右クリックメニュー

〈ポーズモーフ〉は作成直後は〈編集モード〉になっています。これを〈アニメートモード〉に切り替えると、モーフを実行するモードになります。

〈アニメート〉モードでは各〈ポーズ〉ごとにオンオフスイッチと〈強度〉スライダが表示され、アニメーションのキーを打つことができます。〈強度〉スライダとオンオフスイッチは編集モードのときに表示されるものと同じで、値も相互に引き継がれます。

 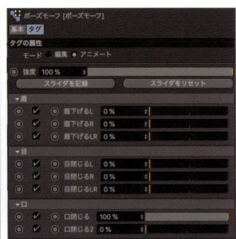

編集モード／アニメートモード

左右対称の「モーフターゲット」を作る

これから、表情になる「モーフターゲット」を作っていきます。最初の1つは「口を閉じる」形の〈ポーズ〉です。口は構造が左右対称なので、この「モーフターゲット」も左右対称に作ります。

まずリストに最初からあった「ポーズ.0」をダブルクリックして名前を変更します。「口閉じる」としておきます。

リストでこの「口閉じる」を選択した状態で顔のポリゴンオブジェクトを変形させると、それが「口閉じる」の〈ポーズ〉として記録される「モーフターゲット」の形になります。

ターゲットの名前を変更

〈ポーズ〉を左右対称に編集するには、〈スカルプト〉ブラシの〈対称〉機能を使用します。ブラシの中では〈つかむ〉が〈マグネット〉同様に使えるので扱いやすいですが、〈対称〉にできればどのブラシを使ってもかまいません。
　なおスカルプトのブラシを使っているときは〈SDS〉をオンオフするショートカット「Q」は効きません。〈SDS〉のオンオフスイッチを〈HUD〉にしてビューに置くといいでしょう。

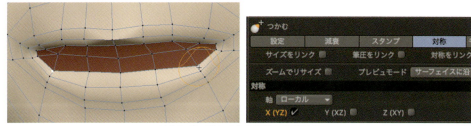
スカルプトブラシで左右対称に編集する

　リストの下の〈強度〉スライダを動かすとモーフの適用量が「0%～100%」の間で増減します。〈ポーズ〉の編集中、ときどき初期状態に戻して〈ポーズ〉と比較してチェックします。
　〈ポーズ〉の〈ポイント〉を動かす際には、このスライダは必ず「100%」に戻しておきます。

〈強度〉スライダ

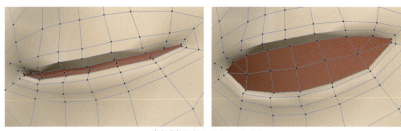
〈強度〉を変えてチェックする

　〈ポーズ〉ができたら〈ポーズモーフ〉タグのモードを〈編集〉から〈アニメート〉に切り替えます。〈ポーズ〉の名前のついたスライダでモーフの強度を変更できます。〈編集〉モードと異なり、〈アニメート〉モードでは全ての〈ポーズ〉のスライダが同時に表示されます。

アニメートモードに切り替える

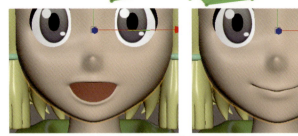

〈ポーズ〉のスライダを動かして表情を変化させる

モーフターゲットを派生させる

既存の〈ポーズ〉を複製して違った表情の〈ポーズ〉を派生させることもできます。リストで〈ポーズ〉を選択し、右クリックメニューで〈コピー〉〈ペースト〉すれば複製ができます。先ほど作った「口閉じる」を複製、名前を変更し、ポイントを動かして表情を変えていきます。

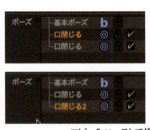
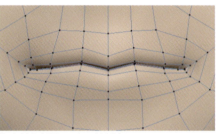

コピー＆ペーストで複製、名前を変更し、ポーズを派生させる

先に作った「口閉じる」は笑顔でしたが、そこから真顔の「口閉じる 2」を派生させることができました。この 2 つをブレンドすると、口を閉じた表情で「笑顔」から「真顔」まで無段階に変化させることができます。

表情の違う「口を閉じる」ポーズをブレンドする

〈ポーズ〉をコピー＆ペーストして複製する方法は、バックアップコピーとして残しておくのにも使えます。大幅な編集をする前などには複製を残しておくと安心です。

片側の「モーフターゲット」を作る

次は顔の片側だけの「モーフターゲット」として「左目を閉じた状態」を作ってみます。〈ポーズを追加〉ボタンを押し、追加された〈ポーズ〉の名前を「目閉じるL」とします。

〈ポーズ〉を追加し「目閉じるL」とする

今度は左右対称ではないので、スカルプトブラシだけでなく〈移動〉などの通常のツールも使えます。左目が閉じた状態になるよう、ポイントを動かしていきます。

リアルな人間の場合は眼球は球体なのでまぶたも球体の上を滑るように動きますが、今回のキャラクターの目はデフォルメされた造形で上下方向はほぼ垂直になっているため、まぶたも垂直に移動して閉じます。まつげは前傾するよう角度を変えています。

眼球部分のポリゴンは上下に縮小して閉じたまぶたの奥に隠れます。テクスチャが〈平行〉で投影されているため、まぶたが閉じるときも外見上の瞳の形には変化がありません。

  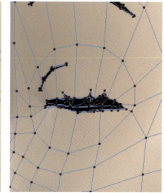

目を閉じる〈ポーズ〉、0%、50%、100%

モーフを想定したトポロジ

このキャラクターのように縦長にデフォルメされた目をモーフで完全に閉じるのは容易ではないので、モデリングの段階から慎重にトポロジを考慮してあります。モーフでポイントが動く方向に沿って放射状・同心円状にエッジを配分し、上下に圧縮される瞳の部分ではなるべくポイントが少なくなるようにしました。

目ほどではありませんが、口のほうもモーフで変形することを前提に同心円構造とするなどの配慮をしてあります。

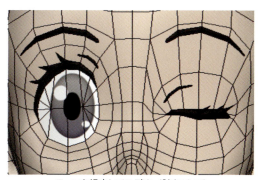

モーフを想定してモデリングされている

「モーフターゲット」の左右反転と左右結合

　左目を閉じる〈ポーズ〉ができたので、これを元に反対側の右目を閉じる〈ポーズ〉を作ります。
　「目閉じるL」を右クリックしてメニューから〈反転X〉を実行すると〈ポーズ〉がX軸方向で反転し、「左目が閉じる」状態から「右目が閉じる」状態に変わります。このように、左右対称のオブジェクトであれば〈ポーズ〉を左右反転するのは簡単です。

 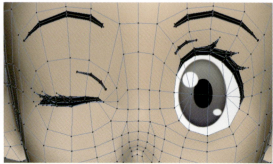

〈反転X〉で左右反転する

　〈反転X〉すると元の「左目を閉じるポーズ」がなくなってしまうので、いったん〈取り消し〉して元に戻し、コピー＆ペーストで複製した〈ポーズ〉をあらためて〈反転X〉します。これで左右対称の逆側になる〈ポーズ〉を追加で作成できます。反転したほうの〈ポーズ〉の名前は「目閉じるR」としておきます。

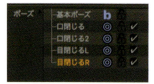

複製を〈反転X〉する

　「両目を閉じる」場合は、「目閉じるL」と「目閉じるR」の両方を同時に使えばいいことになりますが、使用頻度を考慮すると「両目閉じ」の〈ポーズ〉が1つにまとまって用意されているほうが便利です。この場合は左右2つの〈ポーズ〉を結合できます。
　「目閉じL」と「目閉じR」の2つを選択して右クリックメニューから〈マージ〉を実行すると、両者を結合した〈ポーズ〉が1つできます（名前はリストで上のものが引き継がれます）。〈マージ〉でもやはり、結合前の〈ポーズ〉はなくなってしまうので、こちらも2つの〈ポーズ〉をコピー＆ペーストで複製してから〈マージ〉し、名前を変更します。

 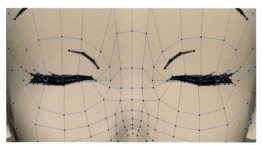

〈マージ〉で2つの「目閉じ」を結合した

複数の〈ポーズ〉を有効にして〈ポーズ〉を編集する

〈編集モード〉ではデフォルトでは一度に1つの〈ポーズ〉しか有効になりませんが、リストの下の〈編集〉ドロップダウンリストを〈選択〉から〈合成〉に切り替えると、複数の〈ポーズ〉を同時に有効にし、それぞれの〈強度〉で合成した状態で編集できます。

たとえば「眉を下げる」〈ポーズ〉を作る場合、「目閉じる」を100%にした状態で編集すれば目と眉のバランスを確認しながら作業することができます。

編集モードを〈合成〉にして複数の〈ポーズ〉を有効に

ただし〈アニメート〉モードと異なり〈編集〉モードでは〈強度〉スライダは1つしか表示されないため、どの〈ポーズ〉が何%になっているかは、それぞれの〈ポーズ〉を選択して1つずつ確認する必要があります。

〈ポーズ〉の追加

ここまでに説明した手順を使って、その他の〈ポーズ〉を追加していきます。今回のキャラクターの場合は静止画での使用を想定しているので、必要になったらその都度作るという手順でもいいでしょう。

この例では「眉を上げる」「目を開ける」「半目」「口を▲にする」「口角を下げて口を閉じる」といった〈ポーズ〉を追加しました。

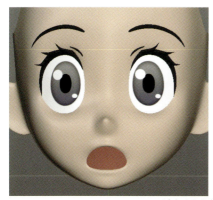
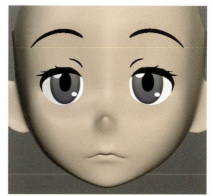

追加された顔の〈ポーズ〉

〈ポーズ〉の整理

　〈ポーズ〉はフォルダで分類することもできます。〈ポーズ〉リストの右クリックメニューから〈新規フォルダ〉を実行すると、リストに「新規フォルダ」という名前のフォルダが作成されます。このフォルダの名前を変更し、〈ポーズ〉をドラッグ＆ドロップで中に入れて整理します。

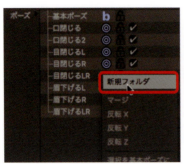 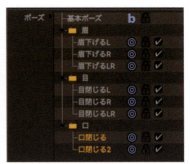

〈新規フォルダ〉でフォルダを作成、ドラッグ&ドロップで整理

　〈ポーズモーフ〉を〈アニメートモード〉にすると、〈ポーズ〉はフォルダ名のついたセクションに区切られます。各セクションは閉じることができます。

　ただしこのフォルダ名は〈タイムライン〉には表示されません。アニメーションで〈タイムライン〉の作業がある場合には、〈ポーズ〉の名称は〈フォルダ〉の名称なしで単独でも判別できるものにしておいたほうがいいでしょう。下の例で〈ポーズ〉の名称に「目」や「口」が入っていなかった場合、タイムラインでは「閉じる」しか表示されないので判別できなくなります。

フォルダで整理された〈ポーズ〉スライダ／タイムラインにはフォルダは表示されない

ここまでのサンプルファイル：ch-9\chara_2-4_facial.c4d

3　ポージングとレンダリング

〈キャラクタオブジェクト〉の機能を使ってキャラクターをポージングし、ライティングとマテリアルの微調整を行い、レンダリングして画像を出力します。静止画のみとなります。
　以降の作業では UI のレイアウトは〈Standard〉を使用します。

3-1 ポーズをつける

キャラクターの体のポーズは〈キャラクタオブジェクト〉の〈コントローラー〉を操作してつけます。また、顔の表情は〈ポーズモーフ〉を使用します。

ポーズをつける作業のための設定

ポーズをつける作業をやりやすくするため、いくつか設定を変更しておきます。

〈キャラクタオブジェクト〉の〈表示〉を扱いやすいように変更します。ポージング作業で必要なのは〈コントロールオブジェクト〉だけなので、〈ビューポート〉と〈オブジェクトマネージャ〉を〈コントローラー〉に変更します。

表示を〈コントローラー〉に

こうすると〈キャラクタオブジェクト〉のうちでポーズをつける際に必要な〈コントローラー〉だけが表示されるようになります。この状態で見えている〈コントローラー〉のオブジェクトの〈位置〉〈角度〉と、付随する〈コントロール〉スライダにキーフレームを記録していきます。

〈コントローラー〉だけが表示され、見やすくなる

〈表示〉の〈キャラクタ属性〉はオンのままでかまいません。この場合は個々の〈コントローラー〉を選択したときにも属性マネージャの表示は実体である〈スプライン〉や〈ヌル〉ではなく〈キャラクタ〉となりますが、〈座標〉と〈コントロール〉については選択されているオブジェクトに固有の情報が表示されるので、ポーズ管理に必要な〈キーフレーム〉は記録できます。

〈キャラクタ属性〉の〈座標〉と〈コントロール〉

ビューで〈コントローラー〉をクリック選択しようとしたとき、キャラクターの実体のポリゴンオブジェクトのほうを意図せず選択してしまうことがあります。

〈キャラクタオブジェクト〉の〈コントローラー〉は〈スプライン〉と〈ヌル〉なので、〈選択フィルタ〉でそれ以外を全て無効にしておくと、意図せず選択してしまうことがなくなります。

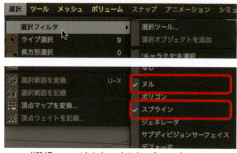

〈選択フィルタ〉を〈ヌル〉と〈スプライン〉のみに

ポーズをつける

今回はアニメーションはさせませんが、複数の静止画用のポーズを記録しておくため、ポーズごとにアニメーション時間を移動して〈キーフレーム〉を記録していきます。

デフォルトポーズを記録する

まずフレーム「0」で全ての〈コントローラー〉にデフォルトポーズで〈キーフレーム〉を記録します。

ただし足の〈コントローラー〉（Leg_Foot_con+）の下の階層にある〈ヌル〉はエクスプレッションで管理されているので、これらには〈キーフレーム〉は不要です。

また、大半の〈コントローラー〉ではキーフレームが必要なのは〈回転〉のみですが、全てに対して一律に〈移動〉と〈回転〉を記録してしまってかまいません。

全ての〈コントローラー〉にキー記録

手と足の〈コントローラー〉を選択したとき表示される〈コントロール〉のスライダにも、初期値の「0」でキーを打っておきます。

手と足の〈コントロール〉スライダにもキー

また、顔の〈ポーズモーフ〉のスライダと、目の〈テクスチャ〉タグの〈座標〉の値も表情をつけるために変更するので、こちらも同様に初期値で〈キーフレーム〉を記録しておきます。〈ポーズモーフ〉のほうは〈スライダを記録〉ボタンで全てのスライダに〈キーフレーム〉を記録できます。

〈ポーズモーフ〉と〈テクスチャ〉タグにもキー

以後はポーズひとつごとにフレーム時間を移動し、ポーズをつけて〈キーフレーム〉を記録していきます。

最初のポーズ

まずアニメーション時間を少し先へ移動します。次に〈タイムライン〉の〈ドープシート〉を表示させ、フレーム「0」に記録してあるデフォルトポーズの〈キーフレーム〉を全てフレーム「30」へコピーします。こうすると各ポーズごとの〈キーフレーム〉の抜けが防げます。

キーフレームを複製して開始

〈コントローラー〉や〈スライダ〉を動かしてポーズを変更し、その都度上書きで〈キーフレーム〉を記録していきます。

〈コントローラー〉を動かし、キーを打つ

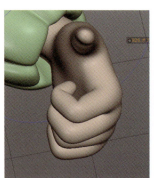 

〈スライダ〉を動かしてキーを打つ

顔の表情は〈ポーズモーフ〉でつけます。〈ポーズ〉を任意の割合で合成し、スライダにキーを打ちます。

 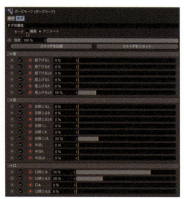

〈ポーズモーフ〉で表情をつける

必要な表情を出すために〈ポーズ〉が足りないようなら、その場で新しい〈ポーズ〉を作ってしまうこともできます。〈ポーズモーフ〉の〈編集〉モードを〈合成〉にすれば、他の〈ポーズ〉と組み合わせるための「差分」として新しい〈ポーズ〉を編集できます。

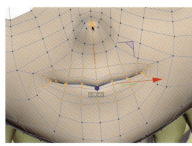 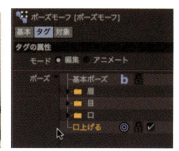

欲しい差分の〈ポーズ〉を追加する

視線の方向（黒目の位置）と瞳の大きさは、目のマテリアルを適用している〈テクスチャ〉タグの〈座標〉を〈テクスチャ〉モードで操作して変更します。左右で合わせたい数値はコピー＆ペーストすると確実です。

  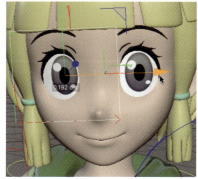

瞳は〈テクスチャ〉タグをテクスチャモードで動かす

別のポーズをつける

　別のポーズをつける場合は、アニメーション時間を移動して同様に作業します。

　この際、全く新規のポーズであればフレーム「0」のデフォルトポーズの〈キーフレーム〉を、既につけてあるポーズの派生であればそのポーズの〈キーフレーム〉をコピーしてから始めるといいでしょう。

さらにキーフレームをコピーして新しいポーズをつける

ひとまず立ちポーズを 2 つつけました。ポーズはいつでも追加できます。

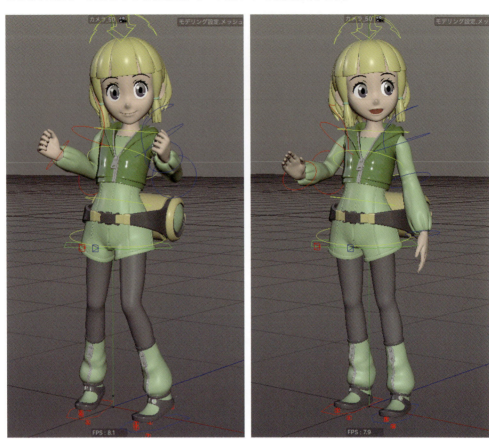

ポーズを2つつけた

〈オブジェクト化〉すれば自由に編集できる

　静止画の場合は、ある程度ポーズをつけた後でポリゴンオブジェクト自体を編集してしまうこともできます。キャラクターのポリゴンオブジェクトを選択して〈現在の状態をオブジェクト化〉を実行すると、そのときの状態で固定されたポリゴンオブジェクトが複製されます。オリジナルは残っているので、複製のほうは自由に編集できます。

ここまでのサンプルファイル：ch-9\chara_3-1_posing.c4d

3-2 カメラ、ライト、背景

ポーズをつけたキャラクターに対して、カメラアングルやライティング、背景などを設定していきます。

カメラ

カメラアングルは好みで自由に決めてしまってかまいません。注意が必要な点を挙げるとすると、カメラの〈焦点距離〉と遠近感の関係と、構図の縦横があります。

〈焦点距離〉と遠近感

カメラの〈焦点距離〉はキャラクターの見え具合に大きな影響があります。〈焦点距離〉が短くなるほどカメラは被写体に近付き「遠近感」が強くなるため、同じポーズと表情でも印象が変わってくる場合があります。この例では〈焦点距離〉「50mm」と「35mm」を比較しています。数値はそれほど違わないようにも感じられますが、見た目の印象には差があります。

カメラの〈焦点距離〉「50mm」と「35mm」

カメラを「縦位置」にする

Cinema 4D のカメラの「画角」はレンダリング設定の出力解像度の「横幅」を基準としています。そのため出力解像度を縦長にすると、画角はそのぶん上下に広く、遠近感は強くなります。これは現実のカメラを「縦位置」にするのとは異なります。

カメラの〈画角〉を現実のカメラ同様に「縦位置」にするには、〈出力解像度〉を縦長に変更すると同時にカメラの〈焦点距離〉を〈画角（垂直 FOV）〉を基準に設定し直します。たとえば〈焦点距離〉が「50mm」の場合、〈画角（水平 FOV）〉の「39.598°」をコピーして〈画角（垂直 FOV）〉にペーストすれば現実のカメラの「50mm で縦位置」と同じ画角になります。

〈出力解像度〉の縦横を入れ替え、〈水平 FOV〉を〈垂直 FOV〉にコピーする

下図の〈セーフフレーム〉の中がレンダリングされる画角です。画角が横から縦に変わっただけで、キャラクターの見え方はどちらも同じになっています。

「50mm横位置」と「50mm縦位置」

ライトと背景

　グローバルイルミネーションを使ってレンダリングする場合、背景となる周囲の環境も間接的に照明効果に反映されるため、ライティングと背景とは同時に計画する必要があります。

　今回は画面上で見える背景は鮮やかな単色で埋めつつ、「間接照明」には無彩色で安定した光が得られるよう、背景の要素を2つに分離して設定します。

メインライト

　メインライトは〈無限遠ライト〉とし、〈影〉は〈エリア〉にします。〈無限遠ライト〉はシーン全体を平行な光で照らすので、ライトオブジェクトを配置する位置はどこでもかまいません。座標で意味があるのは〈角度〉だけです。

　ライトの〈角度〉、〈カラー〉と〈強度〉でメインライトの効果を調整しますが、「間接照明」の効果はレンダリングしないとわからないので、詳細な設定はレンダリング設定を行ってからになります。

　ビュー表示を〈グローシェーディング〉とし、オプションの〈影〉をオンにするとOpenGLプレビューでも影が表示されます。こうするとテストレンダリングしなくても影の落ちる範囲はだいたい確認できます。

メインの〈無限遠ライト〉を配置

背景

今回は背景に「直接見える背景カラー」と「間接照明の光源」とを分離して設定します。

まず「間接照明の光源」として〈空〉オブジェクトを作成します。〈空〉のマテリアルで〈発光チャンネル〉に「垂直方向のグラデーション」を設定することで、地平線から天頂に向かって明るくなる球体でキャラクターを囲むことができます。また、キャラクターの表面への「映り込み」にも〈空〉が反映されます。

〈空オブジェクト〉に垂直方向の〈グラデーション〉を設定

また、〈空〉には「HDRI画像」を使うこともできます。Cinema 4Dの〈コンテンツブラウザ〉には「HDRI画像」のマテリアルが収録されているので、これを〈空〉オブジェクトに設定すれば、単純なグラデーションより変化のある環境にすることができます。

今回のキャラクターではそれほど目立った効果はありませんが、表面にはっきりした映り込みのある被写体などでは「HDRI画像」の選択によってかなりの差が出てきます。

コンテンツブラウザの「HDRI」マテリアル

キャラクターの背後の鮮やかな単色の背景には〈背景〉オブジェクトを使用します。〈背景〉は適用するマテリアルの〈カラー〉チャンネルに設定した色がそのまま画面最奥にレンダリングされます。

ただし〈背景〉は通常は〈空〉によって隠されてしまうため、〈コンポジット〉タグによる可視成分の分離を行います。〈空〉に〈コンポジット〉タグを適用し、〈カメラから見える〉をオフにすると、直接的には「不可視」の状態になり、その後ろにある〈背景〉オブジェクトを見せることができるようになります。ビューでレンダリングすると〈コンポジット〉タグの効果がわかります。

〈空〉で〈カメラから見える〉をオフにすると背後の〈背景オブジェクト〉がレンダリングされる

キャラクターの足元に影を落とすため、地面の高さに〈床〉オブジェクトを配置します。この〈床〉には〈背景〉と共通のマテリアルを適用し、〈コンポジット〉タグをつけて〈背景に合成〉をオンにします。こうすると〈影〉以外の陰影がつかなくなり、マテリアルのカラーがそのまま描画されるので、レンダリングすると〈床〉は〈背景〉と境目なしの単色でつながるようになります。

また〈床〉をキャラクターに対する〈間接照明〉と〈映り込み〉から除外するため、〈コンポジット〉タグでは〈鏡面反射/屈折から見える〉と〈GIから見える〉もオフにします。

〈床〉の〈コンポジット〉タグの設定／レンダリングすると〈背景〉とつながる

キャラクターを照らすライティングには〈グローバルイルミネーション〉を使った「間接照明」が必要になるので、詳細な設定はレンダリング設定を行ってからになります。

3-3 レンダリング

　背景周りの設定が済んだら、テストレンダリングしてライティングやマテリアルの微調整などを行い、その後に本番のレンダリングを行います。

レンダリング設定

　レンダラーでは〈フィジカル〉を選択します。設定はテスト段階ではデフォルトのままで、本番では〈サンプリング品質〉のみデフォルトの〈低〉から〈中〉へ上げます。

　「間接照明」のため、〈グローバルイルミネーション〉を使用します。今回は開放的なシーンなのでGI の計算は単純で、特に高速化も必要ありません。〈プライマリの方式〉〈セカンダリの方式〉とも〈準モンテカルロ法（QMC）〉とし、〈拡散反射回数〉を「3」とします。

　〈QMC〉と〈フィジカル〉を組み合わせる場合には両者のサンプルが共有されるため、GI のサンプル数はかなり低く抑えることができます。まず〈カスタムサンプル数〉を「4」でいったんテストレンダリングしてみて、もし「半影」の部分で粒子状のノイズが目立つような場合には〈サンプル数〉を「8」「16」というように 2 倍ずつ上げていきます。

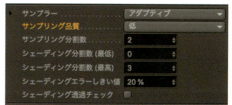
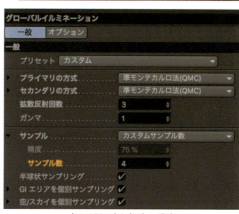

〈フィジカル〉と〈GI〉の設定

テストレンダリングと設定の調整

　テストレンダリングでは小さめの〈出力解像度〉で〈画像表示にレンダリング〉します。メインライトの〈角度〉や〈強度〉、〈空〉のマテリアルなどを調整し、変更した設定の効果は〈画像表示〉の〈ヒストリ〉で変更前後の画像を比較すると確認しやすいです。

　また、ライティングと平行してキャラクターのマテリアルの微調整も行います（〈カラー〉の色味、〈反射〉の詳細な設定など）。

　ポーズや表情なども同時に変更してもかまいません。レンダリングすると OpenGL プレビューとは印象が変わってくるので、この段階になって変えたくなるところがいろいろ出てくることもあります。

〈画像表示〉でテストレンダリング

この例ではテストレンダリングをくり返しながら、照明とキャラクターの質感のほか、表情やポーズも少し変更しています。

調整前／調整途中／調整完了

追加のライト

テストレンダリングしてみると、メインライトが当たっていない側が暗すぎると感じられることがあります。そういう場合は「レフ板」のような追加のライトを追加します。

追加のライトは暗すぎる領域で光を補うためのものなので、明暗のコントラストを抑えられるよう大きめの〈エリアライト〉を使うといいでしょう。メインライトと色温度を変えてみるのもいいかもしれません。

また、追加のライトは地面（床オブジェクト）に対しては照らす／影を落とす必要がないので、ライトの〈プロジェクト〉で〈床〉オブジェクトを除外しておきます。

テストレンダリングしながら、メインライト、追加のライト、〈空〉オブジェクトのマテリアルの設定を調整してすり合わせていきます。

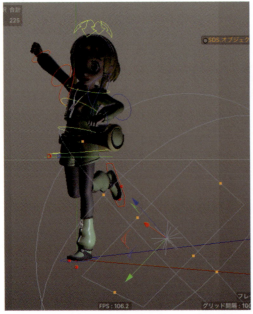 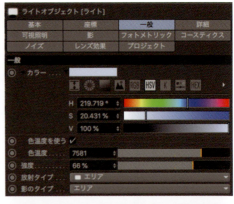

「レフ板」のライトの設定

本番レンダリング

本番ではレンダリング設定の〈出力解像度〉を大きくし、〈フィジカル〉の〈サンプリング品質〉を〈中〉に変更して〈画像表示にレンダリング〉します。ここまでの設定では、単色の背景込みでの「一発出し」となっています。

本番のレンダリング設定

マスク合成をする場合の設定

背景ごと「一発出し」するのではなく、「キャラクター」と「影」をアルファチャンネルつきで出力し、後処理で背景と合成する方法もあります。この場合は、背景になるオブジェクト等の設定を少し変更する必要があります。

背景を後から合成する場合、〈背景〉オブジェクトは不要です。〈空〉オブジェクトは既にカメラから見えない設定になっているので、キャラクターの背後は空白（真っ黒）になります。

〈床〉に〈シャドウキャッチャー〉

キャラクターの「影」は〈床〉オブジェクトに〈シャドウキャッチャー〉マテリアルを適用して取り出します。〈シャドウキャッチャー〉は適用されたオブジェクトの表面で「影」が落ちている部分だけを指定されたカラーで抜き出す特殊なマテリアルです。

〈シャドウキャッチャー〉は全てのライトの「影」を抽出してしまうので、「影」を合成で使わない追加のライトについては前述のように〈プロジェクト〉で〈床オブジェクト〉を除外しておきます。

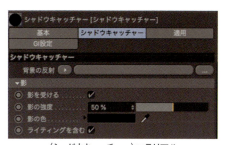

〈シャドウキャッチャー〉マテリアル

レンダリング設定では〈保存〉で〈アルファチャンネル〉を有効にし、〈ストレートアルファ〉をオンにします。
レンダリングされた画像を「PSD」などのアルファチャンネルつきのフォーマットで保存すると、「キャラクター、影のカラーで塗り潰された〈床〉」の「RGB画像」、そして両者を切り抜く「アルファチャンネル」が得られます。あとはアルファチャンネルでRGBレイヤーをマスクすれば任意の背景と合成できます。

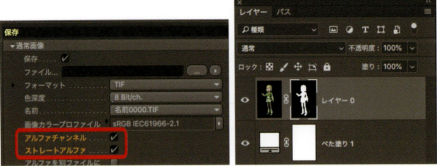

〈アルファチャンネル〉と〈ストレートアルファ〉をオンで保存／アルファでマスクしてレイヤー合成

カットごとの設定の管理

　複数のポーズを管理するためにはアニメーションの〈キーフレーム〉を使用しましたが、カメラアングルや照明環境はそれぞれのカットごとにオブジェクトのセットを用意しておき使い分けるといいでしょう。

　レンダリング設定も複数作ったり、親子階層で差分設定をすることができます。

　これらの設定は〈ステージ〉オブジェクトや〈テイクシステム〉を上手く使えば、より効率的に管理できます。詳しくは Cinema 4D のヘルプなどを参照してください。

ライトなどのセット／複数のレンダリング設定

　ここまでのサンプルファイル：ch-9\chara_3-3A_render.c4d、 chara_3-3B_render.c4d、 ,chara_3-3A.psd、 chara_3-3B.psd、 chara_3-3C.psd

コラム　mixamoでキャラクターアニメーション

Chapter 09では、キャラクタオブジェクトを使ってキャラクターのポージングを行いましたが、Studio以外のユーザーはどうしたら良いでしょうか？　すべてのCinema 4Dには、ジョイントとIKタグがあるので一からリグを構築方法はあります。ただ初心者には非常にハードルが高いでしょう。そこでオススメなのがAdobeがクリエイティブクラウドユーザーに提供しているmixamoというサービスです。

このサービスは、キャラクターデータをアップロードするとリグを自動でセットアップしてくれます。あとは好きなポーズを選んだり、アニメーションを選んだりすれば自分で作成したキャラクターが動いてくれます。

Mixamoのサイト

Mixamoが対応しているフォーマットは、OBJかFBX、それらをZIP圧縮したものになります。Cinema 4Dから書き出す場合は、FBXを推奨します。ただ、マテリアルを正しく反映させる場合、以下の注意点がありますので、それに沿ってデータを修正する必要があります。

注意点

- **マテリアルは、1オブジェクトに対して1つまでにする**

Chapter 09のようにポリゴン選択範囲でマテリアルを分けている場合は、マテリアルごとに別オブジェクトに分離して、一つのオブジェクトに1つのマテリアルになるようにしてください。

- **マテリアルに使用するのはカラーかテクスチャのみ**

シェーダは使えません。シンプルなカラーか、テクスチャのみでマテリアルを作成します。事前に、複雑なマテリアルを設定したシーンファイルを別に保存しておきます。次に、書き出し用に同じ名前のままマテリアルをシンプルにしたシーンを作成して、そちらからFBXを書き出し、あとから〈マテリアルの置換 ...〉で元のマテリアルに差し替えます。

- **テクスチャに使う画像はJpegにする**

PSDをテクスチャに使っている場合は、Jpegに変換します。

- **テクスチャタグの〈投影法〉は、「UVW」に変換する**

平行や立方体などの投影法は反映されません。投影法をUVWに変換するには、〈テクスチャタグ〉を選択して〈オブジェクトマネージャ〉の〈タグ〉メニューから〈UVW座標を生成〉を実行すると現在の投影法をUVWに変換してくれます。

- **〈対称〉オブジェクトやジェネレータはポリゴンオブジェクトに変換する**

うまくいくこともありますが、事前にポリゴンにしておいたほうが確実です。

- **〈FBXバージョン〉は、「7.4 (2014)」にして書き出す**

mixamoは、本書執筆時はFBX 7.5に対応していないようです。「7.4 (2014)」にして書き出しましょう。

mixamoでの作業

mixamo用見本データ：ch-9\chara_mixamo.c4d

見本データを Cinema 4D で開き、〈ファイル〉メニュー /〈エクスポート〉/〈FBX (*.fbx)〉を選び、〈FBXバージョン〉を「FBX 7.4 (2014)」を選んで書き出します。

https://www.mixamo.com/ にアクセスし、右上の「Log in」から Adobe クリエイティブクラウドのアカウントでログインして、メニューの「Animations」を選びます。

左がAnimation / 右がログイン

右にある〈UPLOAD CHARACTER〉ボタンを押します。

ウインドウが開くので、書き出した FBX ファイルをウインドウにドラッグ＆ドロップするか、Select Character File からファイルを選択します。正しくインポートされるとキャラクターが表示されるので、NEXT ボタンを押します。エラーなどが表示されうまくいかないときやパーツの一部が見えないときは、書き出し方法やデータの状態を確認してください。

インポートされたら、マーカーを配置します。〈CHIN〉は「アゴ」、〈WRISTS〉は「手首」、〈ELBOWS〉は「ヒジ」、〈NKEES〉は「ヒザ」、〈GROIN〉は、「足の付根（股間）」に配置します。ポーズが左右対称であれば、〈Use Synmmetry〉にチェックしてください。ウインドウの下にある〈Skeleton LOD〉では、手の指の数が違う別の骨格が選べます。

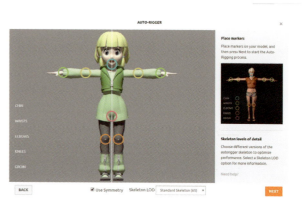

506

最後に正しくリグが設定された確認画面がでます。実際にキャラクター動いてジョイントなどに破綻がないか確認できます。問題なければ〈NEXT〉ボタンを押して完了です。

頭に突起物がある場合や腕や脚が複雑な場合、うまくいかないことが多いです。サンプルのようにウェストバッグなどは、Chapter 09 と同じように外して、〈コンストレイント〉タグで追従させます。

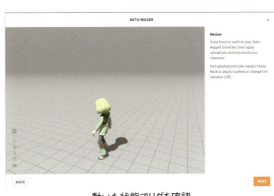

動いた状態でリグを確認

アニメーションやポーズは、左側のプレビューリストから選べます。英語のみですが「Search」から動きなどを言葉で検索できます。また、右側のパラメータで、キャラクターに合わせて動きを調整できます。「Stride」なら歩幅が調整でき、「Character Arm-Space」は腕の開きが調整できるので、腕が体にぶつかっているときに修正できます。

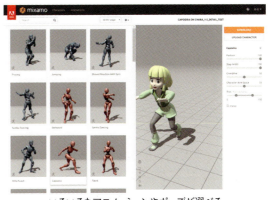

いろいろなアニメーションやポーズが選べる

適用したアニメーションは、〈DOWNLOAD〉ボタンを押せば、FBX 形式で保存すれば、Cinema 4D でアニメーション付きで持ってくることができます。書き出し形式には Unity 用の FBX も選べるので、ゲームエンジンに持っていくこともできます。

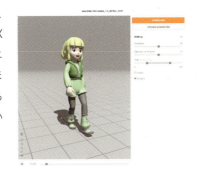

保存した FBX データを Cinema 4D で開けば、アニメーションが設定されたキャラクターが読み込まれます。Cinema 4D で作成した複雑なマテリアルに差し替えたい場合は、〈マテリアルマネージャ〉の〈ファンクション〉メニューから〈マテリアルの置換 ...〉を実行し、サンプルの「chara_3-3B_render.c4d」を選びます。これで mixamo 用に最適化したマテリアルを元のマテリアルに差し替えできます。置換え後にテクスチャ正しく表示されない場合は、〈ウインドウ〉メニューの〈テクスチャマネージャ ...〉でパスを修正します。

索引

アルファベット

A
Adobe Illustrator 297, 353
Animate 184
ArtSmart 353

B
Beckmann 84
Biped 440
BSDF タイプ 145

C
Cinema 4D 2
CIneversity 353

F
FBX 505
F カーブ 187
F カーブモード 189
F 値 105

G
GGX 435
GI 235

H
HDRI 499
HUD 362

I
IBL 310
IES ライト 310
Illustrator 297, 353
ISO 105
Isoline 編集 401

M
Mat 82
mixamo 505

N
N-Gon 363

P
preview.mov 230
Projection Man 349, 352

S
SDS 67, 397
SDS ウェイト 140, 399

X
XPresso 240
XPresso 編集ウィンドウ 241
XPresso マネージャ 241
X プール 241

かな

あ
アイコン 17
アセットリスト 144
アニメーション 8
アニメーションパレット 185
アニメート 449
アルファチャンネル 220
アンチエイリアス 109
アンビエントオクルージョン 305

い
一般設定 33
イメージベースドライティング 310
イラディアンスキャッシュ 173, 236
色深度 114
インスタンス 164

う
ウィンドウメニュー 225
ウェイトツール 465
ウェイトマネージャ 458, 467

え
エッジモード 80, 120
エッジをスプラインに 166
エディタでの表示 39
エフェクタ 258
エミッタ 217
エリアシャドウ 112
エリアライト 98, 310

508

お

押し出し	42
オブジェクトエリア	187
オブジェクトノード	242, 243
オブジェクトマネージャ	17, 18

か

回転	44
回転ツール	194
拡散	83
拡張 OpenGL	254
影のタイプ	100, 113
風デフォーマ	30
画像表示	110, 231
カメラ	105
カメラキャリブレータ	314
カメラマッピング	312
カラー	83
カラーシェーダ	283
簡易エフェクタ	259

き

キーフレーム	182, 191
キーフレームボタン	190
キー補間	199
キャラクタオブジェクト	438
キャラクタ属性	451
境界ループ	139
鏡面反射	96, 180
鏡面反射から見える	100
距離ノード	252
均等分割	123

く

クイックシェーディング	124
グーローシェーディング	124, 254
屈曲デフォーマ	29
グラデーション	92
クローナー	257
グローバルイルミネーション	172, 235

け

計算精度	113
結合	121
減衰	259

こ

固定	202
コピー	224
コンスタントシェーディング	124
コンテンツブラウザ	499
コンテンツライブラリ	155
コントローラー	439, 448
コンポーネント	438, 448

さ

最小サンプル数	113
最小レベル	111
最大サンプル数	113
最大レベル	111
最長時間	184
座標マネージャ	19
座標マネージャ	17
サブディビジョンサーフェイス	66, 254, 397

し

ジェネレータ	42
ジオメトリ	110
ジオメトリライト	310
自動接線	201, 202
シャープエッジ	399
シャッター速度	105
シャドウキャッチャー	503
出力ポート	242
ジョイント	439
ジョイントウェイト	457
条件分岐ノード	252
詳細レベル	254
焦点距離	106, 497
省略表示	401
ショートカット	364
初期レイアウト	16
新規マテリアル	82
シングルオブジェクトで生成	56

す

スイープ	43
スカルプト	478
スキン	436, 456
ステージ	504

す

スプライン	41
スプラインに沿うタグ	206
スプラインの補間方法	210
スプラインプリミティブ	41
スプラインペン	41
スプラインを一体化	297
スペキュラ	96, 180
全て選択	136
スポットライト	310
スライド	80

せ

セットアップ	438
全方向ライト	310

そ

属性マネージャ	17, 19

た

ターゲットタグ	102, 215
対称オブジェクト	65
タイムスライダ	193
タイムライン	187, 192
タイムラインルーラー	185
タイムルーラー	187
単位	34, 116

ち

チャンネル	83
調整	444

て

テイクシステム	504
テクスチャタグ	88
デフォーマ	29
デフォーマ後に編集	463
デフォルトカメラ	105
テンプレート	365, 440

と

投影法	88
投影モード	125
導体	204
ドープシート	188
トポロジ	374, 487

な

長さゼロ	202
ナビゲーション	22

に

入力ポート	242

ぬ

ヌル	55

の

ノード	240
ノードエディタ	144
ノードベースマテリアル	142

は

パースペクティブ	316
パーティクル	217
ハードウェアプレビュー	230
バインド	449
バインドポーズをセット	458
バインドポーズをリセット	458
破砕	264
パスカット	75
バリエーションシェーダ	29
パワースライダ	186
反射チャンネル	83
反対の数	249
バンプ強度	86
バンプチャンネル	86
バンプマッピング	86

ひ

比較ノード	252
ビュー設定	37
ビューの表示モード	254
ビューポート	17, 20
表示タグ	38
標準レンダラー	109, 236
ビルド	440

ふ

ファンクションカーブ	187
フィールド	258, 259
フィジカルカメラ	105

フィジカルレンダラー 237
ブラシ 137
フレームレンジ 231
プレビュー作成 228
プロジェクト 184
プロジェクトスケール 34, 116
プロジェクト設定 116
分割ビュー 36

へ
ペースト 225
ベスト 111
別オブジェクトに分離 322
ベベルデフォーマ 62
ペン 45
変位デフォーマ 30
編集可能にする 56

ほ
ポイントモード 119
法線 136
ポーズモーフ 482
ポーズをリセット 452
補間 199
ボクセル 275
保存 114
ポリゴン 54
ポリゴン化 369
ポリゴンペン 119
ポリゴンモード 56, 121
ポリゴンライト 172, 310
ボリューム 275
ボリュームビルダー 275
ボリュームメッシュ化 277
ボロノイ分割 298

ま
マージ 161
マップ変換 247
マテリアル 8
マテリアル設定 82
マテリアル編集 82
マテリアルマネージャ 17, 19, 82
マネージャ 18
マルチシェーダ 288

む
無限遠ライト 310

め
メッシュチェック 135, 362
メニュー 17, 20

も
モーションモード 189
モーフターゲット 484
モデリング 7
モデリング設定 135

ゆ
ユーザデータ 244
誘電体 204

ら
ライティング 8, 95
ライトをレンダリング 100
ライブ選択 60
ラインカット 57, 71, 327

り
リトポロジ 123

る
ループ選択 139

れ
レイアウト 361
レイヤフレネル 87
レンダラー 109
レンダリング 9, 501
レンダリング設定 108, 234
レンダリング設定を編集 108
レンダリングでの表示 39

ろ
ロック 124
ロフト 44

はじめての Cinema 4D 改訂第 2 版
3DCG の基本から MoGraph、キャラクターモデリングまで学べる

2018 年 12 月 12 日　初版第 1 刷発行

著者　　　　田村　誠
　　　　　　　コンノヒロム
　　　　　　　宮田　敏英

編集・DTP　宮田　敏英
モデル協力　コンノヒロム
イラスト・キャラクターデザイン　　ヤクモレオ

発行人　　フリック マンフレート リチャード
発行所　　株式会社ティー・エム・エス
　　　　　　〒 141-0021　東京都品川区上大崎 4-5-37　山京目黒ビル 301
　　　　　　fax 03-5759-0327
　　　　　　http://www.tmsmedia.co.jp
発売元　　株式会社ビー・エヌ・エヌ新社
　　　　　　〒 150-0022　東京都渋谷区恵比寿南一丁目 20 番 6 号
　　　　　　fax 03-5725-1511
　　　　　　http://www.bnn.co.jp/
印刷　　　東京電化株式会社

©2018 Makoto Tamura, Hiromu Konno, Toshihide Miyata All rights reserved.

※本書の一部または全部について個人で使用するほかは、著作権上株式会社ティー・エム・エス、MAXON Computer および著作権者の承諾を得ずに無断で複写、複製することは禁じられております。
※本書の内容に関するお問い合わせは株式会社ティー・エム・エスの Web サイトからご連絡ください。
※乱丁本・落丁本はお取り替えいたします。
※定価はカバーに記載されております。

ISBN978-4-8025-1130-8
Printed in Japan